广州城市智库丛书

广州建设国际科技创新枢纽的路径与策略

易卫华 ◎ 著

中国社会科学出版社

图书在版编目（CIP）数据

广州建设国际科技创新枢纽的路径与策略 / 易卫华著. —北京：中国社会科学出版社，2022.8

（广州城市智库丛书）

ISBN 978-7-5227-0444-9

Ⅰ.①广… Ⅱ.①易… Ⅲ.①科技中心—建设—研究—广州 Ⅳ.①G322.765.1

中国版本图书馆 CIP 数据核字（2022）第 117871 号

出 版 人	赵剑英
责任编辑	喻 苗
责任校对	任晓晓
责任印制	王 超

出　　版	中国社会科学出版社
社　　址	北京鼓楼西大街甲158号
邮　　编	100720
网　　址	http://www.csspw.cn
发 行 部	010-84083685
门 市 部	010-84029450
经　　销	新华书店及其他书店
印　　刷	北京明恒达印务有限公司
装　　订	廊坊市广阳区广增装订厂
版　　次	2022年8月第1版
印　　次	2022年8月第1次印刷
开　　本	710×1000 1/16
印　　张	19
插　　页	2
字　　数	248千字
定　　价	99.00元

凡购买中国社会科学出版社图书，如有质量问题请与本社营销中心联系调换
电话：010-84083683
版权所有　侵权必究

《广州城市智库丛书》
编审委员会

主　任　张跃国
副主任　杨再高　尹　涛　许　鹏

委　员（按拼音排序）
　　　白国强　蔡进兵　杜家元　方　琳　郭艳华　何　江
　　　何春贤　黄　玉　罗谷松　欧江波　覃　剑　王美怡
　　　伍　庆　杨代友　姚　阳　殷　俊　曾德雄　曾俊良
　　　张赛飞　赵竹茵

总　　序

何谓智库？一般理解，智库是生产思想和传播智慧的专门机构。但是，生产思想产品的机构和行业不少，智库因何而存在，它的独特价值和主体功能体现在哪里？再深一层说，同为生产思想产品，每家智库的性质、定位、结构、功能各不相同，一家智库的生产方式、组织形式、产品内容和传播渠道又该如何界定？这些问题看似简单，实际上直接决定着一家智库的立身之本和发展之道，是必须首先回答清楚的根本问题。

从属性和功能上说，智库不是一般意义上的学术团体，也不是传统意义上的哲学社会科学研究机构，更不是所谓的"出点子""眉头一皱，计上心来"的术士俱乐部。概括起来，智库应具备三个基本要素：第一，要有明确目标，就是出思想、出成果，影响决策、服务决策，它是奔着决策去的；第二，要有主攻方向，就是某一领域、某个区域的重大理论和现实问题，它是直面重大问题的；第三，要有具体服务对象，就是某个层级、某个方面的决策者和政策制定者，它是择木而栖的。当然，智库的功能具有延展性、价值具有外溢性，但如果背离本质属性、偏离基本航向，智库必会惘然自失，甚至可有可无。因此，推动智库建设，既要遵循智库发展的一般规律，又要突出个体存在的特殊价值。也就是说，智库要区别于搞学科建设或教材体系的大学和一般学术研究机构，它重在综合运用理论和知识分析研判重大问题，这是对智库建设的一般要求；同时，具体到一家智库个体，又要依据自身独一无二的性质、类型和定位，塑造独特个性和鲜明风格，占据真正属于自己的空间和制高点，这是智库独立和自立的根本标志。当前，智库建设的理论和政策不一而足，实践探索也呈现出八仙过海之势，这当然有利于形成智库界的时代标签和身份识别，但在热情高涨、高歌猛进的大时代，也容易盲目跟风、漫天飞舞，以致破坏本就脆弱的智库生态。所以，我们可能还要保持一点冷静，从战略上认真思考智库到底应该怎么建，社科院智库应该怎么建，城市社科院智库又应该怎么建。

广州市社会科学院建院时间不短，在改革发展上也曾经历曲折艰难探索，但对于如何建设一所拿得起、顶得上、叫得响的新型城市智库，仍是一个崭新的时代课题。近几年，我们全面分析研判新型智库发展方向、趋势和规律，认真学习借鉴国内外智库建设的有益经验，对标全球城市未来演变态势和广州重大战略需求，深刻检视自身发展阶段和先天禀赋、后天条件，确定了建成市委、市政府用得上、人民群众信得过、具有一定国际影响力和品牌知名度的新型城市智库的战略目标。围绕实现这个战略目标，边探索边思考、边实践边总结，初步形成了"1122335"的一套工作思路：明确一个立院之本，即坚持研究广州、服务决策的宗旨；明确一个主攻方向，即以决策研究咨询为主攻方向；坚持两个导向，即研究的目标导向和问题导向；提升两个能力，即综合研判能力和战略谋划能力；确立三个定位，即马克思主义重要理论阵地、党的意识形态工作重镇和新型城市智库；瞄准三大发展愿景，即创造战略性思想、构建枢纽型格局和打造国际化平台；发挥五大功能，即咨政建言、理论创新、舆论引导、公众服务、国际交往。很显然，未来，面对世界高度分化又高度整合的时代矛盾，我们跟不上、不适应的感觉将长期存在。由于世界变化的不确定性，没有耐力的人常会感到身不由己、力不从心，唯有坚信事在人为、功在不舍的自觉自愿者，才会一直追逐梦想直至抵达理想的彼岸。正如习近平总书记在哲学社会科学工作座谈会上的讲话中指出的，"这是一个需要理论而且一定能够产生理论的时代，这是一个需要思想而且一定能够产生思想的时代。我们不能辜负了这个时代"。作为以生产思想和知识自期自许的智库，我们确实应该树立起具有标杆意义的目标，并且为之不懈努力。

智库风采千姿百态，但立足点还是在提高研究质量、推动内容创新上。有组织地开展重大课题研究是广州市社会科学院提高研究质量、推动内容创新的尝试，也算是一个创举。总的考虑是，加强顶层设计、统筹协调和分类指导，突出优势和特色，形成系统化设计、专业化支撑、特色化配套、集成化创新的重大课题研究体系。这项工作由院统筹组织。在课题选项上，每个研究团队围绕广州城市发展战略需求和经济社会发展中重大理论与现实问题，结合各自业务专长和学术积累，每年年初提出一个重大课题项目，经院内外专家三轮论证评析后，院里正式决定立项。在课题管理上，要求从基本逻辑与文字表达、基础理论与实践探索、实地调研与方法集成、综合研判与战略谋划等方面反复打磨锤炼，结项仍然要经过三轮评审，并集中举行重大课题成果发布会。在成果转化应用上，建设"研究专报+刊物发表+成果发布+媒体宣传+著作出版"组合式转化传播平台，形成延伸转化、彼此补充、互相支撑的系列成果。自2016年以来，广州市社会科学院已组织开展40多项重大课题研究，积累了一批具有一定学术价值和应用价值的研究成果，这些成果绝大部分以专报方式呈送市委、市政府作为决策参考，对广州城市发展产生了积极影响，有些内容经媒体宣传报道，也产生了一定的社会影响。我们认为，遴选一些质量较高、符合出版要求的研究成果统一出版，既可以记录我们成长的足迹，也能为关注城市问题和广州实践的各界人士提供一个观察窗口，是很有意义的一件事情。因此，我们充满底气地策划出版了这套智库丛书，并且希望将这项工作常态化、制度化，在智库建设实践中形成一条兼具地方特色和时代特点的景观带。

感谢同事们的辛勤劳作。他们的执着和奉献不但升华了自我，也点亮了一座城市通向未来的智慧之光。

广州市社会科学院党组书记、院长

张跃国

2018 年 12 月 3 日

前　言

"科技兴则民族兴，科技强则国家强。"改革开放以来，中国一直非常重视创新对经济社会发展的作用。进入中国特色社会主义新时代，我国科技创新日新月异，诸多科技领域逐步进入了一种从跟跑并跑向领跑跨越的状态，推动创新驱动发展、塑造国家竞争优势的战略更为清晰而具体。党的十九大报告把实施"科教兴国战略""人才强国战略""创新驱动发展战略"置于"决胜全面建成小康社会"的重要战略位置，通过这些战略的实施，助推中国决胜全面建成小康社会。党的十九届五中全会提出，"坚持创新在我国现代化建设全局中的核心地位"，把"科技自立自强"作为国家发展的战略支撑。在国家"十四五"规划和2035年远景目标纲要中，把科技自立自强作为国家发展的战略支撑，对坚持创新驱动发展、全面塑造发展新优势进行了一系列战略部署，擘画了迈向基本实现社会主义现代化的国家创新发展蓝图。

多年来，广州作为国家重要的中心城市和对外开放的前沿阵地，在全国上下大力推动创新驱动发展战略的大环境下，赓续创新与开放的基因，积极推动创新驱动发展，铺设促进科技创新的"制度跑道"，提出了建设创新型城市、建设珠三角国家自主创新示范区、全面建设创新改革试验核心区、建设具有全球影响力的科技创新强市等一系列构想和命题，广州科技创新

2　广州建设国际科技创新枢纽的路径与策略

支撑引领经济社会高质量发展。在加快粤港澳大湾区建设的背景下，携手港澳及珠三角城市，共建粤港澳大湾区"具有全球影响力的国际科技创新中心"；广州积极参与粤港澳大湾区区域协同创新，广深港澳科技创新走廊正在加快形成。从广州自身看，目前正以中新广州知识城、南沙科学城为极点，以广州人工智能与数字经济试验区、广州科学城、中新知识城、南沙科学城（"一区三城"）为主阵地，勾勒集聚和链接广州市科技创新资源的科技创新轴，引导科技创新人才、科技基础设施、高等院校、科研机构和科技型企业在科技创新轴线上集聚和共享，推动优化科创空间布局，科技创新实现历史性突破，科技创新的枢纽功能进一步增强。同时，广州作为千年商都，秉承历史不断加大对外开放力度，也积极融入全球创新网络，科技创新的枢纽功能和地位逐步显现，建设国际科技创新枢纽的底气与实力逐步累积。

从国际国内发展环境看，面向"十四五"之际，全球新一轮科技革命不断拓展深化，大国博弈"科技制高点"的形势愈演愈烈，创新链、产业链、供应链安全稳定受到挑战，国内主要创新城市在创新全链条上高速进位愈演愈烈，而畅通国内国际"双循环"，以创新为支撑、构建新发展格局，比以往更迫切地需要科学技术解决方案。在科技自强自立方面，广州应勇担使命，充分利用数字化、网络化、智能化融合的契机，迎难而上，主动作为。

我们认为，广州有能力在新时代、新征程上实现新跨越，将以科技自立自强作为高质量发展的战略支撑，着力推动"科学发现、技术发明、产业发展、人才支撑、生态优化"的深度交融和无缝对接，携手大湾区城市共建粤港澳大湾区国际科技创新中心，建设具有全球影响力的科技创新强市，促进经济高质量发展。

本书从国际科技创新枢纽的概念内涵入手,构建国际科技创新枢纽的基本分析框架,进而紧密结合广州科技创新的实际,揭示广州科技创新的成效、特点、短板及具体实体支撑,研究提出广州建设国际科技创新枢纽的实施路径。

首先,本书从理论上分析了国际科技创新枢纽的内涵与基本特征,并将国际科技创新枢纽的"五力"作为主要思路构架,分析国际科技创新枢纽集聚力、辐射力、主导力、原创力、驱动力五个方面的特征。具体而言,从空间集聚和辐射功能看,本书首先从广东省域空间上讨论了广州科技创新的空间集聚、空间溢出及其作用机制,这是广州建设国际科技创新枢纽的外在表现和基础性前提。同时,运用空间经济学分析方法,分析广州创新产出的空间结构。研究结果显示:无论是广东还是广州,创新的中心区域与周边区域形成"位势差",创新活动从创新中心区域不断向周边区域扩散。其次,结合广州建设国际科技创新枢纽的实际,具体考察了广州国际科技创新枢纽的发展基础与成效,综合揭示了广州科技创新的主导力、原创力、驱动力、集聚力、辐射力;并进一步拓宽视野,在借鉴国际创新枢纽发展评价指标体系的基础上,提出广州建设国际创新枢纽评价的指标体系,从"五力"等角度对广州建设国际科技创新枢纽进行评估分析,继而在综合考察国内外科技创新枢纽发展经验事实的基础上,提出广州建设国际科技创新枢纽可以参考借鉴的经验启示。本书认为科技产业发展作为国际科技创新枢纽建设的实体内容,是广州科技创新不可或缺的依托和支撑,是科技创新驱动力的重要体现。因此,本书专章阐述了广州发展数字经济、生物医药、新能源、新材料等科技产业的背景意义、发展态势及趋势走向,以期以科技产业的实体支撑加快推动国际科技创新枢纽的发展。最后,本书从突出科技发展的原创性、推动要素集聚与功能集聚、强化技术及产业的主导地位,以及成果转化、产业优化和社会发展"三驱动"等方面提出了广州建设国际科技创新枢纽的总体思路和对策思考，期望为广州科技创新提供有益借鉴和决策参考。

本书是广州市社会科学院2020年度广州城市智库丛书"全面建成小康社会"系列成果之一。在立项、调研、写作和研究过程中，我们得到了院领导、科研处、院学术委员和同事们的大力支持和帮助，他们也提出了宝贵意见，在此表示衷心感谢。由于作者的水平有限，写稿时间仓促，也囿于研究样本、研究范围和数据获取困难等因素，本书的成果是初步的，不少问题还有待将来进一步挖掘并展开深入研究。书中不足及错漏之处，恳请读者批评指正。

目 录

第一章 国际科技创新枢纽的内涵与基本特征 ……… (1)
   第一节 相关概念的界定 …………………………… (1)
   第二节 国际科技创新枢纽的特征 ………………… (4)

第二章 科技创新的地理集聚分析 ………………… (9)
   第一节 创新集聚的概念与特征 …………………… (9)
   第二节 广东创新能力的地理集聚分析 …………… (17)
   第三节 广州创新产出的空间集聚与机制分析 …… (27)

第三章 科技创新的溢出作用分析 ………………… (40)
   第一节 创新的外部性特征与创新溢出 …………… (40)
   第二节 广东创新能力的空间溢出效应分析 ……… (69)

第四章 广州国际科技创新枢纽的发展基础与成效 ……………………………………………… (76)
   第一节 广州科技创新的主要发展演进、经验与启示 …………………………………………… (76)
   第二节 广州建设国际科技创新枢纽的基础条件与发展成效 …………………………………… (97)

第五章 广州国际创新枢纽发展评估 (123)
- 第一节 相关评价指标体系研究 (123)
- 第二节 指标体系原则、框架、评估方法与指标解释 (139)
- 第三节 广州国际科技创新枢纽评估分析 (147)

第六章 国内外科技创新枢纽经验借鉴 (165)
- 第一节 国外先进城市的特点与经验 (165)
- 第二节 我国先进城市发展优势与经验 (172)

第七章 主要科技产业发展背景、现状与趋势 (205)
- 第一节 数字经济 (205)
- 第二节 生物医药产业 (219)
- 第三节 新能源产业 (231)
- 第四节 新材料产业 (241)

第八章 广州国际科技创新发展的机遇、挑战、问题与发展思路建议 (254)
- 第一节 广州国际科技创新枢纽发展机遇与挑战 (254)
- 第二节 广州国际创新枢纽建设主要思路与建议 (267)

参考文献 (276)

第一章 国际科技创新枢纽的内涵与基本特征

第一节 相关概念的界定

一 创新的概念

在绝大多数内生经济增长模型中,创新是经济发展的主要引擎。

"创新"概念最早由熊彼特在《经济发展理论》一书中提出。熊彼特对"创新"的内涵进行了非常经典的界定。他提出,所谓创新,就是"一种新的生产函数的建立",并将创新分为五种类型:引入一种新的产品或提供一种产品的新质量;采用一种新的生产方法;开辟一个新的市场;获得一种原料或半成品的新的供给来源;采取一种新的企业组织形式。这五个类型的创新有一个共同特点:有很强烈的赢利动机与前景。然而,从熊彼特提出的"五个一"的创新概念来看,它不仅涉及技术层面的创新,还涉及市场层面的创新与组织层面的创新,是一种广义的创新。但是,他的理论没有对创新过程进行系统研究,也没有打开所谓的"技术创新黑箱",而仅仅偏重于从经济发展的视角来解释创新。

20世纪70年代,在《产业创新与技术扩散》一书中,厄特巴克(J. M. Utterback)指出:"与发明和技术样品相区别,创新是技术上的实际采用或首次应用。"缪尔塞（R. Mueser）于20世纪80年代中期系统地整理分析创新理论，厄特巴克指出，技术创新是以其构思新颖性和成功实现为特征的有意义的非连续性事件。[1]

20世纪末期，在熊彼特"创新概念"的指导下，以弗里曼等人为代表，又形成了"新熊彼特主义"的创新理论。他们认为，创新的形成过程是创新的各主体相互作用与影响的结果。这种相互间的影响与作用发生在多个主体之间，如政府、研究机构、企业、生产商和用户之间，甚至更广的环境之间。[2] 从研究内容上看，"新熊彼特主义"可分为两种类别：第一种是技术创新经济学，主要以门施等为代表，他们主要研究技术与技术变革，认为技术创新是经济增长与波动的主要原因，对经济的影响巨大。通过运用统计资料，他们证实了熊彼特的创新理论。第二种是制度创新经济学派，主要以弗里曼、纳尔逊等为代表，他们更关注制度创新对经济增长的作用，并将制度变革和制度形成作为他们的主要研究对象。

从本质上讲，技术创新、制度创新、经济增长三者既相互联系、相互支持，又相互制约，存在于交互的创新网络之中。在这种创新网络之中，技术创新为制度创新提供发展基础与工具，而制度创新为技术创新和经济增长提供发展所需秩序和环境，对技术创新和经济增长形成某种激励作用。所谓的技术决定论和制度决定论都是以偏概全的理论，所反映的只是技术与制度相互关系之中的某个侧面。

综合上述研究，所谓创新，沿用熊彼特提出的创新内涵，它不是科学或者技术，而是成功转化为商业化，实现了市场化

---

[1] 陈春生、杜成功、路淑芳：《创新理论与实践》，河北人民出版社2014年版。
[2] Dosi, Giovanni and Orsengio, LUIGI, *Coordination and Transformation: An Overview of Structure, Performance and Change in Evolutionary Environments*, in DosI ET AL, 1988.

的科学技术，即科技创新。创新贯穿于科学技术活动的整个过程，它是所有发现新知识、创造新技术、运用新知识与新技术的科技活动与经济活动，不仅涉及科技的开发，还包含了商业化应用的复杂过程。而且，由于创新的作用，现代科学技术被引入整个经济系统。创新能够极大地降低要素投入的边际递减效应，实现经济系统的持续性增长，大大推动生产力的发展。

二　国际科技创新枢纽的概念

在汉语中，所谓"枢纽"，指的是事物的关键、重要的部分。而作为一个城市，所谓枢纽城市是在城市体系之中起主导、关键作用的城市。

所谓"国际城市"，与"世界城市"或"全球城市"的概念接近，纽约、伦敦和东京就是典型的国际科技创新枢纽。这些城市的枢纽性活动，其影响远远超出了城市的边界，在世界范围内产生主导性作用，成为世界中心或全球中心。

作为"创新枢纽"，一方面是指在一定区域内，与相邻区域相比，创新活动占据优势地位；另一方面，与相邻区域之间存在着较强的连接与知识流动。

结合上述分析，所谓"国际科技创新枢纽"，是指在国际上具有较强的城市综合实力，强大的创新网络，科技创新活动集中、科技创新资源密集的区域。这种区域对各种国际科技资源形成巨大聚集效应，促使自身牢牢地嵌入全球创新链条，融入全球创新网络；同时，产生巨大的驱动与扩散效应，使得城市不仅对区域与国家产生引领、驱动、辐射和带动作用，在国际上也产生了较大辐射力与影响力。

第二节 国际科技创新枢纽的特征

一 集聚力：全球高端要素和功能"聚集、聚合、聚变"

国际科技创新枢纽的建成，离不开创新要素的集聚。这种集聚的表现形态主要通过空间集聚或者产业集聚的形式体现，要素集聚与空间集聚的目标是实现创新的功能集聚。因此，要素集聚、空间集聚、功能集聚是创新枢纽不同发展阶段集聚所表现出来的形式。创新要素包括资源要素、主体要素、环境要素等。从资源要素来看，国际科技创新枢纽存在着大量以人才、企业、大学、资本等为节点的创新网络，它的核心发展要素是高端人才，它作为创新资源要素嵌入创新网络中，是国际创新枢纽形成的关键要素；国际科技创新枢纽的主体要素是政府、企业与大学，它们是科技创新的实际主导者、城市创新氛围的塑造者、创新环境的维护者；国际科技创新枢纽的环境要素构成了创新活动的背景，包括各种创新文化、创新资本、科技设施及技术服务，它们的作用是通过对创新主体如政府、企业和大学的影响而体现。创新主体、资源与环境要素相互交织，为了应对复杂的技术以及日益激烈的创新环境，降低创新活动的不确定性和创新所伴随的各种风险，也为了获取科技创新的互补性资源，资金、人才、技术等科技创新要素集聚在某一地理空间，共享知识溢出的效益，创新要素不断集中。要素的集聚决定着区域在国际分工的地位与优势，也推动了经济全球化的进程，经济全球化成为要素集聚机制。硅谷、新竹、深圳、浦东、香港等地的发展经验充分证实了要素集聚推动区域实现跨越式发展。从空间集聚看，国际科技创新枢纽集中生长在世界大城市群中，尤其是美欧日的大城市群中，如纽约、波士顿是位于美国东北部的大西洋沿岸城市群，硅谷位于美西海岸城市群，东京处于日本的太平洋沿岸城市群中，等等。同时，在上中下游科技企业之间，科技创新活动的集聚倾向也较为明显，此外，由于科技创新的源头是大学特别是研究型大学，许多高校资源丰富的城市如美国硅谷、中国台湾新竹等，发展了世界级的科技创新产业集群。最后，由于人才、技术、文化、制度等创新要素的不断聚集与整合，区域创新功能也不断集聚、优化与整合。比如，科教中心、科技中心、科贸中心、科研中心等功能会不断集聚与优化（见图1-1）。

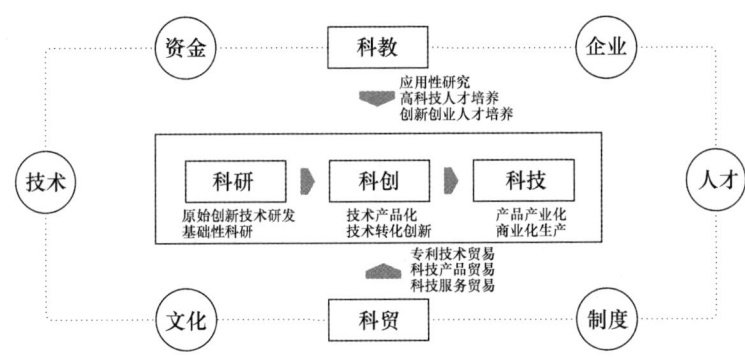

图1-1 广州科技创新枢纽的要素和功能集聚模型

二 辐射力：对其他区域发展具有较强的辐射或溢出作用

在全球创新网络中，国际科技创新枢纽是国际资本、信息、技术、人才流动与联系的重要中心和关键节点，具备强大的知识与技术生产能力、集聚能力，还会在向世界范围输出技术、研发服务和产品，并且努力使全球技术本地化。国际科技创新枢纽与全球创新网络其他节点共同作用于国际科技创新体系，相互分工，它处于控制与主导地位，不仅创新能级高，而且对外科技辐射范围广。由于众多的高质量创新要素汇聚，国际科技创新枢纽是多要素（人才、资金、技术、平台信息等）、多个因子共同作用且多层面相互叠置组成的网络系统，它成为能产生巨大创新能量的"场源"。同时，通过各种创新要素的输出与输入，它完成不同科技创新节点之间的科技交流与交换，不断地影响与辐射着全球市场。这种创新辐射也可称为创新溢出。国际科技创新枢纽是"发展科技极"，在知识创新、产业创新、研发创新、服务创新等方面，不断地发挥倍增效应，不仅促进自身快速发展，而且还大力推动全国的科技进步和经济增长。创新辐射或者创新溢出的途径主要有知识溢出、人员流动溢出、技术人员非正式交流溢出及专利公布溢出等；溢出范围主要包括产业内溢出、产业间溢出、国内溢出和国外溢出等。

三 原创力：基础研究和原始创新能力在全球有一定影响力

所谓原始创新，是指全新重大科学发现、技术发明和原创性的主导技术等重大科技创新成果。原始性创新意味着在科技创新中取得独有的发明或发现，特别是在基础研究与高科技研究领域。原始性创新是科技创新中最核心的、根本的创新，也最能体现创新的智慧，它是人类文明进步过程中一个民族做出的贡献的最重要体现。科技原创力一般具有首创性，而不是任何跟风或模仿的创新；科技原创力还表现在突破性方面，形成对原有理论或技术有重大突破的新发现、新方法或新技术；科技原创力还表现为前沿性，体现出科技发展的尖端水平；最后，科技原创力体现出对其他研究者的引导性。比如，美国旧金山作为全球科技创新枢纽，有100多所大学和众多研究机构，原始科技创新能力世界一流。

四 驱动力：对区域经济和社会发展形成显著的驱动效应

经济是一个城市的血脉，产业是经济发展的依托，也是一个城市的感召力和吸引力、内在潜力和发展动力所在。国际科技创新枢纽的产业形态具有高端性和产业结构高级化特征。一方面，国际科技创新枢纽的产业处于价值链的高端，它们在工业演进的过程中，通过技术创新，不断去低端化，占据着制造业产业链价值链的高附加值环节。这些国家拥有大量国际高级尖端人才，并且参与全球分工和国际分工，以高科技、高附加值与智力密集性为特征。另一方面，产业结构不断向高附加值产业方向演进，向高级化方向优化升级，新产业、新业态、新模式不断催生出来，形成以技术（或知识）密集型产业为主导的经济产业结构。最后，科技创新枢纽会将科技创新作为改善民生和促进社会发展的重要手段，大力推动民生领域的科技攻关、科技成果转移转化与技术推广和科学普及工作，让科技发展成果惠及人民的同时，大大促进社会事业的发展。

五 主导力：在区域甚至全球科技创新的地位凸显或跃升

作为国家创新体系的重要组成部分，国际科技创新枢纽首先是促进广州和珠三角经济发展的"引擎"。它不仅主导着本区域内资金、人才与信息等创新资源与要素的流动，还支配着区域科技研发与创新资源的空间分配格局，驱动区域经济的可持续发展。科技创新枢纽的主导力主要从技术主导、产业主导和创新地位主导三个方面来体现。所谓技术主导主要指国际科技创新枢纽的技术在区域或全球领先，超越"跟跑""并跑"式创新，进入"并跑""领跑"并存甚至"领跑"为主的阶段，在"领跑"领域，勇闯无人区，发挥引领、带动产业变革的能力；敢于"弯道超车"，构建技术和市场的优势。从实际情况来看，当前，我国科技成绩斐然，某些领域甚至进入领跑阶段，比如，基础科学领域，上海光源、"天眼"、大亚湾反应堆中微子实验装置等，为世界级科研奠定了基础；多光子纠缠、量子反常霍尔效应等研究达到世界领先水平；在技术领域，深地探测、载人航天、超级计算、移动支付、即时通信、无人超市等，让世界瞩目。但是，关键核心技术仍受制于人。所谓产业主导，主要是指科技产业在区域、全国甚至全球地位凸显，其规制能力、对全球相关产业规则的制定与执行具有话语权，产生了较大的控制力、影响力和应变力，取得了价值链的领导地位，控制了产业链的高端，产业主导通过企业来实现。作为国际创新枢纽的创新地位，表现在其创新活动在全球具有一定的影响力，具备卓越的国际资源整合力、杰出的国际科技资源凝聚力和较好的国际科技辐射力。它不仅是提升企业全球科技竞争力的重要平台，也是主导国际研发以及实施"走出去"发展战略的重要支撑点，这种地位主要通过创新的全球排名来体现。

第二章 科技创新的地理集聚分析

第一节 创新集聚的概念与特征

一 概念的起源

所谓集聚，指在特定的区域内形成某种集中的经济活动，并且这种集中产生了正的外部性。这种外部性被区域内的相关企业与人员所利用与共享，从而达到节约成本、增加经济效用的目的。

研究经济活动的集聚，由于涉及众多的学科，因此，对这个概念也缺乏完全一致的界定。目前，产业经济学、空间经济学与区域经济学家较多地采用"产业集聚""地理集聚"和"空间集聚"的概念，有些文献也出现了"产业簇群""产业集群""产业区""区域集群"等概念。因此，与之对应，创新集聚也出现了多种概念，如"创新集群""区域创新体系""创新空间集聚"等。

在传统新古典主义区域经济理论中，经济活动中的规模报酬递增与竞争不完全往往被忽略，这种理论建立在完全竞争和规模报酬不变的前提下。

马歇尔等经济学家较早地关注经济活动的集聚现象。在《经济学原理》这一著作当中，马歇尔使用了一种被称为"产业区"的概念。马歇尔指出，在特定地区的集聚经济行为中，可以产生"劳动市场共享""资源投入共享"与"技术溢出"三个方面的外部规模经济。

20世纪初，在著作《工业区位论》中，德国学者韦伯（Weber）详细而深入地分析了工业地理集聚产生的原因，阐述了引起工业集中的主要因素，系统地建立了"工业区位论"体系。

20世纪80年代以来，克鲁格曼等人建立了新经济地理学理论。他们运用空间经济的分析模型，分析不完全竞争市场下，采用规模报酬递增以及运输费用等相结合的分析框架，构建了"中心—外围"分析模型，具体包括工业集聚模型、贸易模型、历史与期望对区域发展影响模型与垄断竞争模型等。他们强调地区的"第二特性"包括市场潜力、前后向关联等作为产业集聚形成的源泉。

1990年，迈克尔·波特概括了产业集群的形成和竞争力的培育，明确提出了产业集群的概念，提出了钻石体系。

此后，越来越多的经济学家对地理集聚开展研究，并且使之成为主流经济学的热点问题。

国内学者在借鉴西方产业集聚相关理论基础上，联系中国实际，对促进产业集聚的机制进行了深入的研究与探讨。他们从专业分工、规模经济、竞争优势、知识溢出、外部性、技术创新、边际报酬递增、根植性文化与社会网络等理论出发，通过分析我国东南沿海地区出现的产业集聚案例，系统研究集聚的成因、培育产业集聚竞争力、促进产业集聚升级演化等问题。[1]

总之，尽管不同学科都使用集聚的概念，但是基本含义仍

---

[1] 吴丰林、方创琳、赵雅萍：《城市产业集聚动力机制与模式研究进展》，《地理科学》2011年第1期。

是一致的：从本质上看，集聚是指同一产业或不同产业内，为了更充分地利用区域的有利条件、降低成本，实现经济利润最大化，大量的企业在某个地理空间上聚集或集中。

二 产生的诱因

随着经济全球化和信息技术的快速发展，一些产业区或者知识经济比较发达的地区，出现了规模不等、各具特色的创新集聚区域。在这些区域内，企业合作紧密，知识和信息快速流动，区域内创新能力迅速提高，如美国的硅谷、日本九州的"硅岛"与印度的班加罗尔等。

关于创新集聚的产生，国内外学术界进行了广泛深入的研究。熊彼特指出，创新不均匀地存在于整个系统中，在某些行业或部门的周围环境中形成聚集。[1] 德布瑞森系统地分析了创新集群的产生因素，认为创新集群是经济系统的内生因素与外部要素相互协同且产生作用的结果，从而促使创新趋向集群态势发展。[2] 利扬纳吉（Liyanage）认为，有四个根本的因素促成了创新集群的产生：资源互补性、自然选择、创新系统中的群组形成、参与者互动等。[3] 孔瑞里（Kongrae）通过研究韩国创新集群，提出促进创新集群发展的重要原因是持续稳定的科技创新政策环境。[4]

在我国，从不同的视角，不少学者深入研究了创新集群

---

[1] Rosenberg Frischtak, "Long Waves and Economic Growth: A Critical Appraisal", *The American Economic Review*, Papersand Proceedingsofthe Ninety-Fifth Annual Meetingofthe American conomic Association, Vol. 73, No. 2, 1983, pp. 146 – 151.

[2] Debresson C., "Breeding Innovation Clusters: A Source of Dynamic Development", *World Development*, Vol. 17, No. 1, 1989, pp. 1 – 16.

[3] Liyanage S., "Breeding Innovation Clusters through Collaborative Research Networks", *Technovation*, Vol. 15, No. 9, 1995, pp. 553 – 567.

[4] Kongrae L., "Promoting Innovative Clusters through the Regional Research Centre (RRC) Policy Programme in Korea", *European Planning Studies*, No. 1, 2003, pp. 25 – 39.

(集聚)的产生。基于知识的流动和互动学习机制两个视角,李顺才等分析了创新集群的产生。[①] 从技术创新的内在要求、知识经济、全球化、电子时代、分工的精细化以及时间因素等视角,滕堂伟系统阐述了创新集群形成的条件。[②] 仵凤清以自组织理论将创新集群的动力来源分为内部与外部两个方面。[③] 内部组织间的协同与竞争就是所谓的内部动力,而环境的变化以及环境与系统相互联系的作用方式的变化就是指外部动力。在此基础上,他通过分析创新集群形成的协同机制,构建了创新集群形成的机制模型,从而解释了集群的产生。董微微从三个维度分析创新集群的产生:创新环境的不确定性与复杂性、创新主体在知识经济时代之间联系的密切性以及创新生命周期不断缩短导致单一主体创新产生。[④] 她认为创新主体的有向选择是形成创新集群的根本动因。在创新集群发展的不同阶段,有向选择机理、互动机理、学习机理、突变机理、协同机理、扩散机理等交互作用,从而引起创新集群的产生和演化。综合以上所述,创新集聚产生的动因主要基于以下几个方面。

(一)不断提高科技创新效率的内在要求

进入20世纪80年代,科学技术成果转化和商业化的速度大大加快,极大地缩短了产品和技术的生命周期。技术创新的时间和效率显得极其关键,它成为一个基本要素,决定了企业竞争力与生命力。与此同时,技术创新与技术商业化的速度快慢变得日益重要,需要利用创新的规模化效应,加速创新资源的聚集,高效优化配置创新资源,提升科技创新效率。大量的

[①] 李顺才、王苏丹:《创新集群的政策融合研究》,《科技进步与对策》2008年第11期。
[②] 滕堂伟:《关于创新集群问题的理论阐述》,《甘肃社会科学》2008年第5期。
[③] 仵凤清:《基于自组织理论与生态学的创新集群形成及演化研究》,博士学位论文,燕山大学,2015年。
[④] 董微微:《基于复杂网络的创新集群形成与发展机理研究》,博士学位论文,吉林大学,2013年。

创新型企业、高等院校、科研院所与科技中介等在地理上相互临近，不同的创新主体之间逐渐建立了相对完善的协作创新网络，通过较长时间的技术交流和业务协作，能够促进技术、信息、资金等资源要素与创新环境相互影响、良性互动、共同发展，从而大大提高创新的效率。[①] 从技术创新自身的特征来看，许多产业的发展越来越需要复合型系统性创新。这种集体创新同时转化为应用，产业发展也不是主体单独或单一的创新，而必须是一个创新集群行为。

（二）应对创新发展环境动态变化的必然选择

当今世界，创新环境发生了巨大的变化，对创新行为产生深刻的影响。一是跨界合作创新日益发展。随着技术的复杂程度不断提升以及科技的迅速发展，知识不断细分，创新行为突破了一个组织的边界，超过了单一个体或组织的能力，依赖大量的智力与能力。在技术与市场的双重环境压力下，创新的合作需求产生。二是经济全球化的影响巨大。不仅资源配置的范围、方式与绩效因此发生深刻的改变，经济全球化也引发了一些跨越边界的创新活动，使得创新要素的配置与创新活动在世界范围内开展，部分创新的成果不再具有传统意义上的国别色彩。经济全球化要求企业技术创新与企业运营紧跟世界技术发展步伐，充分利用全球范围内的创新资源，不断提高创新效率，大力促进世界创新链与研发链的形成。跨国公司则根据不同国家和地区的比较优势，布局其产业链、价值链，配置其创新资源，使得创新结构与创新方式发生了很大的改变。

（三）获取互补性资源与竞争能力的有效途径

在全球化背景下，产业链不断延长，但是在某个区域，产

[①] 仵凤清：《基于自组织理论与生态学的创新集群形成及演化研究》，博士学位论文，燕山大学，2015年。

业链呈缩短趋势。创新资源不足是影响与制约创新主体开展科技创新活动的关键因素，没有任何创新主体拥有创新活动所需的所有技术创新资源，而创新资源之间具有较大的互补性和异质性，各种相似的创新主体为了获取互补性的资源，集聚在一起，相互之间开展合作，努力缩小创新资源的各种"缺口"，有效地实现了资源共享、优势互补，极大地克服了自身创新资源禀赋不足的缺陷，共享知识溢出效应。同时，不同创新主体拥有异质性的创新资源，而以知识资本与智力资源为主的创新集群可以帮助企业获取这种异质性的创新资源，有效地提高创新主体的创新能力，更好地形成动态竞争优势，获取持续、强大的竞争力。

（四）降低创新成本和创新不确定性的必然要求

众所周知，由于受技术变革、不断变化的外部市场环境、创新主体的实力与能力、技术创新复杂性等各种因素的影响，科技创新具有很强的挑战性与不确定性，从而对创新主体的技术创新活动产生了决定性影响。由于科技创新的复杂性与不确定性，为了缩短创新周期，技术创新主体要联合起来，开展合作，结成联盟，形成创新集群与网络，来有效地应对市场环境变化，掌握市场需求动向，实现创新资源的集聚与整合，共同承担创新风险和时间成本，使创新主体以较低的成本开展创新活动，有效地降低创新的不确定性。另外，创新活动的各个环节、阶段之间存在着高度依赖性，依赖异常复杂的高技术和高密度的知识积累，这就需要不同创新主体联合起来，团结协作，形成集群，共同突破专业技术瓶颈，促进成果转化与应用，打造形成促进创新的组织形态。

三 基本特征

目前，关于创新集聚（创新集群）的特征，国内外学者均有不同描述，如 Landry 等认为，创新集聚具有两大本质特征，分别是高度互动和强学习能力。[①] 赖迪辉、陈士俊从系统论的角度分析了创新集聚理论，认为多样性、动态性、自组织特征和非线性是创新集聚的主要特征。[②] 蒙新春认为，创新集群具有网络化、国际化、动态性、集群成员创新紧密联系以及与科技紧密联系等本质特征。[③] 孔瑞里认为，所谓创新集群是不同功能企业在垂直、水平和地理的集聚，以分享知识和使新产品增值。[④] 钟书华认为，创新集聚有五大特征：参与主体多元化、高强度的联盟与互动合作、密集的创新资金投入、知识溢出效应显著和集聚经济效果明显等。[⑤] 龙开元分析了创新集群的特征：一是强调集群内知识的流动，它是以创新活动为中心；二是有比较高的企业关联度和信任程度、企业合作和竞争程度；三是具有持续的创新行为以及整体创新能力较强等特征。[⑥] 总体来看，创新集聚有如下四个显著特征。

（一）多主体参与的开放化与网络化结构特征

创新集聚是由企业、高校、研发机构、政府机构、中介组织等多元参与主体构成的复杂系统。这个系统以寻求产业创新为主要目标，在开放的、网络结构的环境下，与外界进行物质、信息和能量交换，实现了动态的、多功能的、集体的、多部门的以及多地域的合作过程。创新集聚的内部主体、要素与环境

[①] Keroack M., Ouimet T., Landry R., *Networking and Innovation in the Quebec Optics/Photonics Cluster*, Wolfe D. A., Lucas M., Clustersin a Cold Climate-Innovation Dynamicsin a Diverse Economy, Montreal: Queen's University School of Policy Studies, 2004, pp. 1 – 20.

[②] 赖迪辉、陈士俊：《技术创新集群的蜕变机制研究》，《科学管理研究》2007 年第 6 期。

[③] Hsien Chun Meng, "Innovation Cluster as the National Competitiveness Tool in the Innovation Driven Economy", *NIS International Symposisium*, No. 10, 2003.

[④] Kongrae Lee, "Promoting Innovative Chusters through the Regional Research Centre (RRC) Policy Program in Korea", *Europe Planning Studies*, Vol. 11, No. 1, 2003.

[⑤] 钟书华：《创新集群：概念、特征及理论意义》，《科学学研究》2008 年第 1 期。

[⑥] 龙开元：《创新集群：产业集群的发展方向》，《中国科技论坛》2009 年第 12 期。

相互交织。为了掌控复杂的技术以应对日益激烈的创新环境，降低创新活动的不确定性和风险，众多活动参与主体出于获取互补性的资源的目的，在某一地理空间集聚，进行高度的创新合作，共享创新溢出效益。

（二）多种集聚效应的非线性、自组织性、自适应性叠加

创新集聚是空间层面、时间层面、领域层面与资源层面的多种集聚效应叠加的结果。这种叠加不是简单的线性相加，而是一种自组织、自适应的行为，它产生了整体大于局部之和的效应。这个系统会根据所处的环境变化，调整创新状态和行为，使自身行为适应新的或者已经改变了的环境。它的集聚效应包括：（1）时间集聚。创新往往会在同一时期集中、成群出现，而不是孤立事件。（2）空间集聚。这种集聚也叫地理集聚，创新会在某些区域集中出现，并且创新中心也会发展、转移。（3）要素集聚。当某一领域出现了重大技术突破，受到集群内创新主体的追捧时，政府或者企业等创新主体会通过资金、土地等要素或政策配置的手段，促使要素资源集聚，进而引起创新的集聚。这个集聚的过程是非线性、自组织或者自适应的过程。（4）领域集中。随着创新要素的集聚和产业的发展，在部门、行业与产业中表现出创新集聚现象。

（三）产业链、知识链与价值链的涌现和协同耦合

创新集聚的形成不是某个链单一的作用，而是产业链、价值链与知识链的内部之间以及三者之间的交互影响与作用，使创新活动得以涌现和集聚。在创新集聚中，官产学研金等创新主体之间具有较高的信任程度和配合程度，它们之间具有广泛的生产关联度，而企业之间不仅具有竞争，也存在较多的合作。通过创新资源的集聚和耦合，创新主体可获取创新的先发优势，应用市场与技术的能力得到提升，创新过程的时间周期被缩短，连续性创新突破可能出现，创新成功率提高。创新集聚的形成

过程是产业链、价值链与知识链激励相容、相互作用、协同耦合的过程，也是技术与经济耦合的过程。它可激发创新集群的潜能，促进良性的、正向的相互作用。

（四）降低创新成本与风险，实现创新边际效益递增

研究表明，创新集聚能产生较强的经济效应，比如产生外部经济，实现创新成本与风险的分担以及创新边际效益的递增。马歇尔在《经济学原理》中就强调集聚可以实现三种收益：一是专业化的劳动力市场的共享；二是中间品投入的共享；三是知识溢出的好处的共享。创新集聚能够充分发挥各创新主体的优势，有效克服单一主体在资源与能力方面的不足。通过不同层次与范围的网络结构，创新主体保持广泛、频繁的联系，并根据其目标不断调整与优化配置创新资源，寻求创新的突破，努力实现创新的目标。这个过程往往是降低创新成本并分散创新风险的过程，知识往往成为最重要的资源，可以实现知识的扩散与技术的溢出，实现边际效益递增的目标。

第二节 广东创新能力的地理集聚分析[①]

当前，我国已进入经济转型的关键时期，经济发展模式转变为知识技术创新优势，原来的资源禀赋比较优势不再起决定性作用。知识、信息和科技等要素成为各地区经济发展的关键性变量，成为促进区域走上内生增长、优化产业结构的根本驱动要素。以广州、深圳为龙头的广东是经济和科技大省，拥有科技创新资源，创新能力较为活跃，是中国创新能力发展的高地。区域创新能力成为以珠三角为龙头的广东地区经济发展的主要动力。

---

① Weihua Yi, "Spatial Structure of Innovation Capability in Guangdong, China", *Papers in Applied Geography*, No.4, 2016. 数据做了更新。

一 相关文献分析

国外不少学者早就关注了空间和创新之间的关系。Asheim 等认为知识的产生呈现出一种非常明显的地理和空间集聚的现象,而且这种现象日益得到强化。[1] 创新行为存在中心—边缘分布现象,同时,这种集聚随着时间的迁移被削弱,创新扩散更多的区域。

不少学者指出,空间依赖性可能有特定的模式,并且由企业和区域之间的经济、技术与地理距离所决定。基于此,Glaeser 等学者[2][3]概述了地理距离的重要性。在空间环境下,一个区域的增长依赖于自身的技术活动以及利用外部技术溢出的能力。[4][5] 知识可以被外部新的主体无成本或者很低成本地使用。知识的外部性将受地理空间的制约,用来解释集聚和经济行为的不均匀分布,这成为新地理学研究的中心问题。[6] 而且,创新过程中存在着非常强的空间极化现象。这种不均匀的分布意味着在创新过程中有很高的空间异质性。事实上,这种异质性很可能导致计量经济模型中随机扰动项的空间依赖。[7]

广东具有较强的科技创新能力,各区域创新绩效高,但是

---

[1] Asheim, B. T. & Gertler, M., *The Geography of Innovation*, The Oxford Handbook of Innovation, Oxford University Press, 2005, pp. 291 – 317.

[2] Glaeser, E. I. and H. D. A. Kallal, "Growth in Cities", *Journal of Political Economy*, Vol. 100, 1992, pp. 1126 – 1152.

[3] Henderson J. V., "Externalities and Industrial Development", *Journal of Urban Economics*, Vol. 47, 1997, pp. 449 – 470.

[4] Martin, P. and G. Ottaviano, "Growth and Agglomeration", *International Economic Review*, Vol. 42, 2001, pp. 947 – 968.

[5] Grossman, G. and Helpman, E., "Trade, Knowledge Spillovers, and Growth", *European Economic Review*, Vol. 35, 1991, pp. 517 – 526.

[6] LeSage, J. P., & Pace, R. K., "Spatial Econometric Models", In *Handbook of Applied Spatial Analysis*, Springer Berlin Heidelberg, 2010, pp. 355 – 376.

[7] Autant-Bernard, C., "Spatial Econometrics of Innovation: Recent Contributions and Research Perspectives", *Spatial Economic Analysis*, Vol. 7, No. 4, 2012, pp. 403 – 419.

不同区域之间的创新差异较大。我国创新空间演化已经引起学术界的较大关注，但是广东创新空间分布的区域差异如何？是呈现空间集聚还是空间扩散的态势？在促进经济转型升级的呼声日益高涨的形势下，研究广东科技创新的空间分布和演化对增强广东创新能力、促进创新能力提升具有重要意义。

二　广东创新能力的空间分布

创新能力主要体现为专利、科技论文、创新产品等形式。国内外学者在评价创新能力时，通常采用专利作为评价指标。尽管专利这一指标有诸多不足之处[1][2]，比如，有些行业创新并未申请专利，而且并非所有专利都是创新，等等，但是相比较而言，这个指标具有几个明显的优势，比如可获取性高，准确度较大，与产业 R&D 联系比较紧密，有较强的区域可比性，等等。因此，考虑用专利数据评价创新能力是合理的。本书采用专利授权量指标作为衡量区域创新能力的指标。本书的研究区域主要为广东 21 个地级市，数据主要来自广东省知识产权网站。在表 2-1 中，主要给出了广东创新的空间分布状况。广东创新能力空间分布特征十分明显，具体体现为如下几点。

表 2-1　2000 年、2005 年、2010 年、2020 年广东 21 个地级市专利授权量

单位：件

	2000	2005	2010	2020
广州	3318	5724	15091	155835
深圳	3076	8986	34952	222412

---

[1] Grupp, H. & Schmoch, U., "Patent Statistics as Economic Indicators", *Research Policy*, 1999, pp. 377-396.

[2] Pavitt, K., "Patent Statistics as Indicators of Innovative Activities: Possibilities and Problems", *Scientometrics*, No. 7, 1985, pp. 77-99.

续表

	2000	2005	2010	2020
珠海	504	931	2768	24434
汕头	787	2277	5718	21959
韶关	76	114	558	4574
河源	14	87	196	4098
梅州	22	120	531	4074
惠州	207	651	1628	19059
汕尾	34	99	253	2672
东莞	1399	3117	20397	74303
中山	1079	2108	8538	39698
江门	520	1553	5418	16891
佛山	3299	8705	16950	73870
阳江	173	494	1218	5060
湛江	118	296	765	5459
茂名	67	104	322	3575
肇庆	102	187	550	6326
清远	44	84	416	4641
潮州	757	741	2065	9682
揭阳	162	398	765	9126
云浮	22	100	190	1915

广东创新能力区域分布很不平衡。无论是在哪个时期，珠三角地区都是广东创新能力最强的地区。该地区经济较为发达，科技资源较为丰富，是广东创新产出最为集中的地区。而从2020年数据来看，珠三角广州、深圳、珠海、中山、佛山、东莞、惠州、江门的专利申请量占广东全省的88.3%，而珠三角深圳与广州的专利申请量占到广东省的半壁江山，达到53.3%。粤北、粤西是广东创新能力最弱的地区，这些区域创新产出低下，创新动力缺乏。

广东创新空间分布的区域变动主要体现在创新中心从珠三角北部的广州向珠三角南部的深圳移动，创新空间布局从2000年以广州为中心的"一主一副三带"发展到2020年以深圳为中心的"一主三带"的格局基本形成。在这个过程中,珠三角创新的集聚程度明显加深,广大粤西、粤北和粤东地区始终保持为广东创新能力较为薄弱的三个"带"。2000年,广东创新增长极主要在广州、深圳和佛山;至2005年,广州与佛山共同成为广东创新增长极;至2010年,科技增长极继续向东南移动,东莞成为仅次于深圳的广东创新增长极;至2020年,深圳继续保持创新优势,广州创新能力强势回归,但仍低于深圳的水平。分析广东各地区专利申请量的原始数据,可以看出,广州专利申请量保持高速增长,2001—2020年年均增长速度达21.2%。多年来,广大粤西、粤北地区甚至大部分粤东地区创新能力低下的状况没有得到改善。这一特征说明要提高广东创新产出的整体水平,应从广东粤北、粤西和粤东地区着手。

三 广东创新地理集聚和空间依赖分析

在这里,我们可以继续采用探索性空间数据分析全局空间自相关分析里的 Global Moran's I(莫兰指数)统计量、局部空间自相关分析中的 Moran 散点图和 Local Moran's I 统计量来继续研究广州创新能力的空间分布。

(一)全局空间自相关分析

全局自相关分析可以用来衡量区域创新之间的整体空间关联度与空间差异度。

首先,利用空间自相关分析模型(见式2-1)

$$I = \frac{n \sum_{i=1}^{n} \sum_{j=1}^{n} W_{ij}(x_i - \bar{x})(x_j - \bar{x})}{\sum_{i=1}^{n} \sum_{j=1}^{n} W_{ij} \sum_{i=1}^{n} (x_i - \bar{x})^2} \quad (2-1)$$

以及空间权重矩阵(见式2-2)

$$W = \begin{bmatrix} w_{11} & w_{12} & \cdots & w_{1n} \\ w_{21} & w_{22} & \cdots & w_{2n} \\ \cdots & \cdots & \cdots & \cdots \\ w_{n1} & w_{2n} & \cdots & w_{nn} \end{bmatrix} \qquad (2-2)$$

式中，n 为格数据数目，x_i 和 x_j 分别为空间对象在第 i 和第 j 两点的属性值，$\bar{x}$ 为 x 的平均值。空间权重矩阵元素 w_{ij} 为空间对象在第 i 和第 j 两点之间的连接关系。空间权重矩阵可以由诸如距离方式、面积方式、可达度方式等方法来确定，其一般为对称矩阵，其中 w_{ii} 等于零。

一般来说，当莫兰指数值为正值，而且 P 值结果显著时，表明广东创新能力分布存在正的空间自相关，也就是说，广东创新能力指标高值或低值集中，表现出空间高值或低值集聚；当莫兰指数值是负值，而且 P 值结果显著时，表明广东创新能力空间分布呈现出负的空间自相关；当莫兰指数值为零时，广东创新能力在空间上呈现出独立随机分布。

利用 GeoDa 软件，得到各年份广东区域创新能力的莫兰指数值。

广东各时期各地区创新能力的全局自相关系数均为小于 1 的正值，表明广东创新能力的空间分布呈现较为明显的集聚态势，说明广东各地区由于政策、经济发展水平、地理位置、技术、人才等要素分布不均，在空间上形成聚集。尽管总体来看，从 2000 年至 2020 年，广东创新地域集聚程度加深，但是各年份之间存在一定的波动。2000 年，广东创新能力集聚效应明显，表现为全局自相关系数 0.148，但不显著（$P>0.1$）；到了 2005 年，广东创新空间分布的集聚效应下降，全局自相关系数为 0.108，也很不显著（$P=0.3$）；2010 年，全局自相关系数为 0.306，很显著（$P=0.019$）；到 2020 年，全局自相关系数有所下降，系数为 0.191，较为显著（$P=0.058$）。

（二）局域空间自相关分析

从整体来说，尽管全域空间自相关分析方法可以在一定程度上解释广东创新能力的空间分布特征，却很容易掩盖可能存在的局域不平稳性。为了度量各区域与周边区域之间的局部空间关联与空间差异程度，可利用局域空间自相关统计量，结合莫兰散点图或散点地图等形式，研究广东创新能力空间分布规律，使局部创新格局可视化。[①]

采用莫兰散点图，本书对广东创新能力局部空间特征进行分析。莫兰散点图可刻画相邻空间单元之间的创新关联程度。通过莫兰散点图，可将广东创新能力空间关联划分为高高（HH）、低高（LH）、低低（LL）和高低（HL）四种类型。其中，高高（低低）集聚型表示相邻区域间的创新能力存在正的空间自相关：高高集聚表明一个区域自身创新能力水平高，而周边创新能力水平高，低低集聚则表明自身创新能力水平低，周边创新能力水平也低。高低（低高）表示相邻空间创新能力存在负的自相关。高低集聚表明自身创新能力高，但被低创新能力的区域包围；低高集聚则表明自身创新能力低，而被创新能力高的区域包围。

这里用 2000 年、2005 年、2010 年和 2020 年的广东创新能力进行分析，来研究广东创新能力的时空演变过程。Moran 散点如图 2-1 所示。

对比图 2-1 可以看出，广东创新能力空间莫兰散点分布各年份之间的变化不大，但仍有细微差别：（1）各时期主要的点集中在一、三象限，表明广东区域创新能力空间分布是高—高集聚或者低—低集聚，说明广东创新发达地区之间以及不发达

---

① Canils M. C., "Barriers to Knowledge Spillovers and Regional Convergence in an Evolutionary Model", *Journal of Evolutionary Economics*, Vol. 11, No. 3, 2001, pp. 307 – 329.

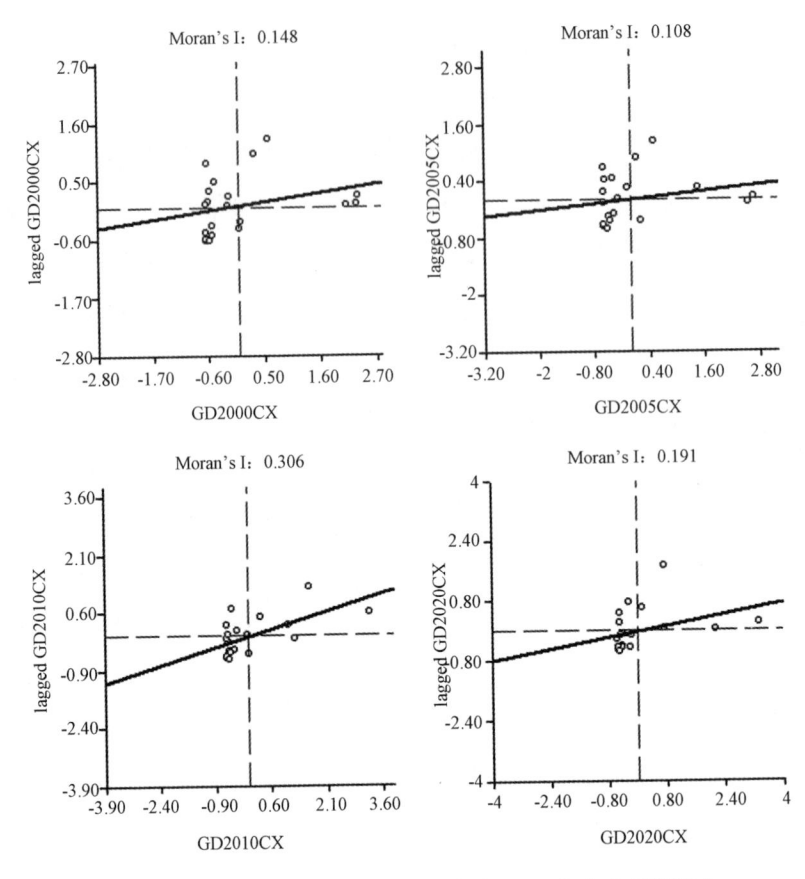

图 2-1　2000 年、2005 年、2010 年和 2020 年广东创新能力空间分布 Moran 散点图

地区之间相邻比较多。这与前面全局空间自相关得出的结果相吻合。(2) 各时期第四象限的点较少，说明广东创新能力高一低集聚区域较少，即被创新能力弱的地区包围的创新能力强的地区不多。(3) 从 4 个年份比较来看，位于第一象限的地区如深圳离纵坐标变远，说明深圳与广东其他地区的创新能力差距在不断拉大；与 2000 年相比，2020 年位于第一象限的地区广州离纵坐标变近，说明广州的创新能力优势相对深圳在减弱。

同时，根据 Moran 象限分布，我们把 21 个地级市象限进行了归纳，得出表 2-2 的结果。可以看出，各时期广东各地区创新能力空间分布有较大的变化，部分地区出现跃迁。

表2-2　2000—2020年四个年份广东各地区创新能力空间分布及相关性分析

年份	高—高（HH）	低—高（LH）	低—低（LL）	高—低（HL）
2000	东莞、中山、深圳、佛山、广州	珠海、江门、清远、惠州、肇庆、韶关、梅州	河源、汕尾、茂名、云浮、阳江、湛江、揭阳	汕头、潮州
2005	深圳、广州、东莞、中山	珠海、梅州、肇庆、惠州、清远、江门	韶关、潮州、揭阳、阳江、河源、茂名、云浮、湛江、汕尾	佛山、汕头
2010	深圳、广州、东莞、中山	珠海、肇庆、惠州、清远、江门	韶关、潮州、揭阳、阳江、河源、茂名、云浮、湛江、汕尾、梅州	佛山、汕头
2020	深圳、广州、东莞、中山、佛山	韶关、清远、惠州	潮州、揭阳、阳江、河源、茂名、云浮、湛江、汕尾、梅州、汕头、江门、肇庆、珠海	—

（1）广州、东莞、中山、佛山等城市基本处于高—高集聚（HH）状态。这些地区由于地处珠三角内部，是广东创新能力的热点地区。这些城市一般具有较强的城市综合实力，创新资源相对丰富，并凭借其强大的创新能力和综合实力，在区域内部各种科技资源形成极化整合效应的同时，也发生着创新扩散效应，对周边地区科技创新能力的提升产生了较为强大的科技辐射及带动作用。佛山等城市虽然具有较高的科技综合实力，但由于其周边部分地区科技资源相对缺乏，创新基础较为薄弱，因此部分年份中，其创新关联模式处于高—低空间分布的状态。

(2) 韶关、潮州、揭阳、阳江、河源、茂名、云浮、湛江、汕尾等分布在粤北、粤西和粤东部分地区，形成了创新的低—低集聚。这些城市既不是改革开放的前沿，也不是国内综合交通的枢纽，其科技潜在发展力、科技资源凝聚力以及城市综合实力方面明显较为薄弱，并且其周边地区创新能力、产业规模不大，技术层次整体不高，大型龙头企业不多，尚不能对科技创新形成足够牵引力。这些城市大多具有典型内陆城市特征，文化开放性不足，对科技创新发展形成一定制约。韶关、清远、惠州等城市自身创新能力不强，但是由于其与创新能力较强的深圳、广州、中山、佛山等城市相邻，所以形成了创新的低—高空间分布状态。

(3) 与2000年相比，佛山发生了HH—HL—HH的跃迁；潮州、汕头先后发生了HL—LL的跃迁；珠海、江门、梅州、肇庆先后发生了LH—LL的跃迁。总体来看，四个时期中，大部分地区的空间发展格局并未出现太大变化，广东创新能力的时空演化仍显示出了明显的路径依赖特征。

四 研究结论及启示

二十几年来，科技创新正以前所未有的速度加快新一轮的全球性产业转移。广东省加强了创新资源的集聚与整合，科技创新能力快速提升。

一是在广东创新能力发展表现出相当高的地区集中，形成地理上的"二元结构"，"高—高"与"低—低"相邻近区域更多，这表明广东科技创新普遍存在"空间溢出"效应，表现在广东区域之间的创新活动相互促进、相互影响，创新能力较强的珠三角地区与相邻的区域形成创新的位势差，创新从中心地区不断向周边区域扩散；保持竞争优势，为了降低创新成本，创新能力偏弱的地区积极向创新能力强的地区学习，从而产生了创新从强到弱的"区域溢出"。但是,这种溢出往往容易导致创新趋同问题出现,因此要避免相邻地区同质化发展。

二是广东创新的增长极发生了空间转移,每一时期,创新的空间结构出现了不同变化。广东创新空间演化最显著的特征是广东创新高地的移动,即深圳后来居上,创新能力赶超广州。这也很好地证明了一个理论问题:技术驱动与市场驱动,两者谁能更好地促进区域创新体系发展。深圳区域创新能力的高速发展很好地回答与证明了市场驱动创新的巨大功能。这里还涉及一个问题,那就是两个创新龙头城市如何结合自身优势,互补发展。针对本书研究结论,笔者认为,要进一步挖掘和提升广东科技创新能力。为避免功能重叠和恶性竞争,广东创新龙头城市广州和深圳必须明确科技功能分工。根据各城市科技发展的优劣势,广州应致力于龙头型科技中心的定位,积极发挥科技研发、转化、统筹、协调、中介、示范等综合性功能;深圳则致力于高新技术产业化和国际化,并努力发展为互为支撑、有机结合的复合型科技中心,以有效辐射和带动广东创新能力提升。

第三节 广州创新产出的空间集聚与机制分析[①]

城市是区域经济社会发展的中心,是各类创新要素和资源的集聚地,对省域和国家发展全局影响重大。在内生经济增长的发展模型中,创新是城市经济发展的主要引擎,是推动城市发展进步的灵魂与动力[②],建设国家创新型城市更是当前广州城

[①] 易卫华:《广州创新产出的时空演化及影响机制分析》,载邹采荣、马正勇、涂成林等主编《中国广州科技和信息化发展报告(2015)》,社会科学文献出版社 2015 年版。数据做了更新。

[②] Jonathan Sallet, Ed Paisley and Justin R. Masterman, "The Geography of Innovation: The Federal Government and the Growth of Regional Innovation Clusters", *Science Progress*, 2009.

市发展的重大战略目标。因此，城市需要按照范围经济的要求进行城市内的要素重组和结构优化。

一 广州创新产出的地理集聚分析

（一）广州创新产出的空间分布

创新产出可采用专利、新产品、论文等指标来评价，但较多学者采用专利作为评价指标。前面提到，专利指标优势明显，本书采用专利授权量与发明专利授权量两个指标来评价区域创新产出（包括原始创新产出）。本书统计范围是广州天河区、越秀区、荔湾区等11个区（由于行政区划调整，其中越秀区由原东山区和越秀区合并而成；黄埔区由原开发区、高新区、萝岗区和黄埔区合并而成；荔湾区由芳村区和荔湾区合并而成），数据主要来自开放广东APP（见表2-3、表2-4）。

表2-3　　　　　　2002—2020年广州11个区专利授权量

	白云	从化	番禺	海珠	花都	荔湾	黄埔	南沙	天河	越秀	增城	合计
2002	582	31	480	448	104	419	64	0	708	655	131	3656
2003	687	49	803	534	157	516	102	0	1116	783	193	5020
2004	634	88	849	684	181	487	61	0	1264	1005	175	5535
2005	731	56	909	642	198	398	1012	110	1289	979	199	6534
2006	920	74	630	442	264	759	1434	163	1560	1139	144	7531
2007	1209	98	1134	729	475	629	1901	387	1750	1545	195	10073
2008	993	93	1113	760	367	439	2312	173	2175	1211	217	9879
2009	1355	135	1525	1023	664	656	795	201	2727	1405	576	11095
2010	1754	214	2068	1211	1022	886	1499	217	3596	2060	535	15093
2011	2017	256	2746	1530	1383	805	2423	306	4132	2186	470	18339
2012	2407	315	3449	1778	1441	1231	3156	366	4737	2245	888	22045
2013	2921	414	3743	1929	2467	1164	3678	829	5240	3066	697	26156
2014	3359	303	3662	2204	2499	1659	4369	903	5521	2913	732	28137
2015	4840	733	5370	2633	3989	1811	5412	1289	7493	5458	787	39834

第二章 科技创新的地理集聚分析　29

续表

	白云	从化	番禺	海珠	花都	荔湾	黄埔	南沙	天河	越秀	增城	合计
2016	5458	866	8677	2629	4751	2024	6796	1539	8613	5864	1068	48313
2017	7366	772	11205	3137	6382	2394	9342	2514	10944	4344	1780	60201
2018	10502	1173	16450	5163	7635	3130	14705	4521	14969	8559	3009	89816
2019	12908	1288	17825	5808	8259	2989	17644	6461	17481	10029	4100	104792
2020	21716	2030	23562	9668	13807	4750	22612	9113	26707	14065	7776	155806

注：部分年份总数包括各区数和其他数。各区的总和数不等于11个区的数之和。

表2-4　　　　2002—2020年广州11个区发明专利授权量

	白云	从化	番禺	海珠	花都	荔湾	黄埔	南沙	天河	越秀	增城	合计
2002	17		1	33		5	2		71	21	3	154
2003	8	3	9	46		10	2		180	30	5	295
2004	22	35	7	121	4	26	3		307	49	10	589
2005	41	3	17	144	10	17	277	3	280	61	8	861
2006	26	2	152	18	8	45	309	5	346	82	15	1008
2007	90	3	28	145	13	30	405	102	324	68	8	1219
2008	68	3	45	222	20	25	550	11	543	121	9	1617
2009	101	5	118	255	43	44	117	17	674	131	4	1516
2010	106	10	161	302	62	48	259	28	792	199	20	1990
2011	201	21	290	435	76	62	534	40	1229	223	22	3146
2012	238	26	371	515	73	98	834	45	1548	250	36	4036
2013	202	27	344	464	77	87	932	57	1553	277	35	4055
2014	241	29	401	472	79	173	1065	94	1559	432	43	4590
2015	346	39	568	640	209	162	1443	272	2192	671	76	6619
2016	387	44	804	557	274	186	1799	381	2336	815	84	7668
2017	432	51	1162	723	287	181	2113	451	2861	969	114	9345
2018	542	67	1386	775	348	169	2351	460	3176	1402	121	10797
2019	465	70	1288	937	355	172	2803	650	3696	1609	174	12219
2020	589	106	1546	1249	325	191	3401	936	4695	1770	267	15075

注：部分年份总数包括各区数和其他数。各区的总和数不等于11个区的数之和。

考察广州创新产出的空间分布状况，观察表 2-3 和 2-4 可以发现，广州专利产出有如下特征。

广州专利产出空间差异较大，有明显的空间集聚特征。各时期，以天河为中心的中部地区始终是广州专利产出最多的地区，这主要由于中部地区经济相对活跃，拥有较为丰富的科技资源，是广州创新产出最集中的地区。分析 2002—2020 年专利授权数据总量我们可以发现，天河区、番禺区、黄埔区和白云区是广州专利大区，专利授权总量分别达 122022 件、106200 件、99317 件和 82359 件，占广州专利授权总量的 61.4%。分析 2002—2020 年发明专利授权数据总量发现，天河区、黄埔区、越秀区和番禺区是广州发明专利大区，发明专利授权总量分别达 28362 件、19199 件、9180 件和 8698 件，占广州专利授权总量的 75.4%。

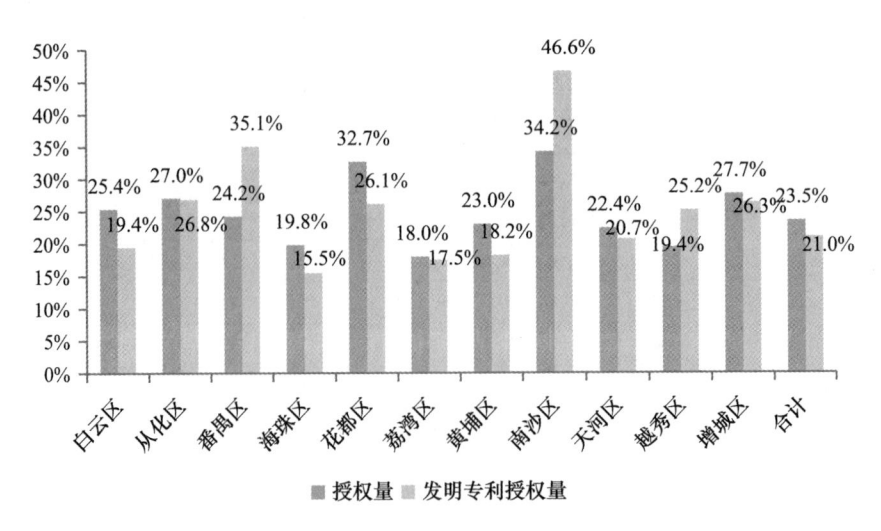

图 2-2 2006—2020 年专利授权量和发明专利授权量增长率

广州创新产出保持较快增长速度，但是各区域表现不一（见图 2-2）。2006—2020 年，广州各区专利授权量平均增长速度为 23.5%，高于平均增长速度的区从高到低分别有南沙区

(34.2%)、花都区(32.7%)、增城区(27.7%)、从化区(27.0%)、白云区(25.4%)、番禺区(24.2%),而荔湾区(18.0%)、越秀区(19.4%)、海珠区(19.8%)、天河区(22.4%)、黄埔区(23.0%)等相对靠近市中心的区域增长更为缓慢。2006—2020年,广州各区发明专利授权量平均增长速度为21.0%,高于平均增长速度的区从高到低分别有南沙区(46.6%)、番禺区(35.1%)、从化区(26.8%)、增城区(26.3%)、花都区(26.1%)、越秀区(25.2%),而天河区、白云区、黄埔区、荔湾区、海珠区的发明专利平均增长率分别为20.7%、19.4%、18.2%、17.5%、15.5%。总体来看,无论是专利授权量还是发明专利授权量,南沙区、番禺区、从化区、增城区、花都区等外围地区创新能力发展速度都要快于中心城市的增长速度。

(二) 广州创新产出分布的空间差异与空间集聚分析

在这里,我们可以采用变异系数、基尼系数(Gi-ni系数)、全局空间自相关分析和局部空间自相关分析中的Moran散点图与Local Moran's I统计量来继续研究广州创新产出的空间分布。

1. 广州创新产出的地理集中度分析

研究广州创新产出的空间集聚,我们可以首先对广州创新产出的集中度进行测量,将其作为空间集聚度研究的初始依据。为了准确判断广州创新产出的地理集中度情况,我们首先采用保罗·克鲁格曼的基尼系数分析。公式如式2-3所示:

$$G = \frac{1}{2n^2 X} \sum_{i=1}^{n} \sum_{j=1}^{n} |X_i - X_j| \qquad (2-3)$$

其中,X_i和X_j分别表示两个空间单元的任意两个值,X表示空间单元的平均值,n表示地理单元数量。基尼系数越接近于1,变量就越地理集中。基尼系数为0是最小。

作为另一个衡量区域创新集中度的指标,变异系数越大,那么，广州创新的空间集聚程度越大。其公式如式2-4所示：

$$Y_i = \frac{\sqrt{\sum_{i=1}^{n}(X_i-X)^2/n}}{X} \quad (2-4)$$

式中，X 是指所有地区平均创新产出，y_i（$i=1,2,3,\cdots,n$）是指第 i 地区创新产出，n 表示测量的空间单元个数。

本书计算了2002—2020年间广州专利授权量和发明专利授权量的变异系数和基尼系数。表2-5和图2-3的结果表明，在考察期内，广州创新产出集中度总体呈下降趋势。可以看出，2002年专利授权变异系数为0.81，2020年下降到0.59；专利授权的基尼系数从2002年的0.36下降到2020年的0.24。发明专利授权的变异系数从2005年的1.57下降到2020年的1.07；发明专利授权的基尼系数从2002年的0.56下降到2020年的0.39。这表明在过去的10年中，广州区域创新产出呈现出空间收敛的态势，除个别年份稍有波动之外，总体来看，各区之间的差异正在逐步减小。这与当前大部分研究中国创新区域差异的学者如王春杨和张超[1]、刘和东[2]等的研究相反，这些学者的研究认为，我国创新地理趋于集中。

表2-5　2002—2020年广州专利授权量、发明专利授权量的变异系数与基尼系数统计

年份	专利授权量		发明专利授权量	
	变异系数	基尼系数	变异系数	基尼系数
2002	0.81	0.36	1.57	0.56
2003	0.83	0.35	1.87	0.57
2004	0.87	0.36	1.61	0.53

---

[1] 王春杨、张超：《地理集聚与空间依赖——中国区域创新的时空演进模式》，《科学学研究》2013年第5期。

[2] 刘和东：《中国区域原始创新产出的空间集聚研究》，《工业技术经济》2011年第11期。

续表

年份	专利授权量 变异系数	专利授权量 基尼系数	发明专利授权量 变异系数	发明专利授权量 基尼系数
2005	0.72	0.31	1.37	0.54
2006	0.77	0.32	1.36	0.53
2007	0.69	0.30	1.22	0.45
2008	0.86	0.34	1.41	0.54
2009	0.73	0.27	1.40	0.43
2010	0.72	0.27	1.25	0.42
2011	0.72	0.29	1.26	0.43
2012	0.69	0.27	1.27	0.45
2013	0.64	0.26	1.29	0.45
2014	0.63	0.25	1.16	0.41
2015	0.63	0.27	1.10	0.38
2016	0.67	0.29	1.05	0.39
2017	0.69	0.30	1.06	0.40
2018	0.66	0.27	1.03	0.41
2019	0.64	0.27	1.06	0.41
2020	0.59	0.24	1.07	0.39

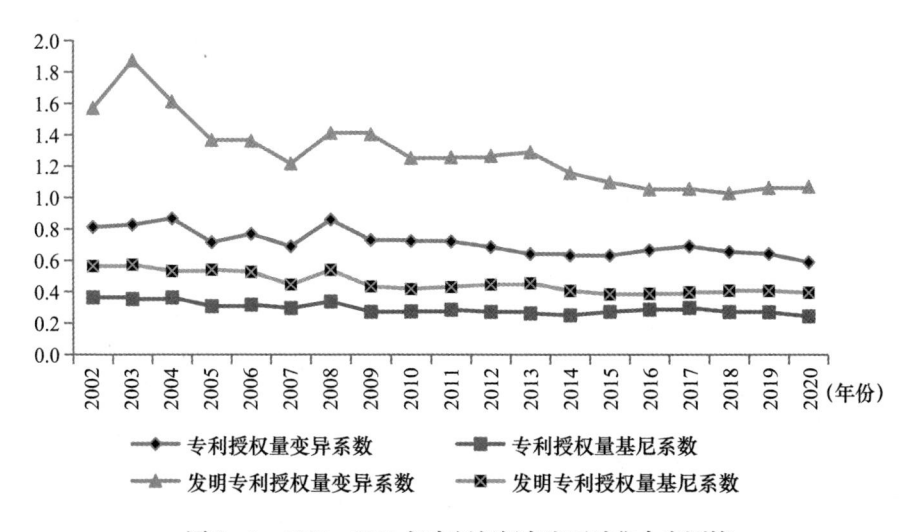

图 2-3 2002—2020 年广州创新产出区域集中度测算

2. 全局空间自相关分析

为了衡量区域创新之间整体上的空间关联和空间差异程度，我们还可以采用全局自相关分析。

可以利用以下空间自相关的分析模型（见式2-5）：

$$I = \frac{n\sum_{i=1}^{n}\sum_{j=1}^{n}W_{ij}(x_i - \bar{x})(x_j - \bar{x})}{\sum_{i=1}^{n}\sum_{j=1}^{n}W_{ij}\sum_{i=1}^{n}(x_i - \bar{x})^2} \quad (2-5)$$

以及以下空间权重矩阵模型 W（见式2-6）：

$$W = \begin{bmatrix} w_{11} & w_{12} & \cdots & w_{1n} \\ w_{21} & w_{22} & \cdots & w_{2n} \\ \cdots & \cdots & \cdots & \cdots \\ w_{n1} & w_{2n} & & w_{nn} \end{bmatrix} \quad (2-6)$$

利用GEODA软件，公式2-6中采用相邻空间函数矩阵，将由公式2-6所计算的空间权重矩阵导入公式2-5，可以计算出测算年份广州创新产出的Moran's I值（莫兰指数）。

由表2-6可知，除个别指标（2013年专利授权莫兰指数为-0.01，结果不显著）外，广州各年份的专利授权和发明专利授权莫兰指数均为小于1的正值，表明广州创新产出的空间分布呈现一定程度的空间集聚态势，说明由于经济发展水平、地理位置、技术、人才等要素分布的不均，广州创新产出在空间上形成聚集。

表2-6　　　　　　　广州创新产出的自相关系数

年份	专利授权莫兰指数	P值	发明专利授权莫兰指数	P值
2002	0.218	0.062	0.201	0.041
2003	0.076	0.193	0.065	0.047

续表

年份	专利授权莫兰指数	P 值	发明专利授权莫兰指数	P 值
2004	0.131	0.118	0.080	0.064
2005	0.155	0.141	0.096	0.140
2006	0.123	0.143	-0.096	0.398
2007	0.051	0.234	0.014	0.222
2008	0.042	0.221	0.063	0.161
2009	0.027	0.226	0.100	0.054
2010	-0.066	0.425	0.118	0.069
2011	0.028	0.425	0.065	0.125
2012	0.056	0.211	0.041	0.166
2013	0.060	0.215	0.029	0.179
2014	-0.013	0.328	0.095	0.124
2015	-0.046	0.391	0.087	0.115
2016	-0.210	0.314	0.066	0.148
2017	-0.213	0.328	0.067	0.156
2018	-0.176	0.378	0.106	0.120
2019	-0.134	0.443	0.111	0.105
2020	-0.132	0.435	0.097	0.114

注：分析采用的是相邻函数矩阵。

但是总体来看，从 2002 年至 2020 年，尽管部分年份波动较大，莫兰指数的数值总体上呈现减小的趋势，说明此与前文基尼系数和变异系数等模型的研究结果一致。广州区域创新和原始创新集聚程度有所减弱，也表明广州各区域之间的集聚与扩散呈现一定的变化。由于广州区域创新竞争加剧以及广州城市空间发展战略的转移，广州科技创新从中心区向周边地区扩散的趋势不断加深。

3. 局域空间自相关分析

莫兰散点图用于研究广州创新的局域空间的异质性，其横坐标为各年份广州某区域创新产出的标准化值，纵坐标表示相邻区域单元属性值的平均值，这个平均值是经过标准化处理后的空间权重矩阵所确定的。在研究各地区创新产出空间分布时，可将其分为四个象限：右上象限（HH）和左下象限（LL）分别表明广州各地区自身和周边地区的创新产出水平均较高或较低，呈现出广州区域创新的高—高、低—低集聚的状态；左上象限（LH）或右下象限（HL）表明创新产出水平较低（高）的地区被创新产出较高（低）的地区包围，呈现出低—高、高—低创新集聚的态势。以上高（H）和低（L）根据广州创新产出的算术平均值来判定。

这里用2002年、2010年和2020年广州各年份专利授权量（上）和发明专利授权量（下）的Moran散点图（见图2-4）来研究广州创新产出的时空演变过程。

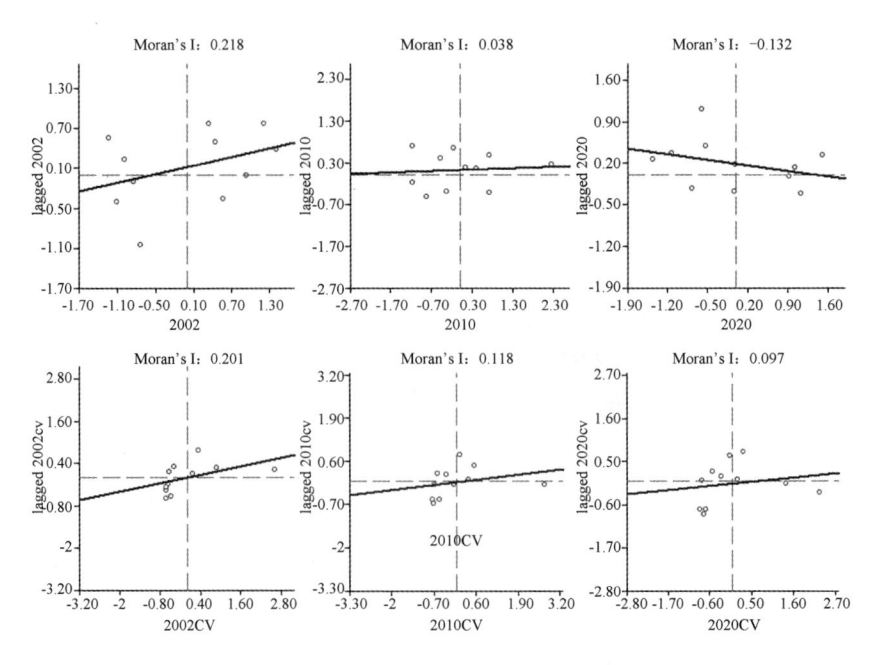

图2-4 2002年、2010年和2020年广州专利授权量（上）与发明专利授权量（下）的Moran散点图

（1）第一象限中，广州专利授权量的点较多，说明在广州11个区当中，与专利产出高的区域相邻的专利高产出区域比较多。第三象限中，广州发明专利授权量的点比较多，说明与发明专利产出低的区域相邻的发明专利低产出区域也比较多，广州发明专利空间分布低—低集聚明显。

（2）位于第四象限的点相对较少，说明与广州创新产出弱相邻的创新产出强的区相对不多，即创新产出呈现高—低集聚的地区较少。

此外，结合表2-7、表2-8，我们可以判断，广州创新产出空间分布有较大变化。

（1）无论是专利授权量还是发明专利授权量，天河区、越秀区几乎始终处于创新高—高集聚（HH）或者高低集聚（HL）的状态（2020年越秀区专利授权量除外，当年专利授权量略低于标准值），说明这两个区域作为广州中心城区，高校、科研院所或者研发型企业较多，不仅自身科技资源丰富，科技发展水平相对较高，科技创新能力较强，而且凭借其强大的创新能力和综合实力，在区域内部各种科技资源形成极化整合效应的同时，也发生着创新扩散效应，对广州科技创新能力提升产生了较为强大的科技辐射及带动作用。番禺区由于大学城的带动，虽然少数年份发明专利授权量相对较少，但是专利授权量较多，专利授权量处于高—高（HH）或高—低（HL）空间分布状态。

（2）从化区、花都区、增城区地处北部或中部地区，形成了创新的低—低集聚。这些区域由于科技资源集聚力较弱，制造业创新水平相对较低，技术层次整体不高，创新能力较弱，其周边大部分地区创新产出水平也相对较弱。

（3）从专利授权量指标来看，荔湾区发生了HH—LH的跃迁，黄埔区发生了LH—HH的跃迁，从化区发生了LL—LH的跃迁。从发明专利授权量来看，越秀区发生了HH—LH—HH的跃迁,从化区发生了 LL—LH 的跃迁,番禺区发生了 LL—LH—HH 的跃迁。总体来看,六个时期当中,创新空间发展格局发生了较大变化,不断改变了广州创新版图。

表 2-7　　2002 年、2005 年、2010 年、2015 年和 2020 年广州专利授权空间分布及相关性分析

年份	高—高（HH）	低—高（LH）	低—低（LL）	高—低（HL）
2002	白云、海珠、越秀、天河、荔湾	南沙、黄埔	从化、花都、增城	番禺
2005	白云、黄埔、越秀、天河、海珠	荔湾、南沙	从化、花都、增城	番禺
2010	白云、黄埔、越秀、天河	海珠、荔湾、南沙	从化、花都、增城	番禺
2015	白云、黄埔、越秀、天河	海珠、荔湾、南沙、从化	增城	花都、番禺
2020	天河、黄埔	越秀、海珠、荔湾、南沙、从化	增城、花都	白云、番禺

（4）2020 年,广州专利授权量热点区为天河区和黄浦区及其周边地区,花都区、增城区及其周边地区形成创新的次冷点区。2020 年,从广州发明专利授权量看,越秀、番禺及其周边地区形成原始创新的热点区,从化、花都、增城等区域及其周边地区形成了广州原始创新的冷点区。

表 2-8　　2002 年、2005 年、2010 年、2015 年和 2020 年广州发明专利授权空间分布及相关性分析

年份	高—高（HH）	低—高（LH）	低—低（LL）	高—低（HL）
2002	天河、海珠、越秀、白云	黄埔、荔湾	增城、番禺、花都、从化、南沙	

续表

年份	高—高（HH）	低—高（LH）	低—低（LL）	高—低（HL）
2005	海珠	越秀、白云、番禺、荔湾	花都、增城、从化、南沙	天河、黄埔
2010	海珠、黄埔、越秀	白云、荔湾	番禺、花都、南沙、增城、从化	天河
2015	海珠、越秀	番禺、白云、荔湾	花都、南沙、增城、从化	天河、黄埔
2020	越秀、番禺	海珠、南沙、白云、荔湾	花都、增城、从化	天河、黄埔

二 研究结论及启示

近年来，广州加强了创新资源的集聚与整合，不断深化科技体制改革，区域创新能力获得较快提升。本书通过研究发现：广州创新产出包括专利授权量和发明专利授权量，空间"二元结构"特征较明显，少数区形成了"高—高"和"低—低"空间集聚，呈现地理集中态势。但是可以看出，这种地理集中的趋势在减弱，表明广州区域之间创新活动相互影响：广州创新能力强的区与其相邻的区形成创新的位势差，创新活动从广州创新中心区域向周边区域扩散；广州创新能力较弱的区域，不断模仿广州创新强区。不过在广州城市内部，也要注意避免创新同质化发展问题。

第三章 科技创新的溢出作用分析

第一节 创新的外部性特征与创新溢出

一 创新溢出的特征

创新外部性有四个特性：溢出存在的客观性、溢出方向的确定性、溢出目标的非指向性及溢出过程的隐蔽性。

（一）创新溢出的存在是客观的

溢出不受科技创新供给方的主观意志所控制，在无意识状态或者非主观情愿下发生。创新成果可以说是创新知识和技术原理的组合，但知识和原理具有不完全排他性和非竞争性，而且用于阻止同行竞争者使用科技创新成果的手段和制度并不是很有效，难免会存在知识共享、创新模仿等情况，进而形成科技创新溢出。只要存在科技创新者和产品消费者的分离，消费者和其他生产者都可以依附市场机制获得额外福利，创新溢出是客观存在的。[①]

（二）创新溢出具有明显的方向性

就像水在受到重力作用的情况下，总是从高地势的一端流向低地势的一端。在创新扩散领域中，拥有高端技术、创新知

[①] 徐怀伏、顾焕章：《技术创新溢出的经济学分析》，《南京农业大学学报》2005年第3期。

识和丰富管理经验的创新企业便是"高地势",这些企业具备雄厚的创新实力和丰厚的人才资源。而那些自身资源并不十分充足、依靠模仿和学习其他企业的先进技术的企业对应"低地势"。创新企业和模仿企业之间的技术与资源差距为技术溢出提供了技术势差,它们之间的差异促使技术从创新企业向模仿企业溢出。

（三）创新溢出没有目标性

在产业组织和经济地理的研究领域中,创新溢出没有明确指向。尽管创新溢出的方向性是确定的,但对于溢出的具体对象、内容、方式、速度和效果等都是难以由溢出主体控制的,这种没有目标的溢出是非自愿性的、创新的、扩散的体现。

（四）创新溢出的过程是隐蔽的

创新是创新知识和技术的综合体。创新之所以存在溢出,是创新知识和技术的外部性导致的。而目前对于知识和技术溢出效果的研究都是间接的,没有一个相对直接和准确的方式或指标衡量溢出效果,整个溢出过程难以被直观地呈现或描述。

二 创新溢出的途径及影响

技术创新溢出的途径有很多,以下主要从知识溢出、人员流动溢出、技术人员非正式交流溢出及专利公布溢出这四种溢出途径,探讨创新溢出对技术创新的影响。

（一）知识溢出

知识作为一种非实物产品,被认为是一种公共物品。因为知识具有非竞争性和不完全排他性的特点,所以知识具有天然的溢出效应。彼得·德鲁克（Peter Drucker）认为知识是一种生产要素，是全球化经济环境中最重要的关键资源。① 技术创新是知识和技术结合的成果，知识溢出是技术创新溢出的途径之一。从企业技术创新溢出的角度出发，对知识溢出下定义。他指出，创新主体与其他研究者从事类似的事情，被其他创新者模仿并使其获得更多的收益的过程。在知识溢出过程中，接受者会根据自身情况选择知识体系，并对源知识进行改变、偏离、创新。知识溢出的过程是编码后的知识以不同载体形式出现时带来新事物的过程。知识改变的过程不是一成不变的，生成的新事物和已经建立的秩序或形式不同。知识溢出遵循正态分布，当知识的溢出量达到最大值时，此时的知识溢出量基本等于该体系的知识存量。随着时间的推移，知识溢出量越来越小，直到溢出完全停止。②

新增长理论认为，技术逐渐成为经济增长的持续动力。人力资本、竞争优势等理论认为，人类的可持续发展需要通过知识来提升各类资源的融合性和共享性来实现。知识可以跟原有的生产要素结合，实现科学技术、管理方式、生产工艺等各个领域的进步和创新。人类频繁而又密切的交流不断地拓宽了知识扩散的范围与边界，把创新带到全世界的每一个角落，最终实现企业、区域乃至国家经济的增长。③ 在这个过程中，知识起到基础性作用，知识溢出扮演了重要的角色。

关于知识溢出和技术创新的关系，过去有很多学者进行了深入研究。从宏观角度出发，知识和科技创新有着密切的关系，创新的本质就是知识的创造，创新的潜力依赖于创造。知识溢

---

① 彼得·德鲁克：《后资本主义社会》，傅振焜译，东方出版社2009年版。
② 孙兆刚、徐雨森、刘则渊：《知识溢出效应及其经济学解释》，《科学学与科学技术管理》2005年第1期。
③ 郭明翰：《基于产业集聚的知识溢出对区域创新的影响研究》，硕士学位论文，江苏省委党校，2014年。

出促进高技术产业的发展，并成为高技术产业发展的重要组成部分。[1] 结果表明，知识溢出有利于加快企业的创新速度，对技术创新产生积极作用。[2] 但也有学者认为，知识溢出导致"搭便车"情况出现，对企业的技术创新不利，存在消极的影响。[3]

知识溢出对技术创新所产生的积极影响主要有以下两个方面。

第一，知识溢息有利于促进知识、技术和信息的流通，提高集群内企业创新的绩效。随着当今产品更新周期逐渐缩短及产品需求市场逾越难以预测，企业进行创新决策充满风险。由于知识溢出的存在，企业与企业之间的信息流通更加快捷而便利。企业技术创新的成果，都可成为其他企业模仿的依据和决策的价值参考，这样企业就能更快地把握市场需求变化，更容易寻找到正确的产品创新方向。高技术企业创新所需的技术和方法来自企业集群内部，知识溢出让这些方法和技术广泛地在企业集群内部传播，企业的员工也能从这种知识溢出中获益，学习到更多的知识和技能。学习了新知识和新技能的员工更新改造集群生产系统，使得企业生产效率得以迅速提高，商品质量变得更加安全而可靠，生产方式也更加科学而有效率。通过为集群内高科技企业提供生产和发展方面的技术、人力、资金、销售等支持，知识溢出有利于减少企业决策的失误和成本，大大降低了科技创新的风险与成本，提高创新主体的创新绩效。[4]

---

[1] 王玉梅、田恬：《知识溢出对区域技术创新能力影响的系统分析》，《企业活力》2011年第6期。

[2] 蔡伟毅、张俊远：《全球化中的知识溢出与技术进步分析》，《江淮论坛》2009年第6期。

[3] 张聪群：《知识溢出与产业集群技术创新》，《技术经济》2005年第11期。

[4] 刘继红：《基于产业集群知识溢出的企业创新能力提升》，《江苏行政学院学报》2014年第6期。

第二，知识溢出有利于促进高技术企业的知识互补，从而推动他们的创新活动。[①] 知识溢出并发生共享，是企业创新合作的行为表现。一方面，合作各方互相交流和分享知识；另一方面，它们进行技术的开发和创造，在这个过程中会有大部分知识溢出，称为共享知识。在"溢出—吸收—创造—溢出"的不断循环中，整个集群的知识水平盘旋曲折上升，集群内的知识存量不断增加。这种发生在高技术企业集群内部的知识溢出，可通过引进、消化、吸收、再创新和集成创新等方式提升企业的整体创新能力，激发企业二次创新和多次创新，从而激发创新活力。

然而，过强的社会关系网络使知识溢出产生负效应。关系资产可以将技术知识信息在产业内快速扩散。但是，特定的社会关系网络所固有的封闭性和排他性，对外部知识、技术与人才的流入产生了限制作用。企业技术创新不仅需要集群内部流入，还需要外部合作。尽管集群内存在知识溢出，集群内企业享有内部知识溢出的好处，但集群外部的技术、知识和人才难以流入集群内部。若集群内部的技术创新水平较低，则需要大量的集群外部资源流入促进集群内部技术创新水平的提高。社会关系网络的封闭性和排他性使企业忽略了外部知识的重要性，把创新的注意力集中在内部知识，企业惰性增强，视野变窄，寻求外部知识的积极性大大降低，进而丧失技术创新能力。

知识产权保护力度越低，知识溢出的消极影响越大。尽管集群内存在知识共享与合作创新等活动，但集群内部也存在着激烈的竞争活动。若企业的知识产权得不到有效保护，这种创新技术就会在集群内严重溢出。但凡这种溢出强度超出了创新

[①] 石琳娜、石娟、顾新：《基于知识溢出的我国高技术企业自主创新能力提升途径研究》，《软科学》2011 年第 8 期。

企业承受的范围，就会导致企业创新预期收益减少甚至丧失，企业的创新动力就会减弱。模仿的成本相比创新要少很多，缺乏创新能力的企业为了追求利益最大化，在没有外部制度约束的情况下，它们通过模仿生产出同样的商品，并制定更低的价格，从而获得更多的收益。集群内的知识溢出强度过大，创新企业的技术和收益就会被非创新企业掠夺。创新企业无法得到预期收益，它们技术创新的积极性受到抑制，集群内的技术创新会减少，阻碍了集群技术创新的发展。

（二）人员流动溢出

人力资本是技术管理、创新等知识技术的载体[1]，流动是人力资本的显著特点。人员流动不仅仅是人的流动。从知识流的角度看，人员流动的最大作用在于带动了知识、技术和创新思维的流动与扩散。随着科技人员的流动，科技人员的知识、技术与创新思维也逐步扩散到其他企业并引起不断增值，由此产生技术溢出。技术人员在不同企业之间的流动，大大促进了知识在不同企业间的流动与扩散。人员流动不仅是外商直接投资（foreign direct investment，FDI）技术溢出的重要途径，也是产业转移和承接中技术溢出、管理溢出、知识溢出的一种途径。

英国著名的圈地运动便是人口流动溢出的古典例子。圈地运动导致了农村人口向城市的大规模迁徙，这种迁徙使英国在1851年成为世界上第一个城市人口占总人口比例超过50%的国家。这种人口流动为工业化的顺利进行创造了条件，也为创新技术的推广与应用提供了大量的人力资源。在硅谷，人员流动溢出异常显著，人员流动成了常态。[2] 20世纪70年代，硅谷的

---

[1] 陈国华：《我国吸收国际产业转移中人力资本流动的溢出效应分析》，硕士学位论文，重庆理工大学，2010年。

[2] 张国亭：《产业集群内部知识溢出途径与平衡机制研究》，《理论学刊》2010年第8期。

大公司平均每年的人员流动率为35%，小公司的人员流动率高达59%。一位研究当地计算机产业的人类学者表示，在硅谷工作的技术人员为同一家公司服务的工作年限不会超过两年，只有小部分技术人员会在一家公司工作很久。由于人员尤其是技术人员或高级管理人员不断地在硅谷的公司间流动，人与人之间的关系变化十分微妙，今日的同事可能成为明天的对手，今天的上司可能成为明天的下属。更重要的是，这种"人才流"的背后蕴藏着丰富的"知识流""信息流""技术流""经验流"等，大大地促进了技术溢出，尤其是创新知识的溢出与扩散，促进技术人员不断追求学习进步与技术创新。[1] 技术扩散的速度和市场最大值会因为人员流动而发生变化。[2]

人员流动溢出对技术创新的影响可以分为积极影响和消极影响两部分。人员流动对技术创新的积极影响主要体现在以下两个方面：一是发达地区的人才流向落后地区而产生的技术溢出。技术人才通过在落后区域投资办厂或担任当地企业的重要职位，把承载在他们身上的知识和技术带到当地。新技术、新产品不断地向当地大中型企业和乡镇企业辐射，推动当地经济与技术的快速发展，最终实现技术溢出。二是通过对当地人员的培训进而发生人员流动产生的技术溢出，这种形式的人员流动溢出占大部分。外资或外地企业为了投资项目的有效运作，会比较注重对东道国当地人力资源的开发。外资或外地公司派本公司技术人员与当地技术及管理人员一起工作，一方技术人员向另一方技术人员输出新的知识和新的技术，从而形成知识和技术的溢出。外资或外地企业也会对当地员工进行在职或脱

---

[1] 李琳、郑利：《产业集群中的知识溢出及其区域竞争力提升效应》，《西北民族大学学报》（哲学社会科学版）2006年第1期。

[2] 廖志高、徐玖平：《城乡人口流动对技术创新扩散的影响及实证分析》，《广西科学》2004年第4期。

产的岗位培训，丰富他们的知识技能，使他们更好地适应不断变化的工作要求。[①] 除此之外，外资或外地企业也会让当地技术人员参与技术、产品和工艺的改进甚至研发活动，提高当地企业的研发能力与技术创新能力，实现研发当地化。

阿马尔·拜得（Amar Bhide）通过对美国经济增长最快的500家公司的企业家调查，发现在这些公司，71%的创新技术思路来源于员工之前工作过的公司，是通过学习和模仿而产生的。[②] 公安部2001年公布的人口流动和创新截面数据分析结果显示，发现外籍人员净迁入率和暂住人口比例对创新有显著的正向影响，预测系数分别为0.62和0.052，可见户籍迁移对创新的作用约是非户籍流动的10倍。[③] 2002年，一部分从英特尔中国研究中心回到中国科学院声学研究所的研发人员组建了中科信利语音实验室，该科研团队的平均年龄只有30岁。他们在半年时间内获得丰硕的研究成果——8项专利和4项软件著作权。2005年，江苏省发改委进行"制造业自主技术与产业升级"问卷调查，关于"贵公司借助于什么力量或资源实现产品更新或升级换代"的回答，结果显示有近50%的企业选择"从别的公司引进关键技术人员"，还有67%的企业在"在产品更新或升级换代过程中，贵公司的产品开发能力是怎样提高的"中选择"引进关键技术人员"。这表明了企业对于高新技术人才的重视及人员流动性所带来的技术溢出对我国发展发挥的重要作用。

人员流动对技术创新的消极影响主要是高新企业人员流动造成技术和知识的流失。通过分析专利数据，戈尔米达和科格

[①] 刘景东：《技术扩散的溢出效应与区域经济发展研究》，硕士学位论文，西安理工大学，2010年。

[②] Amar Bhide, "Methane Emission from Landtills", *Journal Iaem*, No. 21, 1994, pp. 1–7.

[③] 符淼：《省域专利面板数据的空间计量分析》，《研究与发展管理》2008年第3期。

特研究了科技人员的流动对技术研发活动的影响，发现产生创新溢出的直接源泉是关键岗位的技术人员流动。特别是高异质性人力资本的流动，它会严重影响企业的竞争力和技术创新能力，还可能会给高新技术企业造成致命的打击。[1] 那些企业的核心技术人员和持有重要客户的企业家或职业经理人，不仅掌握了企业研发技术与先进知识，还掌握了企业赖以生存和发展的命脉，如技术机密、商业机密等。跨国公司海外 R&D 机构为了吸引发展中国家的技术人才加入其公司，往往会提供优厚的条件，推动人才资源"买方市场"的形成。在这个"买方市场"内，大部分科技人才不是从本土机构外资 R&D 研发机构流动，就是在不同的外资研发机构之间流动。由于这种人才单向流动，发展中国家更难获得技术创新资源。[2] 特别是在发展中国家知识产权保护措施缺乏或者保护不力的情况下，随着主要技术人员的流动，其多年的技术积累有可能流失，使发展中国家遭受更大的损失。中国目前针对高新技术产业的人才市场和法律体制还不是很完善，这就意味着中国高新技术企业将要承担更大的人员流动溢出所带来的风险。

（三）技术人员非正式交流溢出

知识是人们在生活实践中积累的理性认识和经验的总和。它是根植于人的大脑和社会实践中的理解信息并将这种信息转换为知识的能力，故将分为显性知识和隐性知识。[3] 显性知识是指具有标准化的存在形式并容易编码和转移的知识，比如书籍杂志、视频媒体、专利文献或者数据库中的知识或技术。但由于编码化的过程具有时滞性且大部分知识难以进行编码，显性

---

[1] 胡类明：《中国高新区人力资本与创新绩效研究》，博士学位论文，武汉大学，2011 年。

[2] 胡琪玲：《外资 R&D 对本地企业创新能力的技术溢出效应研究》，硕士学位论文，华南理工大学，2013 年。

[3] Davenport, T. H. & Prusak, L., *Working Knowledge*, Harvard Business School Press, 1998.

知识只是知识的冰山一角。[1] 而隐性知识占据了整个知识的绝大部分，它蕴藏在人的大脑中。特别在专家、工程师和技术工人的大脑中，属于人们的内在智慧，通常只可意会不可言传，较难进行编码，具有较强的个人属性。从经济学角度看，企业生产过程中的技术与能力，人才资源的选择，对市场前景的把握、开拓市场的方法、取得投资者手段和企业内部的秘密等，都属于这一类知识。作为无法脱离员工而存在的各种技能，隐性知识是无法远距离传送的，而是需要通过一些非正式交流获得。[2]

伯普惕斯特和斯旺（Baptista & Swann）认为，在高技术产业群中，隐性知识大量存在，成为决定这些企业成功的关键因素。[3] 这些知识不仅内容丰富、涉及面广，而且从正式渠道难以获得，而是深埋在社会之中。[4] 隐性知识的重要传播途径是非正式交流，正是通过非正式交流，快速有效地传播了隐性知识。国外研究者对丹麦北部无线通信行业进行调查，发现76%的工程师与其他企业的工程师保持非正式交流关系，41%的工程师表示通过与其他企业的工程师非正式交流，获得了对现在工作有用的知识。科学家40%的知识是通过非正式交流获取的，工程师高达60%以上的知识是通过非正式渠道获取的。

非正式交流的形式多种多样，不仅包括通过会议和谈话等方式进行的直接观察、人际交流，还包括非正式的报告等信息

---

[1] Ikujiro Nonaka, Hirotaka Takeuchi, *The knowledge-creating company: How Japanese companies create the dynamics of innovation*, Oxford University Press, 1995.

[2] Sternberg, R. J. and Horvath, J. A., *Tacit knowledge in professional practice*, Mahwah: Lawrence Erlbaum Associates, 1999.

[3] R. Baptista and P. Swann, "Do Firms in Clusters Innovate More?", *Research Policy*, Vol. 27, No. 5, 1998.

[4] Kokko, A., "Technology, Market Characteristics, and Spillovers", *Journal of Development Economics*, No. 32, 1994.

和人际沟通方式。甚至连一些正式或非正式场合，如会议、会展和电话等中的倾听、交谈与争论等，都可算作非正式交流的重要形式。非正式交流对于技术创新有非常重要的意义，它不仅促进了技术的交流和知识的传递，还成为知识创新和技术创新的重要动力。首先，创新的实质是头脑风暴的过程，是不同知识源的知识不断地在人脑中进行碰撞、整合的过程。大量的信息和各种思想、主意在非正式交流碰撞中产生，同时，各种创意和创新也由此激发和产生。面对面交流信息具有反馈快的特点，可有效地激发技术人员的创新性思维和灵感，在自由和民主的环境中，新思想、新概念、新方法可由此产生。其次，个体的知识存量可通过非正式交流增加，因此也推动和加速知识的创新。拥有的知识量决定了创新的程度，技术人员只有拥有更多的知识量，才能提高创新活动效率。最后，非正式交流可以改变知识形态，使隐性知识转换成显性类知识，从而加速知识的传播与扩散。知识创新的动态机制也在显性知识和隐性类知识的交互作用过程中形成。一些隐性知识在非正式交流中被探讨并慢慢变得清晰。隐性知识在这个非正式交流的过程中得以积累，这是知识促进经济发展螺旋上升的循环过程。[①]并且，随着交流次数、交流人员的增多和交流范围的扩大与拓展，交流信息的传递与碰撞往往成为二次创新的源泉。知识流动与共享的过程是不同知识源整合和新知识创造的过程。

　　作为美国高科技产业的发源地，硅谷积累了丰富的、可供借鉴的经验，对于高科技产业的发展具有很强的示范作用。在20世纪60年代，几乎所有的硅谷工程师都曾经为仙童半导体公司效力。这种共同的经历是他们之间强有力的纽带，使他们之后不断保持合作。准家族式关系中产生了非正式社会关系，这

---

① 赵如、邱成梅：《技术创新扩散的人力资本因素分析》，《社会科学家》2011年第5期。

种社会关系有利于维护当地企业之间的信息共享与合作。[1]众所周知,硅谷内企业员工具有很强的合作精神,并且形成了一种合作文化。这种合作既表现在老企业对新企业的发展思路、建议或金融等方面的支持,还包括各企业内部员工之间以及企业技术人员之间的非正式交流与合作。非等级化的合作促进了人们之间的非正式交流,同时不知不觉中促进了隐性知识的共享和转移。这是硅谷技术创新的源泉,可以让企业和技术人员永远处在技术发展的最前沿。

在硅谷,无处不在的即时谈话是获得有关竞争对手、顾客、市场和技术最新情况的重要信息来源。在直径 50 英里的范围内,有 600 家生物科技公司的技术人员每天交流,互相打电话或一起吃饭。[2] 各公司的技术人员经常在酒吧一起交流。"有困难就去马车轮酒吧",是美国硅谷的一句口头禅。这间酒吧在当地颇受欢迎,很多技术和管理人员常聚集于酒吧,相互交换观点,传播资讯,无数创新的想法在此产生。自 20 世纪 80 年代开始,印度政府部门和软件企业家就一直喜欢频繁的沟通和交流,保持了非正式交流的习惯。拥有 854 个中型企业成员的印度国家软件及服务公司协会把这种沟通变得更有效率。[3]

在国内,普遍认为,北京中关村与硅谷非常接近,中关村在思想文化方面有非常明显的硅谷痕迹。每到周末和节假日,许多技术人员喜欢聚集在中关村的一些酒吧里面。他们平时非常忙碌,无暇相互交流,而在周末和节假日,他们相互传递最新资讯,分享技术界的各种话题。这样的俱乐部文化是非正式

---

[1] 濮春华、史占中:《隐含经验类知识、非正式交流与科技园区的创新网络》,《科技进步与对策》2004 年第 3 期。
[2] 张国亭:《产业集群内部知识溢出途径与平衡机制研究》,《理论学刊》2010 年第 8 期。
[3] 程德理:《非正式交流机制与产业集群创新能力》,《中国矿业大学学报》(社会科学版) 2007 年第 3 期。

交流的一种典型形式。中关村为传递隐性知识提供了很好的场所，也促进了技术人员提高创新能力。除此之外，为了加强IT产业专业人士之间的沟通、交流与合作，并且促进与政府和其他组织之间建立良好顺畅的沟通渠道，王文京等IT产业热心人士在2000年10月成立"中关村IT专业人士协会"。协会通过举办多种形式的活动，包括沙龙、开设论坛、专业培训、开展联谊交流、专题研讨等，为IT人士提供碰撞思想、交流心得、反映呼声的全方位和多层次的服务平台，使"中关村IT专业人士协会"成为当地IT人士之间沟通与交流的重要网络与平台。[1]

（四）专利公布溢出

专利，又称专利权，是由政府赋予发明者对一项发明所占有的产权，属于知识产权的重要组成部分。世界知识产权组织将知识产权定义为智力创造成果——发明、文学和艺术作品，以及商业中使用的符号、名称、图像以及外观设计。专利的申请数量是它所代表的创新技术和经济重要性的指示器（Narin，Noma，Perry，1987）。中国专利法给专利赋予了法律性，体现在我国专利法中的专利制度。《中华人民共和国专利法》第26条规定的发明公开制度作为授予专利权的条件之一，对促进技术创新的扩散具有重要价值[2]，在专利公布的过程中便产生了知识和技术的溢出。直接受到专利公布溢出影响的群体有两个：一是发明和创造了该专利的创新企业，二是通过专利公布而在支付了特定报酬以后得到专利使用权的创新企业。以下将从两个群体侧面探讨专利公布溢出对技术创新的影响。

技术创新是一种高级的脑力劳动，它具有创造性、高效性和不确定性等特点。[3] 技术创新是一个具有探索性的复杂过程，

---

[1] 王博武：《产业集群的技术创新优势研究》，硕士学位论文，武汉理工大学，2004年。
[2] 梁志文：《论专利制度的正当性》，《法治研究》2012年第4期。
[3] 盛辉：《论知识产权保护制度对技术创新的影响》，硕士学位论文，华中科技大学，2005年。

需要付出巨大的代价和资源,最终生产出新技术成果。然而,创新技术在没有专利制度的保护下,有可能被同行的竞争对手轻易获得并使用,使原本拥有新技术的创新企业失去企业技术优势并造成企业竞争力下滑,创新企业实际的收益也会远远低于预期收益,最终导致创新企业对技术创新投入的减少及企业技术创新能力的降低。当创新企业的创新技术申请了专利保护,创新企业便拥有了在一定期限内对其技术创新成果的专用权,其创新技术成果得到了法律保障。其他非创新企业在未经得到创新企业许可时,不得使用该技术。非创新企业只有通过支付费用等形式,获得创新企业的许可才可享用创新技术。这让拥有创新技术的企业掌握了技术垄断权,独占该技术的市场并获得高额的经济回报。高额的收益是企业进行技术创新的最大动力,专利公布获得的收益可作为技术创新的研发投入,让创新企业进入"创新—高额回报—再创新"的良性循环,不断提高创新企业的技术创新能力。[1]

专利制度是企业进行技术研发与创新的基本动力机制,也是在市场经济条件下企业保护自身技术创新成果的法律机制。[2]青蒿素是由我国研发的专门用于治疗疟疾的药品,药效比奎宁更显著。但由于青蒿素没有申请专利,这种技术被很多国家免费享有。尽管世界上每年青蒿素的需求量上亿,我国研发人员却不能从中获取原本该有的利益。后来,军事医学科学院等多个科研机构联合研制出比青蒿素药效更好的青蒿素衍生物,并在60多个国家申请了专利,取得了巨大的经济效益。

通过向创新企业支付一定的专利使用费,非创新企业可以获得创新企业的技术创新成果溢出。企业模仿技术的相似度越

---

[1] 熊皓:《知识产权保护对技术创新的影响研究》,硕士学位论文,湖南大学,2014年。
[2] 冯晓青:《知识产权管理:企业管理中不可缺少的重要内容》,《长沙理工大学学报》(社会科学版) 2005年第1期。

大，技术创新扩散速度越快，企业的价值也越大。① 然而，这种方式增加了非创新企业的模仿成本，当这种方式的成本大于收益时，对于非创新企业来说，并不是十分有利。非创新企业要想从竞争激烈的商品市场中保有一定的市场占有率，需要对竞争对手的技术、产品等方面的专利进行深入检索和分析，从而找出适合自己企业发展的空间和方向。各国专利法规定，专利文献应当对所申请专利的发明技术做出清楚、完整、具体的描述，目的是帮助同技术领域的其他技术人员理解和应用。技术创新是在前人成果的基础上进行的一种创造力活动，能否正确地选择技术创新的方向和途径决定企业技术创新能否成功。因此，非创新企业的技术人员利用专利信息文献，全面了解特定领域的技术发展脉络，可有效把握国内外最新技术创新发展动向，从而发现有利于企业技术创新的新起点。技术人员将特定领域技术发展的全面理解与技术人员头脑里闪现的创意想法相结合，或许会实现某一领域的技术突破。有研究表明，运用专利信息可以节约40%的研究开发经费和60%的研发时间。② 它可提高自身产品的研发速率，避免了由重复劳动带来的经济损益，有效配置技术创新资源，在不侵犯他人权利的前提下，开发出企业独有的、具有市场价值的新技术和新产品。

1970年，日本东莱公司对公司的力量和资本进行综合考察，发现自身并没有足够多的资源用于新技术的研究开发。东莱公司决定引进美国联合碳化物公司拥有的碳纤维工业化生产方法这一专利技术。该公司的技术人员研读相关专利文献，在基于

---

① 刘聪敏：《基于实物期权的企业采用创新技术决策模型研究》，硕士学位论文，中南大学，2013年。

② 李微：《专利文献在企业技术创新中的作用》，《发明与创新》（综合版）2007年第12期。

美国联合碳化物的专利技术上进行各种延伸研究,最后取得一系列科研专利,使东莱公司的产品市场占有份额后来居上[①]。另一个成功例子便是海尔公司。全球各国的冰箱发展方向纷繁多样,若只是单纯模仿或将几种技术拼凑在一起并不能有效地开发具有市场竞争力的新产品。海尔公司系统地收集了 25 个国家在 1974 年至 1986 年间的 14000 多件冰箱专利技术,并对这些技术进行系统分析。结果显示,各国冰箱的发展方向不外乎以下三种:左右开门大容积比、多功能化、大冷冻节能化。于是,海尔把变频化、变温化、智能化、居室化和医用专门作为新冰箱的发展方向,从此创造了冰箱技术的新潮流,开发了在全球范围内具有强大市场竞争力的新产品。

三 创新溢出范围及影响

对于技术创新溢出范围的划分,不同学者有不同的见解。本书主要从产业内、产业间、本土和国际四种溢出范围切入,探究其对技术创新的影响。

(一) 产业内溢出

产业内溢出效应指某技术创新不仅给企业创新带来经济增长点,还为本产业内其他企业的技术进步和市场拓展创造机会;其他技术创新企业抓住机遇,迅速开展技术创新活动,提高了产业内的技术创新水平。本行业 FDI 企业与东道国企业之间的竞争、示范与模仿、研发成果反馈等效应,是产业内溢出效应的主要表现形式,这些效应促使 FDI 向东道国产生技术溢出。以下将从竞争效应、示范效应和研发成果反馈效应三个方面探究行业内溢出对技术创新的影响。

当外商产品进入东道国市场时,它打破了东道国原有的市

---

① 雷蜀英:《企业技术创新的利器———专利信息》,《现代情况》2003 年第 10 期。

场平衡，刺激了东道国的市场需求，并与外商产品之间发生竞争，由此产生竞争效应。在东道国，存在着个别垄断企业控制着对应行业的命脉。垄断企业具有无可比拟的技术优势、规模优势、市场优势、产品优势、资本优势、人力资本优势等，相对于行业内的其他企业，所受外在竞争压力较小，生存环境较为舒适。[1] 垄断企业与行业内的其他企业相比，无论是资源还是技术创新能力，二者的差距十分明显，基本不存在公平竞争的可能。这种行业内垄断的局面对垄断企业和其他企业的发展是极其不利的。垄断企业会因为没有竞争对手感受不到市场压力，往往缺乏创新的主动性与积极性，导致企业的技术发展停滞不前。即便其他企业有技术创新的主动性和积极性，但因为垄断企业的打压及各种外部不利因素，其他企业也会失去技术创新的热情，最终倒闭。

为了促进垄断企业和其他企业的健康发展，自1995年颁布《外商投资产业指导目录》以来，中国对外资的准入限制逐步放宽，允许外资进入这些垄断行业。在一定程度上，外资的进入有效地打破了东道国原有的行业壁垒，不仅为其他企业创造了进入与发展的机会，也有效地提高社会福利水平。[2] 相比起其他企业，外资企业拥有更强大的资源和技术创新能力，具有与垄断企业公平竞争的实力。本地市场的竞争程度越大，当地企业就更会加大研发投资，不断提高技术水平；内外资技术差距越小，就越能够促进外资企业技术向东道国企业转移（Wang & Blomstrom，1992）。

随着外资进入东道国，先进的知识技术和管理经验被注入垄断行业，垄断企业迅速、全方位地被卷入国际竞争。外商的

---

[1] 危怀安：《垄断企业的技术创新效应》，《学术论坛》2010年第2期。
[2] 姜奇平：《新知本主义：21世纪劳动与资本向知识的复归》，北京大学出版社2004年版。

新产品一般在质量、技术和品牌等方面具有相对优势,其产品进入中国市场后,降低了产品的相对价格,并容易占领市场,获取领先地位,使得东道国产品市场份额下降和利润率降低。① 垄断企业的市场份额不断降低,势力被不断削弱,开始出现生产部门萎缩、人才流失及生产效率下降等情况。外资对垄断行业的入侵,使垄断企业有了危机感和竞争意识。东道国的垄断企业为了保有先前的市场地位及份额,它们不得不持续开展大范围的研发技术活动,向外资学习先进的生产技术,引进国外先进的生产设备,并对原有产品进行升级改造。在亚当·斯密看来,竞争首先是指某种动态的争利过程,也是一种使市场达到长期均衡的方法。② 外资与垄断企业之间的竞争促进了垄断企业创新技术的健康发展,从而有效配置行业内资源,提高整个行业的技术创新能力。

FDI 为东道国带去先进的机器设备与技术工艺,由此产生了 FDI 技术溢出。示范与模仿效应是指外资企业的先进技术、生产工艺、管理方法和现代化商业模式对同行业中的东道国企业产生示范作用,引起东道国企业的模仿。③ 外商对欧洲的投资大多集中在高技术密度的领域(Neven & Siotis,1996)。技术创新的成本是巨大的,因此对高新技术产业进行开发需要投入大量的研发资金与资源。跨国公司会根据当地的产业结构,制定合理的投资结构,向东道国产业内落后企业提供有关产品信息、技术标准、技术培训或者技术指导等支持活动,以使东道国产业

---

① 陈羽:《中国制造业外商直接投资技术溢出机制的重新检验》,《世界经济文汇》2006 年第 3 期。
② 危怀安:《垄断企业科技创新的发动因素》,《改革与战略》2004 年第 8 期。
③ 张瑜、张诚:《跨国企业在华研发活动对我国企业创新的影响——基于我国制造业行业的实证研究》,《金融研究》2011 年第 11 期。

内企业的技术水平与之相适应。① 当跨国公司取得创新投资成功，东道国企业会效仿跨国公司的投资战略并从中获益。

然而，东道国因为缺少外资企业的技术创新投资经验与资源，并不是十分了解某种技术以及相关创新活动的市场前景。对进行研发投资的风险，东道国的判断也常常是不准确的。在资源与经验缺乏的情况下，对于某项创新活动，东道国企业并不敢投入大量的研发资金。这种保守的作风在某种程度上抑制了东道国企业技术创新的积极性。当跨国公司进入东道国并通过积极的创新活动取得成功后，它就对东道国起到了很好的示范作用，形成了强有力的借鉴。示范与模仿效应是提升东道国企业研发创新积极性最快捷的方法。在积累技术的初级阶段，"看中学"是模仿技术创新主要来源。通过观察，东道国企业选择学习和借鉴外资研发创新行为，从而汲取外部知识，提高技术创新能力。跨国公司发展的成功经验与技术成果降低了东道国企业进行研发投资的风险。在此基础上，东道国企业大量投入资源用于技术引进、消化、吸收以及改进和完善技术等方面，努力掌握关键核心技术，发展和改进产品功能与生产工艺，从而实现技术创新。② 然而，不仅仅满足于简单模仿外国的先进技术，这些东道国企业家还致力于逆向工程，即深入细致地研究外资企业的产品，并结合自身研发实力和本土市场的特点加以改进，从而推动更具竞争力的产品被生产出来。

外资在东道国建立研发基地的同时，嵌入东道国的研发集群网络。为了促进企业技术创新，不仅可以充分利用本地的研发设施与研发人才等资源，还可以不断地将从东道国获得的各

---

① 刘伟全：《我国 OFDI 母国技术进步效应研究——基于技术创新活动的投入产出视角》，《中国科技论坛》2010 年第 3 期。

② 许和连、胡晓华：《国际技术溢出对我国自主创新的影响实证研究》，《科技进步与对策》2011 年第 9 期。

种最新知识、技术和信息等反馈到母公司。① 由于不同地方的市场需求不同，外资需要研制出不同的产品来迎合当地市场的各种需求。两地的科研人员交流最新的创新技术，以便研发出能满足东道国要素禀赋和消费者偏好的高科技产品。子公司的科技人员会将合作研发过程中的高端知识和技术反馈给外资的母公司，加速了创新技术的转移。外资的母公司对各地子公司创新成果的反馈进行汇总，有利于母公司把握、了解先进技术发展动向，大大提升研发效率，使技术创新能力得到极大的提高。通过海外子公司研发活动所形成的新技术反馈方式，外资母公司提高了自身的知识容量与创新能力，这便是研发成果反馈效应。几乎所有研究显示，跨国公司技术反馈效应十分明显，这种反馈不仅局限于对母公司的技术溢出，还表现为对跨国公司内部其他子公司的溢出。② 借助研发成果反馈机制，华为海外研发机构及合资公司实现了对母公司的技术溢出，海外子公司的先进技术转移到母公司，推动后续技术创新。③

（二）产业间溢出

确定性是技术溢出外部性的一个特点，是指技术溢出的方向是确定的，技术从高技术创新企业扩散到低技术创新企业。行业间溢出的一般规律体现了技术溢出的确定性特点。产业间溢出效应指通过商品和服务贸易，上游企业将现金技术的产品和服务提供给下游企业，下游企业通过学习模仿以及对知识技术的消化、吸收，最终获取上游企业的先进技术。在这个传递的过程中发生的技术溢出便是产业间溢出。产业间技术溢出比

---

① 孙贻君：《长江三角洲地区产业集群的发展研究》，《黑龙江对外经贸》2011年第6期。
② 赵伟、古广东、何元庆：《外向FDI与中国技术进步：机理分析与尝试性实证》，《管理世界》2006年第7期。
③ 郭飞、黄雅金：《全球价值链视角下OFDI逆向技术溢出效应的传导机制研究——以华为技术有限公司为例》，《管理学刊》2012年第3期。

产业内溢出更加明显（Du et al.，2012）。

产业间溢出效应包含连锁效应、带动效应与激励效应。以下将从产业间溢出效应层面出发，分别探讨以上三个效应对技术创新的影响。

连锁效应的产生主体是投资企业，这种效应可以在投资企业和客户之间向前向后的联系中体现。理论上是指投资企业不仅导致了对原材料或零部件的派生需求，其产出还可作为其他产业的投入。在同一条供应链或销售链上，高技术创新企业相比低技术创新企业具有丰富的知识与技术经验，高技术创新企业在产品研发与加工工艺方面有领先优势。处于供应链或销售链上的低技术企业通过"搭便车"获得由高技术创新产业的技术溢出，即在低技术创新企业没有支付有关费用的前提下，高技术创新企业的产品研发经验与先进工艺技术会自发地通过供应链或销售链流向低技术创新企业。这种供应链或销售链上的现象带动了低技术创新企业的研发技术发展，提高了整个供应链或销售链的整体技术创新能力。

引进先进技术所产生的技术溢出会带来产业结构变动，从而带动技术的进步与经济增长。新生产函数的导入，促使其他部门与主体部门的更迭，使整个产业的技术集约化程度得到逐步提高。技术集约化作为产业结构高级化的体现，新生产函数的导入最终推动产业结构走向高级化。跨国公司的技术溢出，不仅深刻地改变了国内产业的耦合状态与发展格局，也增加了产业之间的互补性和产业转换能力。这种溢出效应大大提高了产业聚合质量，缓解了产业关联耦合中的短线制约以及长线闲置效应，从而推动了技术和经济的发展。先进技术的引入会吸引技术相近的企业形成技术关联型集群。低技术创新企业会吸收、模仿与改进新引入的先进技术，进而推出更具市场竞争力、性价比更高的产品。这样的良性循环增加了各产业的新技术含量。

高技术创新企业拥有非常广阔的技术溢出范围。在技术溢出的过程中，一方面，低技术创新企业可以主动广泛地收集先进的生产技术、创新机会以及市场环境等信息；另一方面，低技术创新企业被动接受高技术创新企业的技术溢出，使技术滞后企业参与广阔市场信息的交流，得到新信息与新技术。技术溢出所带来的信息流通不仅大大地激励了低技术创新企业的技术创新积极性，还为企业内的技术创新提供了信息基础。这些信息让企业在研究、开发的过程中少走弯路，促进创新资源的合理配置。

除了产业间溢出效应层面，也可以从产业间溢出的规律探讨产业间溢出对技术创新的影响。产业间溢出具有方向性，可以分为自愿溢出与非自愿溢出。

高科技创新产业对低技术创新产业的溢出，主要包括三个方面。一是模仿。高新技术产业向市场提供的相关产品信息将成为公共信息，低技术企业吸收这些公共信息，可根据自身的技术基础对其加以改造，实行二次创新。模仿缩小了高技术创新企业和低技术创新企业的技术差距。[1] 二是合作。由于产业间的关联性，合作广泛地存在于产业集群内。尽管高新技术产业拥有创新技术，但由于企业内部资源的限制，将创新技术推广到市场需要外部资源的协助，此时高新技术企业会与其他较低技术创新企业合作，共同将创新技术推向市场，赚取市场利润。在这个合作的过程中，共同合作的企业就能"免费"学习、消化和吸收高新技术产业所拥有的创新技术。三是转让。高技术创新企业为了实现技术商业价值，会将其高新技术转让给低技术创新企业，直接转让的过程中产生技术溢出。这种由转让产生的技术溢出对高技术创新企业和低技术创新企业都会产生积

---

[1] 杨武、王玲：《论技术创新产权制度》，《科技管理研究》2005年第10期。

极影响。对于高技术创新企业，它们获得更多的可用于研发的经济收益；对于低技术创新企业，它们获得一项可促进技术产品升级的新技术。

高技术创新产业对非技术创新企业的非自愿溢出主要体现在人员流动①和人力资本之间的非正式交流方面。发展中国家高新技术区内的技术溢出源主要是知识型和技术型员工的流动。当拥有知识技术和管理经验的人力资本从高技术创新企业向低技术创新企业流动时，人员所附带的知识技术和管理经验被带到低技术创新企业。尽管高技术创新企业会采取相应的保护措施避免关键人员流入低技术创新企业，但这种由人员流动产生的技术溢出仍然会发生。非自愿溢出的另一个主要途径是人力资本之间的非正式交流。由于产业的集聚，集群内不同企业的员工之间容易发生非正式交流，从而产生知识或技术溢出。非正式交流会给高技术创新企业带来一定的负面影响。这种非自愿溢出效应越强，对高新技术创新在技术研发积极性上的挫伤会越严重，阻碍了高技术创新企业的技术创新发展。

（三）本土溢出

根据过往的研究，有学者从国内产业环境的角度出发，把本土溢出分为两类：一类是由产业集聚产生的技术溢出，这类技术溢出具有正外部性，有利于技术创新与经济增长；另一类是由大学等科研机构的基础研究产生的技术溢出，这种技术溢出对技术创新产业有较强的渗透作用。

珠三角、长三角及京津唐等地区都是中国高新技术产业区，中国高新产业存在明显的空间集聚特征。② 改革开放以来，我国

---

① Mansfield, E. and A. Romeo, "Technology Transfer to Overseas Subsidiaries by U. S. Based Firms", *Quarterly Journal of Economics*, Vol. 94, No. 4, Dec. 1980, 737-750.

② 魏守华、姜宁、吴贵生：《本土技术溢出与国际技术溢出效应：来自中国高技术产业创新的检验》，《财经研究》2010 年第 1 期。

政府致力于创造产业集聚的环境,以便增强由产业集聚带来的技术溢出效应。那么,产业集聚和技术创新之间到底存在什么关系?以下将从三个方面探讨。

第一,技术创新资源建立在产业集聚的基础之上。首先,产业的集聚促进了区域内高新技术产业创新平台的建立。创新平台的建立有效地吸引了专业技术人才进驻区域,区域内逐渐形成高新技术人才市场。其次,产业的集聚打破了因距离而产生的交流限制,区域内的企业机构可随时面对面交流。人员之间的正式交流与非正式交流促进了显性知识与隐性知识的溢出,区域内的知识总量增加,促进了区域内的技术创新活动。最后,产业的集聚带动了区域内物流、通信等生产性服务业的发展,这些公共服务业的规模能有效降低区域内企业创新成本,促进企业合理配置技术开发资源。

第二,产业集聚有利于促进高科技产业的竞争与合作。一方面,企业不断扩张及区域外企业的入侵,不仅扩大了产业集聚的规模,还加剧了区域内的市场竞争。集群内各企业的资源与实力差距相差不大,各企业为了保有一定的市场份额,致力于创新技术的开发,提高产品的市场竞争力。产业的集聚加速了企业间的技术外溢,无论集群内高技术创造企业的技术研发与技术溢出速度和强度,还是集群内低技术创造企业的技术吸收与二次创新的速度与强度,都比集群外的速度快和强度强。产业集聚效应加剧了集群内的竞争,良性的竞争促进了集群内企业的技术创新速度,提高了技术创新的质量。另一方面,随着竞争的激烈性增强,技术创新也随之向复杂与难以替代的方向发展。技术创新的决策具有复杂性与风险性,单个企业依靠自身资源与技术无法应对,集群内的创新联盟由此产生。[1] 集群

---

[1] 徐妍:《中国高技术产业集聚及其空间溢出效应研究》,《现代管理科学》2013年第1期。

内的合作创新适当地规避了技术创新的风险,提高了技术创新的效率,加速了区域内部知识流动,促进了技术创新溢出。

第三,产业集聚有利于促进创新网络的发展。产业集聚是创新网络存在和发展的基础。在高新技术产业集群区内,存在着各种主体:企业、客户、供应商、政府、金融机构等。主体间错综复杂的关系形成创新网络,创新网络对产业集群起着支持与保护的作用。信息、技术、人才等创新资源在创新网络间流动,政府和金融机构为创新网络的主体提供各种支持,最终实现对集群内部资源的有效配置,降低企业技术创新的风险,保障企业技术创新的顺利开展,提高集群内企业的技术创新能力。

大学等科研机构的基础研究对技术创新的影响不容小觑,国内外众多例子证实了这种影响。在国内,享有"美国硅谷"美誉的中关村便是大学等科研机构基础研究促进产业技术创新的典型例子;清华同方、北大方正等一大批知名企业是清华大学、北京大学等研发机构技术溢出的结果;四川绵阳的长虹企业得益于政府名下的军工科研机构的技术创新溢出。在国外,美国硅谷、英国剑桥、日本筑波更是大学等科研机构对产业技术创新的贡献。由大学等科研机构产生的溢出对技术创新的影响机制是如何运作的呢?以下将以实证研究的结果对其进行探讨。

过去有研究者认为,大学等科研机构是新知识、新思想的源泉,对技术创新活动与经济增长有着支持和促进的作用。结合边界生产函数和参数分析法模型,姚洋证明工业企业技术效率能通过投入研发经费得以提高。[①] 姜庆华、米传民[②]采用灰色

[①] 姚阳:《非国有经济成分对我国工业企业技术效率的影响》,《经济研究》1998年第12期。

[②] 姜庆华、米传民:《基于灰色关联度的我国科技投入与经济增长关系研究》,《中国科技信息》2005年第24期。

关联度方法，分析了江苏省1997—2002年数据，测算结果表明：科研人员投入和科研经费投入都对经济增长有正向促进作用，而且，二者相比，科研人员投入的作用表现得更加显著。通过回归分析中国高校的研发实力和区域经济增长之间的关系，结果表明，高校研发实力与地区经济发展之间正相关关系显著。[1] 大学等科研机构可以通过与企业交流合作将知识溢出到企业内。高校科研投入在区域内的知识溢出比在行业内的知识溢出效果好。大学等科研机构也会协助企业进行技术创新活动，直接提供技术支持，对企业产生技术溢出。在区域经济发展过程中，大学等科研机构已从简单的生产和传播知识的机构，演变为技术成果转让、中试、企业咨询与衍生企业的综合机构。[2]

大学等研发机构在进行知识创造过程中形成的知识溢出对相关企业有着正向的作用。高校研发投入对于区域内高新技术企业的创建有显著促进作用。但对比高新技术产业技术溢出带来的正向作用，大学等研发机构技术溢出的正向作用却不那么显著。尽管大学等研发机构活动对高新技术产业的知识溢出效应具有显著的正向作用，但溢出程度相对较低。[3]

（四）国际溢出

在经济全球化的今天，一个国家的技术创新能力除了受到国内各种因素的影响，还会受到来自国外因素的影响。来自国外的影响主要体现在国际贸易与外商直接投资（FDI）这两种方式。当两国进行国际贸易的过程中一国向另一国输出产品时，产品所附带的知识和技术会随着贸易由一国流向另一国，由此

---

[1] 孙文祥、彭纪生：《跨国公司的技术转移与技术扩散——基于国内外实证结果的研究》，《创新创业与企业科技进步》2005年第2期。

[2] 龚建立、晏峻：《信息科技型中小企业的人力资本积累障碍及对策》，《商业研究》2005年第5期。

[3] 王立平：《知识溢出及其对我国区域经济增长作用的实证研究》，博士学位论文，西南交通大学，2006年。

形成了国际贸易溢出。除了国际贸易，外商可以直接在当地国设厂投资，为当地国带去先进技术和经验丰富的人才，由此形成FDI溢出。在发展中国家，这两种溢出尤为明显。发展中国家通过国际贸易和FDI获得先进技术，首先增加了发展中国家的知识量，缩小了它们与发达国家的技术差距。其次，通过模仿和学习发达国家先进技术，发展中国家提高了技术创新能力。最后，通过国际溢出的两种方式，改善了发展中国家的创新结构与机制，为赶超发达国家铺路。以下将从国际溢出两种方式对技术创新的影响机制进行探讨。

国际贸易的技术溢出依赖国际贸易，技术溢出方向从技术存量较高的国家流向技术存量较低的国家。[①] 在这个技术溢出的过程中，这种技术流动的冲击会刺激技术含量较低国家知识与存量的增长。国际贸易溢出对技术创新的影响主要有以下三个方面。

第一，发达国家向发展中国家输出产品初期，输入产品与当地产品之间会发生竞争。当地产品的竞争力不足导致其市场份额下降，输入产品挤压了国内供应商的发展空间。发展中国家为了保有原来的市场份额，初期会对输入的新产品进行简单的模仿。模仿的本质是学习新知识和新技术的过程，在这个过程中发生了技术溢出。[②] 通过对输入产品的简单模仿，发展中国家提取了输入产品的技术并将其累加到当地产品中，改进生产工艺，降低生产成本，进而推出性价比更高的"新产品"。这种低成本的技术创新模式在发展中国家是相当普遍的。

第二，发展中国家会吸收由国际贸易带来的知识与技术，最

---

① 郑永杰：《国际贸易的技术溢出促进资源型地区技术进步的机理研究》，博士学位论文，哈尔滨工业大学，2013年。
② 孙灵燕：《国际技术扩散对我国技术创新的作用机制及绩效分析》，硕士学位论文，山东理工大学，2008年。

终将它们内化并改造成为自身的创新技术。对输入产品进行简单的模仿，对于发展中国家来说并不是长期、有效的解决办法。由输入产品带来的市场竞争压力对发展中国家的自主创新能力有显著的促进作用。发展中国家吸收了输入产品带来的技术溢出，使自身的技术创新能力和技术存量水平得到提高。而引进国外技术的同时，它降低了自主研发的盲目性和不确定性[①]，优化了资源的配置，激励了发展中国家自主创新的积极性。内部动机的增强与外部资源的积累，促使发展中国家不断自主创新。

第三，随着创新技术的累加，发展中国家的贸易结构不断得到优化。发展中国家的自主创新能力不断增强，越来越多的高技术含量的产品被投放市场，高技术含量产品市场份额逐渐提高，发展中国家的产品结构得到了优化。此时发展中国家对发达国家高技术含量产品的依赖逐渐降低，发展中国家依靠自身技术创新能力研发出世界一流的高新技术产品。发展中国家由原本依赖于进口技术和产品的经济体转变为高新技术产品研发与出口的经济体，其整体创新能力达到一个新的高度。

外商直接投资不仅是资本、先进知识和技术的载体[②]，更是国际技术溢出的另一条重要渠道。发展中国家政府认为，FDI 带来的技术溢出可以快速提升本国的技术和生产效率水平。[③] 跨国公司的迅速发展，FDI 带来的国际技术扩散对发展中国家技术的进步变得重要，这种溢出效应对技术创新有较大的推动作用。FDI 溢出对技术创新的影响主要有如下三个方面。

第一，外商在发展中国家投资并与当地企业家合作，先进

[①] 王华、赖明勇、柴江艺：《国际技术转移、异质性与中国企业技术创新研究》，《管理世界》2010 年第 12 期。

[②] 杨晓静、刘国亮：《FDI 技术溢出效应：一个文献综述》，《产业经济评论》2012 年第 4 期。

[③] 杨明、李春艳：《FDI 对内资企业 R&D 投入的影响机制研究》，《甘肃理论学刊》2014 年第 1 期。

成熟的技术产品从外商转移到发展中国家，使发展中国家的企业和消费者接触到先进的设备、产品和技术。①跨国公司为了能在当地企业迅速发展，会给发展中国家的企业技术人员提供技术标准、技术指导、产品样品、存货管理、物流等支持。而发展中国家的企业人员通过对新技术、新产品的学习和模仿，迅速将 FDI 技术溢出内化为自己的内部知识。这样不仅提高了企业人员的模仿与技术创新能力，还有利于企业基于国外先进技术进行技术创新，开发新产品。

第二，随着经济全球化，外商为了取得优势会采取全球化战略，充分利用发展中国家的资源在发展中国家设立研发机构。②发展中国家劳动力成本低于发达国家，未经开发的资源藏量丰富。外商实行研发当地化策略，可以充分利用发展中国家的人才和资源，把组织内部管理、技术创新的方法与经验用以培养发展中国家的人才，对当地人才进行知识技能的培训。1994 年，摩托罗拉为中国员工设计了一个特殊的中国强化管理培训计划，对有潜力的管理干部进行培训。③这样不仅充分发挥了当地人力资源的优势，还把当地的人力资源转化为外商在当地市场的竞争优势。外商研发当地化策略促进了发展中国家科技人才培养基地的形成，提高了当地人才的整体知识技术水平，促进了发展中国家人力资源的开发与发展，为外商创新技术的溢出和发展中国家创新技术的吸收奠定了基础。

第三，随着外商的研发当地化，发展中国家的市场竞争变得更为激烈。外商先进技术和产品的进入会对当地市场带来一

---

① 孙灵燕、崔喜君：《外商直接投资对民营企业生产率影响的融资效应分析——来自中国企业层面的证据》，《经济与管理评论》2014 年第 2 期。

② 陈志恒、李平：《经济全球化与区域经济一体化关系的协调——兼论全球化对东北亚区域经济合作的影响》，《东北亚论坛》2006 年第 5 期。

③ 吴先明：《跨国公司治理：一个扩展的公司治理边界》，《经济管理》2002 年第 24 期。

定的冲击,新产品的进入会打破当地市场的供需平衡,当地的生产要素会出现闲置或过剩。为了抵抗外商技术产品带来的市场侵略,当地企业不得不增加研究开发投入,通过对新技术的模仿和对旧产品进行二次创新,提高技术人员的知识与技术。随着当地企业产品和工艺的不断创新,外商不得不加快新技术的转移速度,加大新产品的开发力度,加速了整个技术创新的过程。激烈的市场竞争不仅带动了当地经济的发展,还使当地产业的技术创新能力得到整体提升。

第二节 广东创新能力的空间溢出效应分析[①]

为了准确揭示广东创新空间演化和空间溢出的机制,本书利用专利指标来表示区域创新活动,采用空间经济学研究分析方法,探索广东区域创新的时空演化趋势。在此基础上,构建了空间计量分析模型,采用广东省第二次 R&D 资源清查数据,在研究资本和劳动要素投入对创新增长贡献的基础上,通过实证分析,着重探讨模型设定中空间误差模型、空间滞后模型的选择等问题,在为现有模型的应用提供理论依据的同时,测度了一个区域的创新增长以及资本和劳动要素增长会对其他区域创新增长产生空间溢出效应。

一 空间计量模型的类型及设定

通过建立知识生产函数模型,国内外不少学者运用空间计量工具方法研究创新问题。[②] 知识生产函数模型最初由 Griliches

---

① Weihua Yi, "Spatial Structure of Innovation Capability inGuangdong, China", *Papers in Applied Geography*, No. 4, 2016. 数据做了更新。

② Jaffe A., "Real Effects of Academic Research", *The American Economic Review*, No. 5, 1989, pp. 957 – 970.

等提出，大量学者使用截面空间计量经济模型进行实证检验，得出了空间溢出显著存在的肯定性的结论。传统计量模型不考虑空间依赖产生的内生性，从而导致模型估计结果有偏误。空间计量工具使我们能够正确地估计模型参数。与非空间模型相比，空间知识生产函数产生了一个不同的结果，可以更准确地评估溢出效应。

国外也有学者运用空间计量模型来研究中国，如运用空间计量经济模型，Lesage 曾研究中国区域经济增长问题。[1] Coughlin 和 Segev 曾运用空间计量经济学分析中国 FDI 区域分布的影响因素。[2] 在国内，吴玉鸣等对中国 31 个省份的空间自相关和 Moran 指数问题进行研究，采用 2002 年数据，利用空间计量经济学分析了省域创新空间分布特征。[3] 刘和东、施建军采用我国 31 个省（自治区、直辖市）2004 年与 2006 年的相关数据，使用空间自相关 Moran 指数模型、空间滞后模型和空间误差模型等，分析了经济状况、人口与高校毕业生数等因素对创新能力的影响。借用中国 31 个省份 1998—2005 年的数据，骆永民进行了空间经济学分析，表明中国的科教支出对经济增长起到了显著的促进作用与外溢性作用，建议政府进一步加大科教支出。[4] 总体来看，近年来，运用空间数据分析方法对国内创新溢出问题进行研究的文献显著增多。

我们通常采用 Griliches 的知识生产函数模型来估算创新要

---

[1] James Lesage, "A Spatial Econometric Examination of China, Economic Growth", *Geographic Information Sciences*, No. 5, 1999, pp. 143 – 153.

[2] Coughlin and Segev, "Foreign Direct Investment in China: A spatial Econometric Study", *World Economy*, No. 23, 2000, pp. 1 – 23.

[3] 吴玉鸣、何建坤：《研发溢出、区域创新集群的空间计量经济分析》，《管理科学学报》2008 年第 4 期。

[4] 骆永民：《中国科教支出与经济增长的空间面板数据分析》，《河北经贸大学学报》2008 年第 1 期。

素投入对创新产出的弹性系数[1][2]、量度研究开发（R&D）和知识溢出对生产率增长的影响。即：

$$Y_i = K_i^a L_i^B Z_i^c \varepsilon_i \qquad (3-1)$$

式中，Y_i 表示创新产出，K_i 为当期 R&D 资本投入，L_i 为 R&D 人才投入，Z_i 为其他影响变量，ε_i 为误差项。

根据 Rosina Moreno 等的研究，我们用人均 GDP 替代 Z 变量，并对 Griliches-Jaffe 知识生产函数模型进行改进，设定关于创新的标准经济学模型（见式 3-2）。

$$\ln Y_i = \beta_1 \ln K_i + \beta_2 \ln L_i + \beta_3 \ln GDP_i + \varepsilon_i \qquad (3-2)$$

其中，i 表示区域维度指标（$i=1, 2, 3, \cdots, N$），Y_i 为因变量，K_i、L_i 和 GDP_i 为自变量，β_1、β_2 和 β_3 为待估计的常数回归参数，ε_i 是独立且同分布的随机误差项。

为了修正标准计量经济模型出现偏差的问题，我们引入空间因变量滞后模型（见式 3-3），研究因变量的空间效应及其影响，表明本地区的创新产出不仅受本区域自变量的影响，而且受到邻近地区创新溢出作用的影响。

$$\ln Y_i = \delta \sum_{j=1}^{n} W_{ij} \ln Y_i + \beta_1 \ln K_i + \beta_2 \ln L_i + \beta_3 \ln GDP_i + \varepsilon_i$$

$$(3-3)$$

其中，δ 为空间滞后自回归系数，W_{ij} 表示为空间权阵 W 的元素，ε_i 是独立且同分布的随机误差项。

由于空间滞后模型没有考虑一些遗漏的或未观察到的影响因素，如交通、文化环境等，这些被忽略掉的变量在地理上还存在着空间相关性，并对创新产出产生不可忽视的影响。因此，

---

[1] Griliches Z., "Issues in Assessing the Contribution of Research and Development to Productivity Growth", *Bell Journal of Economics*, No. 10, 1979, pp. 92-116.

[2] Griliches Z., "Patent Statistics as Economic Indicators: A Survey", *Journal of EconomicLiterature*, No. 28, 1990, pp. 1661-1707.

我们采用空间误差模型度量邻近单元创新产出的误差冲击对本单元创新产出的影响程度（见式3-4）。

$$\ln Y_i = \beta_1 \ln K_i + \beta_2 \ln L_i + \beta_3 \ln GDP_i + \varphi_i, \varphi_i = \rho \sum_{i=1}^{n} W_{ij} + \varepsilon_i \quad (3-4)$$

其中，ρ 为相应的空间误差相关性系数，W_{ij} 是空间权重矩阵。

关于变量 Y 数据的选择，吴玉鸣等学者普遍采用专利数作为衡量创新的评价标准。[①] 遵循研究惯例，本书选取每十万人专利授权量作为衡量指标。变量 K、L，考虑到资金投入产生的影响会有时差，因此采用2018年R&D资本投入、2019年R&D人力投入和2019年GDP数据，专利数据年份为2019年，专利数据来自《广东省统计年鉴（2020）》。

二 空间模型估计结果

通过普通最小二乘法（OLS，不考虑空间相关性）进行回归，结果显示：修正的 R^2 值为0.983，具有比较好的拟合优度，达到了98.3%的模型解释能力；F 检验值为332.717，表明被解释变量与解释变量之间存在着较好的线性相关性，显著性水平较高；对数似然值（LogL）为-209.772，赤池信息量准则（Akaike Info Criterion）为427.544，施瓦茨准则（Schwarz Criterion）指标为431.722。常数项的相关系数为-1807.73，未通过10%的显著性水平检验。L、K 和 GDP 的系数分别为0.218、0.002 和 3.134，除 K 未通过10%的显著性水平检验，GDP 和 L 均通过5%的显著性水平检验。

[①] 吴玉鸣：《空间计量经济模型在省域研发与创新中的应用研究》，《数量经济技术经济研究》2006年第5期。

关于空间回归形式的选择，不少研究者通常通过运行普通最小二乘回归形式，并对回归结果进行显著性检验，这种方法不考虑空间相关性。[①] 为避免直接应用普通最小二乘法造成估计结果的失真，可选择空间误差模型，并利用最大似然法进行下一步回归检验。

通过最大似然法估计，结果如表 3-1 所示。相比不考虑创新能力空间溢出影响（直接应用普通最小二乘法估计得到的结果），引入空间误差模型，估计结果得到了修正：拟合优度得到了提升，R-squared 由 0.983 提高到 0.984，模型的解释能力增强；解释变量（L、K 和 GDP）和空间自相关系数均为正数，符合现实预期，GDP 和空间自相关系数均通过了显著性检验。空间滞后模型具有更强的解释力。

表 3-1　　　　　空间经济学模型分析结果（2019）

变量	普通最小二乘法 系数	P 值	空间误差 系数	P 值	空间滞后 系数	P 值
CONSTANT	-1807.73	0.403	-1582.47	0.439	-2161.4	0.262
LNL	0.218	0.005	0.219	0.000	0.165	0.063
LNK	0.002	0.550	0.002	0.421	0.003	0.291
LNGDP	3.134	0.000	3.042	0.000	2.889	0.000
LAMBDA			0.169	0.521		
W_INNOVATI					0.062	0.422
R-squared	0.983		0.984		0.984	
LogL	-209.772		-209.587		-209.489	
Akaike info criterion	427.544		427.174		428.978	
Schwarz criterion	431.722		431.352		434.201	

---

① Luc Anselin, Ibnu Sybri, Youngihn Kho, "GeoDA: An Introduction to Spatial Data Analysis", 2004-10-11, http://perso.ensg.eu/bouche/projet/10.1.1.74.9014.pdf.

LNL 的弹性系数为 0.165，表示其间区域研发人力资本每提高 1%，区域创新能力提高 0.165，这个系数通过了 10% 的显著性水平检验，表明创新人力对创新能力的影响显著；LNK 的弹性系数为 0.003，代表其间区域创新资本每提高 1%，区域创新能力提高 0.003%，但这个统计结果并不显著；LNGDP 的弹性系数为 2.889，表明区域 GDP 每增长 1%，区域创新能力就增长 2.889%，这个系数通过了 1% 的显著性水平检验。创新人力投入、创新资本和 GDP 均对广东区域创新能力产生正向影响，GDP 的影响要远远大于创新人力投入，这也表明广东创新与经济发展存在高度的相关性。

同时，将影响区域创新能力的空间溢出因素引入模型，结果显示，空间因素对广东创新能力的影响程度较为突出，误差空间滞后项 LAMBDA 的相关系数为 0.062%，但未通过 10% 的显著性水平检验，表明广东创新溢出因素的存在，即与某地区相邻接的周边地区对该地区创新能力的影响具有明显的正相关，区域创新能力有溢出作用，但不够显著。需要指出的是，影响广东创新能力的诸多因素中，除经济基础、研发资金和人力投入外，还有文化、交通、教育等诸多方面合力的影响。我们无法穷尽所有，逐个分析各个分力及其影响机制，因此，尝试把这些影响整合为一种综合因素，通过引入误差空间滞后项来表达，探讨创新合力效应的空间溢出。从分析结果来看，空间溢出效应存在；也就是说，除创新人力、创新资金和 GDP 之外，影响周边地区创新的综合因素，通过空间溢出效应，这个合力对中心地区创新能力产生正向推动作用，即这些综合因素每推动周边地区创新能力提高 1%，导致中心地区创新能力提高 0.5943943%。这种综合作用的绝对影响远大于创新人力对中心地区创新能力的影响。

三 研究结论及启示

二十几年来,科技创新正以前所未有的速度加快新一轮的全球性产业转移。广东省加强了创新资源的集聚与整合,科技创新能力快速提升。本书通过研究发现:广东创新存在溢出效应,主要表现为空间误差滞后项系数为小于 1 的正值,但是整体上表现为区域集聚现象加剧,创新中心城市对周边地区的辐射与扩散效应不显著。当前,广东广大粤西北东地区创新能力仍较为低下,是创新的"洼地",应强化广东创新中心城市对这些落后区域的辐射和带动。广东创新落后地区应高度重视创新的溢出,加强创新人力的投入,加强交通、信息网络等基础设施建设,因地制宜,充分利用创新能力强的地区科技资源,充分吸收科技创新能力强的地区所产生的溢出效应。广东的发达地区,可借助其自身的优势,加大科技研发活动的力度;也可以通过这些研发活动产生的空间溢出效应,促进周边地区创新能力的提高。

第四章 广州国际科技创新枢纽的发展基础与成效

第一节 广州科技创新的主要发展演进、经验与启示[①]

一 广州科技创新的发展演进

在城市发展的历史长卷中,广州在科技创新发展方面书写出了浓墨重彩的华章。早在新中国成立初期,随着党中央、国务院"向科技进军"发展战略的提出,广州积极贯彻落实相关决策部署,科技建设的序幕由此拉开。20多年后,党中央发布了《中共中央关于科技体制改革的决定》,广州"科教兴市"的发展目标也提上日程,广州科技体制改革的号角再次吹响。2006年,国务院发布《国家中长期科技发展规划纲要(2006—2020年)》,自主创新发展战略得到空前重视,并上升成为国家核心发展战略,广州由此提出增强自主创新能力,大力推动国家创新型城市的建设,科技创新进入新拐点。2015年,中央颁布出台了《中共中央国务院关于深化体制机制改革 加快实施创新驱动发展战略的若干意见》,广州也努力打造国际科技创新

[①] 易卫华:《改革开放以来广州科技体制改革的回顾与展望》,载于欣伟、陈爽、邓佑满、涂成林等主编《中国广州科技创新发展报告(2018)》,社会科学文献出版社2018年版。数据做了更新。

枢纽，科技创新发展迈入新征程。

（一）"向科技进军"战略阶段（1949—1978年）

这段时期，我国科技工作还处于初创发展阶段，党和政府将确立科技政策的基本方针、整编科技队伍以及建立和调整科技机构作为科技发展的重点。1955年3月，毛泽东同志指出："我们进入了这样一个时期，就是我们现在所从事的、所思考的、所钻研的，是钻社会主义工业化，钻社会主义改造，钻现代化的国防，并且开始要钻原子能这样的历史的新时期。"[①] "向科技进军"的口号被提出。在党的八届九中全会上，中央又提出"调整、巩固、充实、提高"的发展方针，并且，"科学十四条"等一系列科技发展条例出台实施。[②]

在这种背景下，广州科技工作逐步展开。1955年，广州编制了《1956—1967年广州科技远景规划》，规划提出从10个方面推动78个重大科技项目实施。1958年，成立了广州科学分院。1959年，成立了广州科学分院筹备委员会和省、市科学技术委员会，科技综合管理工作得以加强。1959年，广州在整合自然科学工作者协会及创作协会的基础上，成立了广州市科学技术协会。

这一时期，广州科技发展取得了一定的成绩。比如，随着第一个五年计划的完成，广州人造卫星观测台于1957年在广州建成。科学技术资源增长较快。据统计，截至1957年，广州已有7278名科技人员（包括企业的工程技术人员）从事自然科学工作，已有35个科学技术机构。

但是，广州科技事业由于中央"左"的路线以及"文化大革命"的影响，与国内外先进水平的差距经过缩短后又有所扩

---

① 《毛泽东文集》第6卷，人民出版社1999年版，第395页。
② 赵新力、仪德刚：《建国以来党的三代中央领导集体的科技理论与政策创新及其启示》，《党的文献》2006年第5期。

大，科学技术结构和科技队伍也在调整后又被严重破坏。直到1973年，才恢复了广州市科学技术委员会，后又逐步恢复了26个研究所，新建了15个研究所。至1978年，广州市属机构中，专业技术人员只有37330人，科学研究人员只有1058人，其中正副研究员只有2人。[①]

（二）"科技与经济初步结合"阶段（1978—1990年）

这个时期，中央科技发展主要战略是推进党的科技理论和政策的拨乱反正。邓小平同志先后提出"科学技术是生产力"和"科学技术是第一生产力"的著名论断。邓小平同志强调，"实现四个现代化，关键是科学技术现代化"。在1981年的中央14号文件中，"经济建设必须依靠科学技术，科学技术必须面向经济建设"的发展方针又被提出来。

广州充分贯彻执行中央的部署，高度重视科技与经济的结合，不断加大推广应用科技成果的力度，极大地推动了科技体制改革的顺利开展，贯彻执行了国家科技项目与计划等。通过实施这些科技政策和战略，不断推动技术改造，加强产学研合作，加快引进、消化和吸收国内外先进技术，广州关键技术和重点产品得到发展，大量的科学技术成果得以生产，企业的技术装备得到提升，创新能力得到初步发展，技术创新体系建设由此拉开序幕。

广州也认识到当前科技发展的首要问题是科技与市场脱节，必须解决科学与市场"两张皮"问题。因此，科技成果转化问题得到高度关注，科技服务体系建设加快推进，广州技术市场开始发展起来。

科技体制改革稳定发展。至1990年，在广州地区的67个科研院所中，有60个科研院所已实行所长负责制或者任期目标

[①] 数据来自《广州50年》。

第四章　广州国际科技创新枢纽的发展基础与成效　79

责任制。由科研单位创办的技术经济实体共达到35个。至1990年，全市279家大中型企业有151家建立了科技机构。科技成果取得了一定的经济效益。1990年，广州各行业共取得1545项科技成果，其中，1304项得到推广应用，共创37.07亿元产值。1990年共开展650项科研项目，完成和取得299项科研成果，有250项科研成果得到推广应用，全年实现总收入6866.48万元。高技术产业开始起步，启动天河高新技术产业开发区建设。至1990年，广州已有69家高技术企业生产144种高技术产品，产品产值达到28.7亿元。"星火计划"实施已见成效。1990年，广州共安排市级、国家级"星火"项目103项，新增产值4.9亿元，开发技术装备25种，引导50个乡、镇、区、街、企业向科技先导型企业发展。[①]

但是这一时期，广州科技体制改革还处于刚刚起步的阶段。由于存在发展惯性与路径依赖，科技发展仍然滞后，技术转移渠道不够通畅，企业发展活力仍然不足，科技创新的能力与效率仍然不够强，等等。由于这些矛盾和问题的存在，"科技兴市"战略应运而生。

（三）"科技兴市"战略阶段（1991—2005年）

在改革开放的前10年里，由于大力实施"依靠"和"面向"的发展战略，注重解决科技与经济脱节的问题，广州科技与经济发展取得了举世瞩目的成就。但是这一成就的取得，主要是依靠外延式、粗放型经营发展，科技对经济增长的推动作用不够大。基于此，广州大力实施"科技兴市"发展战略，继续加大改革开放的力度，不断增强科技为经济服务的能力。

这一时期，广州实施"有所为，有所不为"的发展思路，面向经济建设主战场，积极部署落实各项工作，实施各类科技

[①] 《广州年鉴（1991）》，广州年鉴出版社1991年版。

计划和专项，着力构建企业的技术创新体系，完善科技运行机制，大力发展科技服务体系，推动技术市场等机构的建设，在重点发展高新技术产业的同时，加快推动整个科技事业的进步，大力拓展技术交易，扩大科技交流与合作。

在这一时期，广州科技创新工作成绩突出。至2005年，广州地区拥有5家国家重点实验室、88家省级重点实验室，共有4家国家级企业技术中心、25家省级企业技术中心；2005年底，广州拥有13家国家级工程中心、35家省级工程中心。2005年，广州科技活动经费支出总额达到190亿元，其中用于研发（R&D）支出的经费达到85亿元，占地区生产总值的比例分别达到3.71%和1.66%。2005年，广州专利申请量达到11012件，其中有2029件发明专利；签订2281项技术合同，成交金额达到40.60亿元。高新技术产业得到飞速发展，产业集群的竞争力大大增强。至2005年底，广州高新技术产品产值达1867.87亿元，占广州工业总产值的比重达27.6%。全市认定873家高新技术企业，其中124家经济规模超过亿元以上，在国内外证券市场上市的高新技术企业数量达到10家。这一时期，广州高度重视科技园区软硬件设施建设。广州科学城、天河软件园与民营科技园等园区快速发展。[1]

但是在这一时期，在广州技术创新工作中，一些短板仍然存在。比如：自主创新能力偏弱，滞后于经济发展；对资源与能源等热点和难点问题的技术解决能力不足；广州市属研究机构的技术创新手段欠缺；科技事业发展仍然受资金投入不足、高级专业技术带头人才缺乏等制约；部分科技项目因贷款不落实或资金不到位，影响了研究开发的进度。

---

[1]《广州年鉴（2006）》，广州年鉴出版社2006年版。

(四)"创新型城市"战略阶段(2006—2015年)

2006年,在全国科学技术大会上,胡锦涛同志发表《走中国特色自主创新道路 为建设创新型国家而奋斗》的讲话。在讲话中,他强调了走自主创新道路的重要性并向全党做了总动员,号召全国人员努力奋斗,建设创新型国家。

对此,广州提出了建设"创新型城市"的发展目标,努力构建有利于自主创新的发展环境,大力推动高新技术产业发展,促进国际国内创新资源集聚,大力增强区域的自主创新能力。2006年11月3日,朱小丹在广州市建设创新型城市工作会议上发表讲话指出:"广州建设创新型城市,必须坚持自主创新、重点跨越、支撑发展、引导未来的方针,把自主创新作为现代化大都市发展战略,贯穿于现代化建设的整个过程和各个方面。要进一步破除束缚创造活力、阻碍创新发展的思想观念和体制机制障碍,振奋创新精神,激发创新活力,完善创新机制,鼓励创新实践,不断提高自主创新能力,加快建设创新型城市的步伐。"

在这一时期,为加快创新型城市建设,广州先后出台了很多科技法规政策。一是制定《广州市关于提高自主创新能力的若干规定》。该文件从科技投入、企业自主创新、科技统筹协调等10个方面,对广州创新政策环境进行优化。二是为加快重点产业发展,出台相关政策。比如,为了扶持软件和动漫产业,制定了《广州市进一步扶持软件和动漫产业发展的若干规定》《关于加快软件和动漫产业发展的意见》。三是出台《广州市促进创业投资业发展条例》,解决中小型科技企业融资问题,推动创业投资发展。四是实施《关于大力推进自主创新 加快高新技术产业发展的决定》,进一步明确了大力推进自主创新、加快高新技术产业发展的总体思路及发展目标,并就如何推动企业技术创新、加大科技投入力度、构筑创新人才高地、加快创新载体和平台建设等工作进行了具体部署。广州科技事业进入新的发展阶段。

在这个时期，广州科技创新源头的资源建设取得显著成效，大幅提升了科技产出，高新技术产业也得到迅速发展，技术创新成效较为显著。广州研究与发展经费快速增长。2015年，广州R&D经费支出达到380.13亿元，占GDP比重的2.1%。同年，广州专利申请达到63366件，其中发明专利20087件；专利授权39834件，其中发明专利授权6626件。2015年，广州工业高新技术产品产值达到8052.85亿元，占规模以上工业总产值的比重达到43.72%。至当年年底，全市共有14家国家级创新型企业国家重点实验室19家，省级重点实验室191家；国家级工程中心18家，省级工程中心630家；国家级技术开发中心22家，省级技术开发中心187家。[①]

但是，我们必须清醒地看到广州在增强自主创新能力、建设创新型城市过程中存在的问题与不足。比如：企业作为创新主体的地位不突出，科技经费投入不足，自主创新能力不够强，高新技术产业发展偏慢，大型龙头和骨干企业缺乏等问题。

（五）国际科技创新枢纽战略阶段（2015年至今）

2012年，为了应对经济发展的新常态，党的十八大提出："科技创新是提高社会生产力和综合国力的战略支撑，必须摆在国家发展全局的核心位置。"强调要大力实施创新驱动的发展战略，继续坚持走有中国特色的自主创新发展道路。中共中央、国务院出台文件，对深化体制机制改革、加快实施创新驱动发展战略提出指导意见。

为了适应和应对新常态，2015年，在广州"十三五"规划

---

① 《2015年广州市科技创新发展数据汇编》，http://kjj.gz.gov.cn/xxgk/sjfb/tjxx/content/post_2643008.html。

中，广州提出了促进经济科技发展的明确路径，即"一江两岸三带、三大战略枢纽、多点支撑"。"三大枢纽"包括国际航空枢纽、国际航运枢纽和国际科技创新枢纽。从此，广州开启了建设国际科技创新枢纽的新征程。立足广州高新区、广州科学城、中新知识城、大学城、琶洲互联网集聚区、生物岛与民营科技园等创新载体建设国际科技创新枢纽，着眼广州东部打造建设广深科技创新走廊，建设国际产业创新中心，大力促进知识技术密集型经济发展，从全球创新要素配置与新一轮国际产业分工中发力，寻求促进广州发展的动力。

在准确把握经济发展新常态、贯彻执行新发展理念的基础上，提出了国际科技创新枢纽战略，立足国内外科技创新的新趋势，立足现实、面向全球、围绕全局、推动变革，深度嵌入全球创新链条，在世界范围内集聚创新要素，系统谋划创新发展路径，以科技创新为引领开拓发展新境界的重大战略举措，必将为广州建设国家中心城市，实现城市发展功能定位注入强劲动力。

比较各时期广州科技发展战略，不难发现，由于各时期所处的时代背景、国际环境的不同以及人们思想认识水平的差异，广州科技发展战略带有较为明显的时代性。从历史比较来看，广州国际科技创新枢纽战略地位不断提升，战略内容不断拓展和深化，更强调科技与城市发展的整体结合，用开放的、动态的眼光看待科技创新与城市发展，战略层次性和综合性不断提升，科技创新系统发展更具协同性。

二 广州科技创新发展经验

（一）创新体制从松绑到快速发展，形成了相对稳定的科技创新政策体系

制度创新是科技创新的前提和基础。通过不断减少创新活

动的"交易成本",采取有效的"产权"保护措施,可以有效地实现对创新的激励,从而实现科技制度的创新。不可否认,科学技术是生产力,而"科技制度"是生产力中的"生产力"。广州科技发展经历了松绑到快速发展的历程,已形成较为稳定的创新制度体系。

第一,广州是科技体制改革与创新的先行区。早在改革开放之初,大胆放开制约科技发展的思想束缚,运用经济杠杆和市场调节手段,为科技发展松绑:一是全面实行所长负责制,"放养"科研机构及院所,分离科研机构的所有权与经营管理权,扩大研究机构的发展自主权,鼓励科技人员以各种方式进入经济建设的主战场。早在1990年,广州绝大部分科研院所就已经实行所长负责制或任期目标责任制,其中技术开发型研究所承包的有17家,已进入企业或企业集团的有2个,已建有中试场地的有26个(占科研机构总数的38.8%)。科研单位创办技术经济实体也屡见不鲜。二是较早地解决科技与市场脱节的问题,促进科技服务体系发展,增强科研机构自我发展的能力和为经济建设主战场服务的能力。三是改革拨款制度,推动企业成为科技创新资金投入与创新产出的主体。早在20世纪80年代末,广州筹建了天河高新技术产业开发区。至1990年,广州已有69家高技术企业生产144种高技术产品,这些产品产值达28.7亿元。至1990年,全市一半以上的大中型企业建立了科技机构。四是加强企业的技术消化吸收能力和科技成果转化能力,大力促进科研机构、高等院校与科技企业之间的协同创新,大力推动产学研合作。

第二,广州形成较为完善的科技创新政策体系(见表4-1)。多年来,广州不断完善科技创新政策供给,大力优化科技政策体系,努力激发社会创新潜能,全面推动经济社会各个领域发展,大力营造良好的创新环境。广州科技创新的制度体系较为完善，覆盖了创新链条的各个环节，包括基础研发、应用研究、技术转移到产业化等的各个环节。广州已经初步形成科技创新的制度体系框架，并逐步走向完善。在科技资源的管理上，广州科技计划管理与新型科技计划体系初步形成，科技决策咨询制度初步建立，科学化、民主化决策机制不断加强。

表4-1　　　　　　　　科技创新"1+9"政策体系

文件分类	主要内容	文件名
"1"主体文件	科技创新综合性政策	《中共广州市委　广州市人民政府关于加快实施创新驱动发展战略的决定》
"9"配套政策文件	科技创新综合性政策	《广州市人民政府办公厅关于促进科技企业孵化器发展的实施意见》
同上	金融与产业融合	《广州市人民政府关于促进科技、金融与产业融合发展的实施意见》
同上	新型研发机构建设	《广州市人民政府关于加快科技创新的若干政策意见》
同上	企业研发经费投入补助	《关于对市属企业增加研发经费投入进行补助的实施办法》
同上	新型研发机构建设	《广州市人民政府关于促进新型研发机构建设发展的意见》
同上	落实创新驱动重点工作	《广州市关于落实创新驱动重点工作责任的实施方案》
同上	羊城高层次创新创业人才支持计划	《广州市"羊城高层次创新创业人才支持计划"实施办法》
同上	科技成果转化	《广州市促进科技成果转化实施办法》
其他配套政策文件	科技创新小巨人及高新技术企业培育	《广州市科技创新小巨人及高新技术企业培育行动方案》
同上	支持企业设立研发机构	《广州市支持企业设立研究开发机构实施办法》
同上	科技企业孵化器管理	《广州市科技企业孵化器管理办法》

资料来源：根据互联网资料整理。

（二）不断优化配置和管理创新资源，大力集聚科技创新资源

改革开放以来，广州建立健全技术创新的市场导向机制，大力发挥市场的决定性作用，有效配置科技资源，推动建立市场决定创新项目、技术路线、研发方向、经费分配和成果评价的科学机制，大大提升对创新资本、人才、企业等高端创新要素的集聚和吸引能力。广州发展历程是科技创新资源不断集聚并优化配置与管理的过程。

一是科技经费资源配置能力显著增强。改革开放以来，广州市政府部门大力实施科技经费投入机制改革，鼓励企业设立研发机构，深化成果转化机制改革，大力推动重大科技成果转化，搭建产业创新战略联盟，推动创新要素向企业聚集。同时，广州实行了两个80%制度（包括：后补助方式支持经费占80%；用于支持企业的经费占80%），旨在提高科技资源配置效果和科技经费的使用效益，包括促进企业技术创新主体地位提升。几十年来，广州研发经费投入强度虽有一定的波动，但仍然保持持续大幅增长的态势，总额从1992年的2.72亿元增长到2019年的677.74亿元。根据各时期可获取的数据，从"八五"后三年"九五""十五""十一五""十二五"以及2016—2019年的年均增长率分别达到33.3%、35.5%、23.6%、17.8%、14.6%、15.6%。而从研发经费投入强度看，各时期虽有波动，但总体上呈现增长的趋势，2019年达到2.87%，体现广州科技资金配置能力的增强。[①]

二是科技人才不断聚集且不断优化。40多年来，广州市各级政府努力创造人尽其才的政策环境，发挥政府引导作用，不

---

① 数据来源：各年份《广州年鉴》；广州市科创委网站；《广州全社会研发投入强度增幅居国内主要城市首位》，http://www.gz.gov.cn/ysgz/xwdt/ysdt/content/post_7146646.html。

断优化科技创新人才发展政策（见表4-2），为人才松绑，向用人主体放权，培育人才生态链，大力实施更灵活、更开放以及更具竞争力的人才引进政策，大力支持高校、企业和科研院所等开发和引进人才资源，推动广州成为人才的"强磁场"。据统计，至2019年6月底，广州在穗院士人数已经达到97人；广州拥有大专人才377万人；留学归国人员8万人；来穗工作的外国人才1.5万人次；"两院"院士97人，占全省90.2%；国家相关重大人才工程入选者598人，占全省55.8%。[①]

表4-2　　　　　　人才创新"1+4"政策体系

文件分类	文件内容	文件名称
"1"主体文件	人才创新综合性政策	《中共广州市委广州市人民政府关于加快集聚产业领军人才的意见》
"4"配套政策文件	领军人才支持计划	《羊城创新创业领军人才支持计划实施办法》
"4"配套政策文件	产业领军人才奖励政策	《广州市产业领军人才奖励制度》
"4"配套政策文件	人才绿卡政策	《广州市人才绿卡制度》
"4"配套政策文件	领导干部联系高层次人才政策	《广州市领导干部联系高层次人才工作制度》

（三）科技与经济的结合从松散到日益紧密，不断推动科技支撑引领经济社会发展

一直以来，广州既强调找准科技发展的主攻方向，又强调把科技转化为现实生产力，引领战略性新兴产业发展，支撑传统优势制造业高端化发展，驱动现代服务业创新发展，培育经济社会发展的新动能。广州发展是科技与经济从松散到紧密结合的过程，科技支撑及引领经济社会发展的能力不断增强。

---

① 《8万"海归"、1.5万外籍人才，广州人才"磁场"有多强？》，http://static.nfapp.southcn.com/content/201906/03/c2289473.html。

一是"从要素驱动"转向"创新驱动"。随着广州科技发展战略从"科技与经济结合""科技兴市"到"国家创新型城市""国际科技创新枢纽"的发展战略演变，广州经济发展也经历了从要素驱动、投资驱动到创新驱动的发展历程。20世纪80年代到90年代，广州的经济发展主要依赖于土地、资源与劳动力等生产要素的大量投入。在科技创新方面，技术的引进和模仿较多，这种技术引进式的经济发展模式迅速缩短了广州与国际产业发展的差距。通过多年的积累，广州城市资本总量有了大幅增加，经济发展对投资的依赖越来越大，也使投资的结构性问题变得日益凸显。近年来，广州提出建立国际科技创新枢纽战略，着力构建自主创新的政策发展环境，提升城市的自主创新能力，努力融入全球科技创新网络，打造国际科技创新枢纽，大力推动了科技创新、产品创新、管理创新、企业创新、市场创新、产业创新及业态创新等，广州进入了创新驱动的新阶段。同时，科技创新在解决健康、能源、交通等瓶颈问题方面取得了重大进展，科技更广泛地应用于城市建设、社会民生、生态环境等领域，极大地提高了居民的生活质量，增强了居民的幸福感。

二是产业持续向中高端迈进。通过了系列制度安排与设计，广州不断促进科技与经济的结合，努力改造提升传统产业，大力优化产业结构，推动广州产业持续向产业链中高端攀升。广州战略性新兴产业持续发展，新业态不断壮大。从广州高新技术产品产值看，产业规模从1990年的19.5亿元发展到2019年的9518.69亿元，"八五""九五""十五""十一五""十二五"及2016—2019年六个时期的年均增长率分别达到37.90%、38.04%、24.98%、29.79%、8.02%及3.24%，1991—2019年年均增长23.79%。高新技术企业数量实现大幅增长，从2015年的1919家迅速增长到2020年的1.2万家。此外，广州打造了新型显示、智能装备、新能源汽车、人工智能、生物医药和互联网等千亿以上的科技产业集群。①广州通过构建"1+1+N"的政策体系，鼓励新产业、新业态、新模式的发展，人工智能、新一代信息技术、大数据、工业设计、文化创意和融资租赁等新业态发展迅速。②

三是企业创新能力显著加强。改革开放以来，广州改革科技经费投入机制，大力支持企业设立科技研发机构，不断推动科技成果转化机制改革，促进重大科技成果产业化。一批科技含量高、带动力强的科技大项目落户广州；一大批本地企业发展成全国乃至全球的行业龙头企业，如启帆工业机器人、广州数控、达安基金、金发科技、珠江钢琴、蓝盾信息、广州迈普等；一大批创新型企业通过模式创新与业态创新快速成长起来，如巨杉数据、亿航智能、芬尼克兹等。

（四）创新载体建设不断完善，创新平台和创新园区快速发展

加快建设一批高水平的创新载体，优化创新的空间布局，是培育发展新兴产业、推动高质量发展的新引擎。广州科技发展历程表明：广州科技创新的发展过程是创新平台与创新园区快速发展、不断优化的建设过程。

一是促进科技创新平台发展。一直以来，广州利用城市高校和科研院所众多、科技资源较为集中的优势，开展基础研究，大力加强源头创新，促进科技成果转化，不断深化体制机制改革，促进科创平台运行机制和管理激励机制的创新。广州国家级重点实验室数量从2007年的9家增长到2020年的21家，省级重点实验室数量从2007年的95家增长到2020年的241家，

---

① 《广州市集中打造六大千亿级新兴产业集群》，https://www.dzlps.cn/17124.html。
② 数据来源：各年份《广州年鉴》；广州市科创委网站。

分别占全省的近70%、60%；2020年，国家企业技术中心达到35家，占全省的40%。广州努力促进科技服务机构的规范化、专业化、国际化水平，技术合同成交额从1985年的2.3亿元增长到2020年的2256.53亿元，交易总量居全国第2位。[①] 至2020年，广州众创空间总数达294家，其中国家级众创空间达53家。广州孵化器总数达405家，其中，国家级孵化器总数已达41家，优秀国家级孵化器数量多年居全国前列；2019年和2020年，广州分别认定为国家级孵化器10家和7家，认定数量连续两年居全国第一。[②]

二是不断推动创新空间布局的优化。广州加强机制体制的改革创新，大力集聚创新项目与人才资源，不断推动科技跨区域合作，努力优化创新资源的空间布局。近年来，广州制订了《广州国家自主创新示范区建设实施方案（2016—2020年）》，积极贯彻落实《广深科技创新走廊规划》，建设形成了科学城、知识城、国际生物岛、大学城、天河智慧城、黄埔临港经济区、节能创新园、广州国际金融城、琶洲互联网创新集聚区、粤港澳合作科教创新集聚区与生物岛等园区和平台，充分发挥国家自由贸易试验区、珠三角国家自主创新示范区和全面创新改革试验核心区空间布局交叠和创新资源交汇以及政策措施互补的发展优势，打造形成开放、创新、改革的叠加效应，促进联动发展创新格局的形成，重点推动新一代信息技术、平板显示、智能装备、新材料、电子商务、生物医药、大数据、云计算、物联网等产业的发展，打造广州创新人才汇聚地、创新要素集聚区、创新发展示范点、创新产业汇聚地，创新显示度不断提高，广深科技走廊的主要极点加速形成。

[①] 各年份《广州年鉴》；广州市科创委网站。
[②] 《广州国家级孵化器优秀数量位居全国第三》，https://news.dayoo.com/gzrbrmt/202102/02/160262_53780688.htm。

（五）创新模式从跟跑为主步入跟跑、并跑与领跑式创新模式并存，自主创新能力迅速提升

习近平总书记指出："我国科技创新已步入以跟踪为主转向跟踪和并跑、领跑并存的新阶段。"从广州情况看，广州创新模式已从跟踪式创新为主的阶段步入跟踪式、并跑式与领跑式创新并存的阶段，自主创新能力得到迅速提升。

一是部分领域步入并跑、领跑的新阶段。改革开放初期，广州科技发展处于引进成套技术设备以及"以市场换技术"的阶段。近年来，广州以IAB、NEM为引领，围绕价值链、产业链、创新链，大力引进各类高精尖技术与项目，思科智慧城、富士康、赛默飞、百济神州生物制药、冷泉港等项目相继落户广州，大力促进IAB产业集群发展，越来越接近于"领跑世界"的目标。其中，生物医药领域是广州最有可能率先实现"领跑"的领域，它培育了15家生物与健康领域上市企业，形成了香雪制药、金域检验、达安基因、广药集团等生物产业龙头企业，拥有457家生物与健康领域高新技术企业，占广州全市高新技术企业的比重高达9.6%。美国冷泉港实验室、GE生物科技园项目、赛默飞世尔科技和阿里健康运营项目的推进，在新药研发、干细胞、精准医疗、医学检验等领域为广州的产业发展增添了强大动能。此外，从创新领军企业方面，威格林机动车尾气净化催化的材料开发技术已经处于国际前沿水平，奥翼电子成为国内唯一掌握了纳米电泳电子纸屏幕技术且能够批量生产的公司。

二是广州创新能力提升显著。广州通过不断深化人才、金融、科技项目管理、知识产权政策等领域的改革创新，促进形成有利于创新的制度环境，实现了科技创新能力的不断跃升。从专利来看，1990年，广州年专利授权量只有387项，2020年增加到15.5万项，1987—1990年以及"八五""九五""十五"

"十一五""十二五""十三五"时期的年均增长率分别达到75.3%、14%、33.7%、12.4%、21.4%、21.5%及31.4%,1991—2020年年均增长22.1%;1990年,广州发明专利授权只有5件,2019年增加到12362件,"七五"后四年(1987—1990年)以及"八五""九五""十五""十一五""十二五"与2016—2019年七个时期的年均增长率分别为13.5%、42.1%、27.3%、44.2%、26.9%、27.2%及16.0%,1990—2019年年均增长率达到30.9%。广州PCT的国际专利申请数量从2010年的286件增加到2020年的1785件,1991—2020的年均增长率为20.1%,广州PCT国际专利申请量居国内前三。[①] 广东省2/3的高校集中在广州,广东省绝大部分国家重点实验室以及77%的科技研发机构也都在广州,广州拥有众多产学研平台与载体,创新优势十分突出。

(六)创新环境从相对封闭走向日益开放协同,国际科技创新网络加速形成

广州加强科技协同发展机制建设,建立了官产学研协同发展机制和区域协同发展机制。目前,初步形成了"国际队""国家队""广州队"三级联动的科技创新主体,打造形成区域、产学研创新主体、产业协同创新的局面,努力抢占全球科技产业高地。广州科技发展历程表明:广州科技创新主体经历了从相对封闭发展到开放协同创新的过程,创新网络不断形成。

一是大力促进区域协同创新。广州不断强化区域科技辐射力,培育科技发展的新优势,提高广州科技中心城市地位。为此,加强与省的沟通协调,统一省、市甚至区的科技发展规划,通过省、市、区协同,促进将有限的资源投入城市科技建设之

[①] 各年度《广州统计年鉴》;《同比增长59.3%》,https://baijiahao.baidu.com/s?id=1691820422657496156&wfr=spider&for=pc;《2019年广州每万人发明专利拥有量达39.2件》,http://news.cnr.cn/native/city/20200409/t20200409_525048241.shtml。

中，促进广州科技中心区域龙头地位的确立，增强广州科技溢出效应，提升科技辐射力。在"大珠三角"地区，通过CEPA机制建设，广州协调与深圳、香港等地的科技分工与合作，不断改善科技发展的竞争与合作关系，形成和确立广州在区域产业链中的优势，大力强化广州在区域科技创新中的核心优势与主导功能。在"泛珠三角"区域，利用广州良好的区域协调能力，充分发挥广州的平台优势与市场优势，大力增强广州科技中介服务功能与技术转移功能，共建开放型的区域科技创新体系。推进建设广深港澳科技创新走廊，建立跨区域协同创新机制，大力促进粤港澳大湾区的协同创新，不断优化创新研发的跨区域合作、科技创新资源的开放共享、科技成果的跨区域转移转化、资金人才的跨区域流动以及知识产权的跨区域保护等组织方式，大力推动创新要素的自由流动与优化组合。

二是构建国际科技创新网络。改革开放以来，广州不断改变招商策略，注重引进国际战略投资，积极吸引一些颇具实力的国际性财团、跨国公司到广州投资，提高了广州招商引资的水平与质量。近年来，广州更是实施国际科技创新合作行动计划，努力吸引跨国公司在广州设立研发机构、技术转移机构和科技服务机构，继续建立和发展一批国际科技合作基地，大力推进实施"走出去"战略，把广州嵌入全球创新链条，在研发创新、知识产权、教育培训、新兴产业等领域，推动与美、欧、日及"一带一路"沿线国家等开展合作。

总体看来，广州科技创新成就巨大。但是，仍存在着一些制约与短板，如企业创新能力偏弱，成果转化率较低等。

三 广州科技创新发展的主要启示

（一）加强科技顶层设计，大力营造科技发展的生态环境

改革开放以来，广州通过加强顶层设计，加快科技体制改

革，不断释放科技人员创新活力，激发科技人员的创新动力，打造有利于创新的生态环境，极大地促进了广州科技的发展。未来，广州要立足城市发展战略需求，继续加强科技政策顶层设计与系统规划，铺设好促进科技发展的"制度跑道"。要以促进科技与经济、社会、生态、文化等方面深度融合为发展目标，充分协调科技体制与其他领域的改革，大力构建高效协同、运转有序的创新体系与网络。建立服务型政府，充分转变政府职能，要从管研发项目与科技资源为主的传统方式，转变到营造跨国、跨省、跨地区以及跨学科创新环境与创新体系的构建为主，促进大开放、大协同、大合作创新格局的形成。要树立正确政绩观，大力调整考核标准，纳入创新考核指标，作为对地方官员考核的重要内容。降低创新创业门槛及制度性交易成本，大力培育宽容失败、合作开放的文化氛围，打造有序竞争、法制健全的市场体系，加强对知识产权的保护，不断营造激发创新创业的发展生态环境。

（二）不断改善科技资源配置的方式，促进科技金融体系建设

科技资源配置是广州科技创新快速发展的主要动力。改革开放以来，广州通过政策引导和资金扶持等手段，促进了科技资源的优化配置，强化了企业的技术创新能力。未来，广州要继续整合科技发展资金，促进评估评价机制建设，大力构建有序科学、重点突出的科技计划与项目管理体系；突出市场对科技项目与成果的评估、筛选与激励，改善科技经费的配置方式，实施后端补助的方式，建立面向市场的开放竞争的科技资源配置机制；以绩效为导向，继续完善科研经费使用与激励制度，大力完善项目经费监管机制。建立完善的科技金融服务体系，实施多元化、全过程和差异性的科技融资模式，大力促进科技与金融结合。促进银行业金融机构加大与创业投资机构合作的

力度，实现投贷联动，开展众包众筹，实行股权、债权相结合的融资方式，推动政策性银行加大力度支持创新活动，支持广州科技企业拓宽科技融资渠道挂牌上市，不断简化知识产权质押融资的流程。

（三）完善科技成果的转化体制，打通创新和产业化链条

充分利用广州高校和科研机构众多、科创人才和成果极其丰富的优势，加快推动广州产学研合作，打造融通知识链、资金链、创新链、人才链、产业链和政策链之间的链条，大力推动成果转化。建立健全科技成果转化的各类政策与法规体系，具体包括各类成果转化的激励政策与技术要素参与的分配政策等。建立产学研协同跨界的创新联盟，推动科研项目开发模式创新，构建产学研相结合的研发模式，以产业需求为导向设置科研项目，引进科研人才。转变大学、科研院所发展模式与观念，促进人才评价和发展机制的改革，促进与企业合作，以市场化和企业化为发展方向，推进应用型研发机构改革。加快科技成果评估机构、信息平台、企业孵化与投融资等机构建设，形成促进科技成果转化的社会服务体系建设。

（四）激活高端科技人才资源，多措并举集聚高端人才

科技创新最重要的资源是人才。长期以来，广州实施各类人才优惠政策，向用人单位松绑和放权，实现了人才集聚。未来，广州要进一步优化政策，优化人才的培养、引进、使用与激励工作，完善人才制度，做好人才服务，打造吸引和发展人才的产业集聚区，不断加强有利于高层次人才发展的政策支持力度，依托广州各类高端机构、企业、留交会、园区等，大力吸引人才，有效盘活资源。建立有效的工作机制，稳定和支持各类科技创新创业人才与团队。实施"人才+项目""团队+项目"等形式，对培养前途大、成长性高的人才与团队提供稳定持续的支持。将人才引进、培养及使用工作与重点实验室、科

技公共服务平台、技术研究中心和博士后工作站等机构的建设结合，探索新形式，培养科技高端人才。根据学科特点和产业需求，对不同领域与不同类型领军人才，实施多元化的科研评价考核机制与利益分配机制，营造有利于人才脱颖而出的发展环境。

（五）激发企业作为创新主体的活力，不断打造新型的产业舰队

长期以来，广州通过构建符合市场经济规律的科技体制，努力解决科技与经济发展"两张皮"的问题，使企业真正成为技术创新的主体。未来，广州要把握新一轮科技革命的战略机遇，继续强化企业创新的主体地位，持续引进国际国内大项目，推动产业链、价值链攀升，培育广州国际创新型领军企业。推动创新要素市场化改革，加快企业创新的激励机制建设，促进企业持续加大研发投入，推动企业成为创新投入的主体。增强广州技术购买与技术合作能力，促进模式创新，推动广州成为产业链、价值链创新的"发起者""主导者"，加大产业支持力度，推动创新产业和技术资源集聚。

（六）扩大科技对外开放，拓展科技创新发展新空间

广州的科技发展是在全面实行对外开放的过程中发展起来的。通过合资经营、购买专利、合作经营等方式，广州不断引进国际先进技术，培育发展高科技企业，增强国际竞争力。未来，广州要多措并举，努力营造公平的营商环境，贯彻落实国家自主创新示范区先行先试政策；全面深化与珠三角和泛珠三角城市的创新合作，发挥创新资源和人才优势，强化全省"创新之芯"和华南科技创新中心的功能定位，建立穗港澳大湾区科技合作机制；吸引跨国公司在广州设立研发机构、技术转移机构和科技服务机构，引进一批具有国际水平的研发机构、创业投资机构、人才团队和先进技术成果，汇聚全球创新精英人

才、领先技术和金融资本等高端要素,发展知识密集、技术密集、资本密集型产业,打造国际产业技术创新中心;支持广州企业"走出去",鼓励跨国公司在穗设立研发机构。

第二节 广州建设国际科技创新枢纽的基础条件与发展成效

一 广州建设创新枢纽的基础条件较优越

众所周知,广州作为国家重要中心城市,具备了建设国际科技创新枢纽的强大实力。近年来,广州充分利用国家中心城市建设的机遇,加快科技创新体系建设,促进产业向专精特新转向,对外开放的力度越来越大,城市能级提升越来越快,广州建设国际科技创新枢纽的基础条件已具备。

(一)"三高"产业体系加快构建

近年来,广州充分把握科技革命和产业变革机遇,不断促进供给侧结构性改革,大力实施现代服务业与先进制造业双轮驱动的发展战略,努力形成"三高"的现代产业新体系。

1. 先进制造业核心优势增强

近年来,广州将智能化、服务化和绿色化作为主攻方向,建设"中国制造2025"的试点示范城市,加快推动创新链、产业链、价值链建设,推动广州制造业向产业链、价值链的高端攀升。当前,广州正在促进新一代信息技术与广州制造业的深度融合,不断优化提升传统产业。目前,广州已形成汽车制造、软件与信息服务、绿色石化和新材料、高端装备等千亿产业集群。至2020年,广州汽车产业集群产值居全国第一,达到约5000亿元,产量达300万辆;广州加快超高清视频显示集群发展,产值达约2000亿元,在显示模组的市场占有率和4K板卡出货量方面居全球第一;软件与信息服务集群发展迅速,产值已接近 5000 亿元；绿色石化和新材料以及高端装备等集群规模均超千亿元。广州不断提升产业基础和产业链水平。比如：为了推动产业的基础再造，推动建设国家级通用软硬件（广州）适配测试中心和设计仿真工业软件适配验证中心；不断加快数字新基建建设，率先实现 5G 网络在广州市内的全覆盖，建成了 4.8 万座 5G 基站。广州的产业布局正不断优化。当前，广州正努力打造"人工智能和数字经济试验区"；创建全国首个"区块链发展先行示范区"获批。① 2020 年，先进制造业增加值占规模以上制造业比重达到 65.9%，比 2015 年（63.8%）提升了 2.1 个百分点；规模以上高新技术产品产值占工业总产值比重达到 50%，比 2015 年（45%）提升了 5 个百分点。②

2. 现代服务业发展水平提升

近年来，广州实施生产性服务业发展三年行动方案，精心打造"沿珠江生产性服务业发展带"，鼓励有条件的工业企业剥离内部服务功能，推动生活性服务业向高品质转变，加快建设区域总部经济中心，促进服务业创新、开放发展，推动现代服务业提质增效。目前，从增加值来看，广州形成了金融，租赁、批发零售，教育，信息服务，房地产和商务服务六个超千亿元的产业集群。现代物流体系加快发展，快递业务量排名国内一线城市的首位。在普华永道牵头发布的《机遇之城》评价结果中，广州"物流效率"排名全国第一。国际会展之都加快构建，广交会四期建设不断推进，累计展览场次和面积与"十二五"时期相比，分别增长 46.1% 和 5.7%，多年来稳居全国第二，广交会单展规模仍居全国第一。会计、律师、审计等高端服务

---

① 刘幸：《广州全面实施"八大提质工程"，产业集群规模不断壮大》，https://baijiahao.baidu.com/s?id=1688979093761611482&wfr=spider&for=pc。

② 申卉：《广州形成四大产值超千亿工业集群》，http://zsj.gz.gov.cn/ztgz/mtbd/content/post_7068465.html。

业加快发展。总部经济不断发展,2020年,广州有3家世界500强总部企业、24家中国500强企业、45家中国服务业500强企业。2020年,广州现代服务业增加值比重达66%,比2015年(63%)增加了3个百分点。① 目前,广州积极探索线上线下融合发展新模式,网络直播、新零售、互联网医疗、共享经济、在线教育等新经济新业态加快发展。

(二) 对外交往的枢纽功能凸显

广州国际交往中心建设成绩斐然,重大国际交往平台建设不断推进,国际友城关系不断提升,对外交流活动丰富多彩,利用外资成效突出,对外贸易的结构明显优化。

1. 全球朋友圈不断拓展

作为对外合作重要窗口,广州多年前就提出了外向型、国际化发展战略。作为省会城市,广州一直以来是国家对外贸易和对外交往的枢纽。2019年,广州与乌拉圭蒙得维的亚市、土耳其安卡拉市、美国奥克兰市、澳大利亚达尔文市、刚果共和国布拉柴维尔市、阿曼佐法尔省、英国爱丁堡市、韩国釜山市、德国海德堡市9个城市缔结友好合作交流城市关系。截至2020年底,广州已与35个国家的38个城市建立国际友好城市关系(见表4-3),并且还与37个国家的49个国际城市建立了友好合作交流城市关系(见表4-4)。2020年,乌兹别克斯坦在广州设立领事馆。截至2020年12月底,共有66个国家在广州设立领事馆(见表4-5)。广州国际合作更为密切,举办了广州国际投资年会、夏季达沃斯"广州之夜"、亚欧互联互通媒体对话会和世界经济论坛商业圆桌会议等国际会议,开展广交会、广博会、金交会、海交会、国际旅游展等国际交流活动。广州还成功申办了

---

① 申卉:《广州形成四大产值超千亿工业集群》,http://zsj.gz.gov.cn/ztgz/mtbd/content/post_7068465.html。

《财富》全球论坛与世界航线发展大会等国际会议,国际金融论坛的全球年会也永久落户广州。

表4-3　　广州市国际友好城市统计(截至2020年)

序号	城市名称	国家	序号	城市名称	国家
1	福冈	日本	20	累西腓	巴西
2	洛杉矶	美国	21	坦佩雷	芬兰
3	马尼拉	菲律宾	22	曼谷	泰国
4	温哥华	加拿大	23	布宜诺斯艾利斯	阿根廷
5	悉尼	澳大利亚	24	迪拜	阿联酋
6	巴里	意大利	25	科威特城	科威特
7	里昂	法国	26	喀山	俄罗斯
8	法兰克福	德国	27	伊斯坦布尔	土耳其
9	奥克兰	新西兰	28	哈拉雷	津巴布韦
10	光州	韩国	29	圣何塞	哥斯达黎加
11	林雪平	瑞典	30	登别	日本
12	德班	南非	31	巴伦西亚	西班牙
13	布里斯托尔	英国	32	拉巴特	摩洛哥
14	叶卡捷琳堡	俄罗斯	33	罗兹	波兰
15	阿雷基帕	秘鲁	34	艾哈迈达巴德	印度
16	泗水	印尼	35	博克拉	尼泊尔
17	维尔纽斯	立陶宛	36	基多	厄瓜多尔
18	伯明翰	英国	37	圣地亚哥	智利
19	汉班托塔	斯里兰卡	38	蒙巴萨郡	肯尼亚

资料来源:广州市外事办公室网站(http://www.gzfao.gov.cn/ztlm/yhcs/content)。

表4-4　广州市国际友好合作交流城市统计（截至2020年）

序号	城市名称	国家	签约时间	序号	城市名称	国家	签约时间
1	萨尔瓦多	巴西	1996.4.9	26	波哥大	哥伦比亚	2016.10.14
2	胡志明	越南	1996.4.14	27	热那亚	意大利	2016.12.7
3	大分	日本	1997.10.9	28	蒙特利尔	加拿大	2017.6.20
4	哈巴罗夫斯克	俄罗斯	1997.10.15	29	特拉维夫-雅法	以色列	2017.9.4
5	关岛	美国	2002.3.28	30	比雷埃夫斯	希腊	2017.9.7
6	墨尔本	澳大利亚	2003.4.9	31	地拉那	阿尔巴尼亚	2017.9.11
7	亚历山大	埃及	2003.7.17	32	帕多瓦	意大利	2017.10.30
8	巴塞罗那	西班牙	2003.10.29	33	里约热内卢	巴西	2018.5.28
9	比什凯克	吉尔吉斯坦	2004.12.1	34	戈尔干	伊朗	2018.12.7
10	哈瓦那	古巴	2005.6.15	35	阿依纳帕	塞浦路斯	2018.12.7
11	杜塞尔多夫	德国	2006.7.25	36	蒙得维的亚	乌拉圭	2019.4.6
12	墨西哥城	墨西哥	2010.11.19	37	安卡拉	土耳其	2019.7.11
13	休斯敦	美国	2012.4.9	38	奥克兰	美国	2019.7.18
14	米兰	意大利	2012.7.25	39	达尔文	澳大利亚	2019.10.25
15	布拉格	捷克	2013.4.25	40	布拉柴维尔	刚果共和国	2019.11.1
16	平阳省	越南	2013.8.22	41	佐法尔省	阿曼	2019.11.1
17	科英布拉	葡萄牙	2013.10.20	42	爱丁堡	英国	2019.11.1
18	仁川	韩国	2013.12.6	43	釜山	韩国	2019.11.1
19	金边	柬埔寨	2013.12.13	44	海德堡	德国	2019.12.15
20	圣彼得堡	俄罗斯	2014.1.12	45	阿布扎比	阿联酋	2020.1.16
21	第比利斯	格鲁吉亚	2014.1.13	46	基辅	乌克兰	2020.9.2
22	波士顿	美国	2014.8.28	47	耶拿	德国	2020.10.12
23	苏瓦	斐济	2015.6.1	48	槟岛	马来西亚	2020.11.11
24	金沙萨	刚果（金）	2015.7.23	49	巴拿马城	巴拿马	2020.11.11
25	维多利亚	塞舌尔	2015.11.12				

资料来源：广州市外事办公室网站（http://www.gzfao.gov.cn/ztlm/yhcs/content）。

表 4-5　　　　外国驻广州总领事馆统计（截至 2020 年）

序号	国名	设馆日期	序号	国名	设馆日期	序号	国名	设馆日期
1	美国	1979.8.31	23	俄罗斯	2007.4.5	45	老挝	2013.9.23
2	日本	1980.3.1	24	新西兰	2007.4.26	46	秘鲁	2013.10.2
3	泰国	1989.2.12	25	希腊	2007.5.15	47	吉尔吉斯斯坦	2014.4.8
4	波兰	1989.7.22	26	印度	2007.10.18	48	尼日利亚	2014.7.9
5	澳大利亚	1992.12.9	27	奥地利	2007.11.25	49	科特迪瓦	2014.7.12
6	越南	1993.1.18	28	挪威	2008.2.18	50	刚果（布）	2014.8.15
7	马来西亚	1993.10.24	29	科威特	2008.2.21	51	哥伦比亚	2014.12.12
8	德国	1995.11.7	30	墨西哥	2008.4.25	52	安哥拉	2015.11.6
9	英国	1997.1.14	31	巴基斯坦	2008.6.27	53	卡塔尔	2015.11.10
10	法国	1997.4.24	32	以色列	2009.3.22	54	阿联酋	2016.6.15
11	菲律宾	1997.5.23	33	西班牙	2009.6.14	55	赞比亚	2016.6.28
12	荷兰	1997.9.15	34	埃塞俄比亚	2009.6.14	56	沙特阿拉伯	2017.1.1
13	加拿大	1997.11.20	35	阿根廷	2009.7.21	57	塞内加尔	2017.3.6
14	柬埔寨	1998.7.1	36	厄瓜多尔	2009.9.8	58	尼泊尔	2017.4.25
15	丹麦	1998.9.23	37	巴西	2010.4.15	59	苏丹	2017.5.15
16	意大利	1998.11.4	38	智利	2010.12.29	60	葡萄牙	2017.7.17
17	韩国	2001.8.28	39	马里	2011.7.18	61	白俄罗斯	2017.12.29
18	印度尼西亚	2002.12.12	40	乌干达	2011.8.15	62	乌拉圭	2018.3.26
19	瑞士	2005.10.10	41	伊朗	2011.12.23	63	委内瑞拉	2018.10.26
20	比利时	2005.12.20	42	土耳其	2012.1.12	64	加纳	2019.3.4
21	新加坡	2006.4.13	43	斯里兰卡	2012.3.27	65	巴拿马	2019.4.1
22	古巴	2006.11.8	44	乌克兰	2012.5.30	66	乌兹别克斯坦	2020.6.30

资料来源：广州市外事办公室网站（http://www.gzfao.gov.cn/ztlm/yhcs/content）。

2. 对外贸易保持稳步发展

2020 年，广州商品进出口总值达到 9530.06 亿元，比 2019 年下降 4.8%。其中，商品出口总值达到 5427.67 亿元，同比增长 3.2%；商品进口总值达到 4102.39 亿元。在全年进出口总值受疫情等因素影响而下降的情况下，对东盟 10 国的进出口总值仍保持 2.7% 的增长。进出口的顺差（出口减去进口）为

1325.28 亿元，比上年增加 805.13 亿元。① 广州跨境电商成绩斐然。"十三五"时期，广州发布了《关于加快电子商务发展的实施方案》（穗府办〔2014〕54 号）、《关于推动电子商务跨越式发展的若干措施》（穗府办函〔2019〕2 号）和《广州市推动跨境电子商务高质量发展若干措施（试行）》（穗府办〔2018〕4 号），争取成为跨境电商改革和发展的排头兵。此外，打造全国首个跨境公共分拨中心，推动"船边直提"改革在南沙新港实现常态化运作，推进资本项目收入支付的便利化试点，广州口岸营商环境持续优化。

3. 外商投资较为活跃

2020 年，广州新签外商直接投资项目数量达 2695 个，比 2019 年下降 21.8%。外商直接投资合同中外资金额达 1545.39 亿元，比 2019 年下降 40.4%。外商直接投资实际使用外资金额 493.72 亿元，同比增长 7.5%。投资结构明显优化，其中，信息传输、软件业和信息技术服务业合同外资金额 46.7857 亿元，比 2019 年增长 16.9%，科学研究和技术服务业合同外资金额达 293.5995 亿元，是 2019 年的 3.1 倍。②

（三）教育、人力资源优势突出

作为国家中心城市，广州经济活跃，就业机会多，是我国最具人才吸引力、最适宜创新创业的地区之一。广州高等教育优势突出，人口素质相对较高。

1. 高等教育优势突出

截至 2019 年，广州共有普通本科高等院校 37 所，占全省的近六成；有中山大学与华南理工大学两所世界双一流高校和

---

① 《2020 年广州市国民经济和社会发展统计公报》，http://tjj.gz.gov.cn/gkmlpt/content/7/7177/post_7177236.html#231。

② 《2020 年广州市国民经济和社会发展统计公报》，http://tjj.gz.gov.cn/gkmlpt/content/7/7177/post_7177236.html#231。

985高校，广东省4所211高校以及5所国家"双一流"高校都集中在广州。广州高等院校有全日制普通在校研究生11.21万人，占全省的86.5%；在校博士研究生1.85万人，占全省的95.2%。广州地区普通本科高校共有专任教师4.62万人，其中拥有高级职称的专任教师有2.33万人。2019年，香港科技大学（广州）正式动工，华南理工大学广州国际校区正式开学，首批招生400名本科生，涵盖生物医药、分子科学与工程、机器人工程、智能智造工程、微电子工程5个本科专业。广州有许多知识和技术创新中心的大学，集聚创新智慧和创新人脉。如果充分挖掘广州高校与科研机构科技成果"富矿"，将形成源源不断的现实生产力。

2. 人力资源总体素质较高

广州作为流动人口高度聚集的超大城市，人口总量增长快，人口素质不断提升。根据人口普查结果，2020年，广州常住人口已达1867.66万人，与2010年（1270.08万人）相比，十年共增加了597.58万人，增长了47.05%。受教育程度大幅上升，全市"常住人口每10万人中拥有大学受教育程度人数"由2010年的19228人上升到2020年的27277人，远高于全国的15467人、全省的15699人，与2010年相比增长41.86%。[①] 究其原因，一方面跟广州普通高等教育发展十分迅速有关；另一方面也得益于近年来积极搭建人力资源集聚和发展的平台。人口素质的提升为广州加快国际科技创新枢纽建设提供了人才支撑和最强大脑。

（四）国际综合交通枢纽功能完善

作为国际综合交通枢纽，广州拥有世界级水平的空港与海

[①] 涂端玉：《广州如何实现人口增量提质》，https://baijiahao.baidu.com/s?id=1700149896621437444&wfr=spider&for=pc。

港，铁路与公路交通网四通八达，交通枢纽功能十分强大。2020 年 3 月，广州被评选为"全国首批综合运输服务示范城市"。[①]

1. 建成辐射全球、国际一流的航空枢纽

广州白云机场是我国三大国际枢纽型机场之一。近年来，随着机场 T2 航站楼的投入使用、机场第三期扩建工程的开工建设，广州白云机场的承载服务能力与服务满意度大幅提高。连续多年来，广州白云机场被誉为"世界服务十佳机场"，获"2020 年全球能源管理领导奖"，T2 航站楼也蝉联"全球五星航站楼"称号。近年来，白云国际机场建设加快，机场的航班可通往全球的 48 个国家和地区、232 个城市，拥有 400 多条航线，其中国际及地区航线达到 160 多条。2019 年，广州白云机场完成旅客吞吐量达 7338.6 万人次，飞机起降 49.1 万架次，货邮吞吐量达到 192 万吨，位居国内第 3、全球第 11。[②] 广州地铁 22 号线将成为大湾区城际线，延伸至东莞，连接深圳，成为广州与深圳之间第一条"牵手"的地铁线路。

2. 建成港通世界、全球先进的国际航运枢纽

广州夯实千年商都的传统优势，积极主动对接国家发展战略，推动建设国际航运枢纽，打造全球一流港口。国际航运综合实力增强，2020 年新华·波罗的海国际航运中心的发展指数位居第 13，比 2015 年上升了 15 位。2015—2020 年，广州港累计完成 30.1 亿吨货物吞吐量以及 1.08 亿 TEU 集装箱吞吐量，与"十二五"时期相比，分别增长了 25.8% 和 36.7%，货物吞吐量超越了新加坡港、天津港，集装箱吞吐量超越了中国香港

---

① 钟丽婷：《广州国际综合交通枢纽地位持续提升！"十三五"海陆空成绩单》，https：//www.163.com/dy/article/G1CU7RR405129QAF.html。

② 李妍：《世界第一！广州白云国际机场成 2020 年全球最繁忙机场》，http：//t.ynet.cn/baijia/30287990.html。

港、釜山港。2020年，广州港的货物吞吐量位于全球第4，达到6.36亿吨，其中内贸全国第一，达到4.9亿吨；集装箱吞吐量位于全球第5，达到2350.5万TEU，其中内贸全国第一，达到1445万标箱。广州与香港之间的水上集装箱运输量超过了300万标箱。广州港拓宽工程竣工，实现了10万吨级集装箱船和15万吨级集装箱船的双向通航。南沙三期、南沙邮轮码头、海嘉汽车码头建成并投入使用。南沙港四期作为世界上第一个使用北斗导航的自动化终端，工程已开工建设。2020年，广州港开通226条集装箱航线；已开通集装箱驳船航线近200条，是连接亚洲和非洲、地中海的重要枢纽港，也是我国最大的国内贸易集装箱港口。广州港成功开通了中欧、中亚班列，开通了11条集装箱海铁联运班列、4条商品汽车精品班列。此外，已设立6个海外办事处。①

3. 轨道上的"朋友圈"的拓展

广州铁路枢纽是中国重要的铁路枢纽之一，也是华南最大的铁路枢纽，是广东、香港和澳门的铁路运输中心。广州铁路枢纽已形成以广州站、南站与东站为主，北站等为辅的布局。2019年，广州铁路枢纽约有80万人次日均客流量，其中约80%为高速铁路和城际铁路的客流量。广州南站作为广州体量最大的火车站，近年来客流不断创新高，每天到达和离开的高峰客流达到75.4万人次，打破了我国单一铁路枢纽站的客流纪录。广州区域交通发展也日新月异，初步形成了一体化的区域交通体系。全线开通了广深港高铁，香港被拉进了"一小时交通圈"，从广州南站到香港西九龙站最快的列车开车时间只有47分钟。广州已经建成广深港高铁、南广高铁、京广高铁、贵广

---

① 李妍：《2020年广州港货物吞吐量全球第四》，https://baijiahao.baidu.com/s? id=1692545339356073221&wfr=spider&for=pc。

高铁等高速铁路，以及穗莞深城际、广珠城际、广佛肇城际等城际铁路，还将新增广河、广湛、贵广支线、广永出省铁路。据统计，截至2020年11月，广州开通了15条城市轨道交通线路，运营里程达到531千米。另外，还建了2条总长近15千米的有轨电车（海珠、黄埔）线路。①

二 广州国际科技创新枢纽建设成效较突出

（一）创新资源集聚力不断增强

近年来，广州努力汇聚各种科技力量，布局建设"一区三城"，实施"广聚英才计划"，不断强化国际科技合作，努力汇聚国际科技创新资源，与乌克兰、新加坡、英国等国家的科技合作不断深化，构建了以国家工程技术研究中心、国家技术创新中心、国家实验室、国家新型显示技术创新中心为主体，以4个重大科技基础设施和多家省实验室为骨干，以多个高水平创新研究院为基础的"1+2+4+4+N"战略创新平台体系。

1. 广州创新人才集聚加快

广州加快汇聚高层次人才与创新创业团队。近年来，广州实施"广聚英才计划"，通过重大创新平台与高水平实验室等，吸引具有国际水平与全球视野的创新创业团队和科技领军人才，引进中国科学院院士徐涛等顶尖科学家及其团队。加强国际化引才，举办留交会、小蛮腰科技大会、《财富》全球科技论坛、粤港澳大湾区创投50人论坛等高端引才活动。至2020年，累计认定外籍高端人才3234人，发放人才绿卡7600余张。2019年，有5位专家入选中国政府友谊奖，占全省入选人数的71%。钟南山院士荣获"共和国勋章"，2019年，北大冠昊研究院首

---

① 卢梦谦：《向外联通大湾区　对内打造宜居圈》，https://www.sohu.com/a/451746210_651795。

席科学家邓宏魁被英国《自然》杂志评选为2019年全球十大科学人物。[①] 2020年,广州常住人口中,有509.45万人拥有大学(指大专及以上)文化程度;每十万人接受大学教育的人数从2010年的19228人增加到2020年的27277人。其中,荔湾区每十万人中拥有大学文化程度的人数是24880人;越秀区是37253人;海珠区是29042人;天河区最高,达42929人;白云区为23588人;黄埔区为29864人;番禺区为27896人;花都区为18411人;南沙区为17894人;从化区为21705人;增城区为20256人。[②] 2018年,广州拥有研发人员全时当量为13.4万人。[③] 2018年,广州每百万人研发人员数为13660人,高于天津(10303)、重庆(4256)、中国香港(4026)、新加坡(6803)等城市,达到并超过高收入国家的平均水平(4351),具体如表4-6所示。

表4-6　　　　　　　　每百万人研发人员数

城市/经济体	年份	每百万人研发人员数	城市/经济体	年份	每百万人研发人员数
广州	2018	13660	新加坡	2018	6803
深圳	2018	26169	中低收入国家	2015	713
珠海	2018	19195	中低等收入国家	2015	288
天津	2018	10303	中等收入国家	2015	736
南京	2018	15339	中高等收入国家	2017	1149
重庆	2018	4256	高收入国家	2017	4351
香港	2018	4026			

数据来源:各城市统计公报、统计年鉴;世界银行,https://data.worldbank.org.cn/indicator/GB.XPD.RSDV.GD.ZS?name_desc=false&view=。

---

① 《广州年鉴(2020)》,广州年鉴社2020年版。
② 《广州市第七次全国人口普查公报》,2021,https://gzdaily.dayoo.com/pc/html/2021-05/18/content_874_755628.htm。
③ 各城市的数据主要来源于各城市2019年出版的年鉴,部分数据来源于统计公报或政府网站的数据。

2. 科技经费投入不断增加

2019年,广州全社会R&D经费支出677.74亿元,比2018年提高0.24个百分点。其中,高校研发经费为131.48亿元,科研机构研发经费为84.61亿元,企业研发经费达433.38亿元。从研发投入强度来看,2019年广州达到2.87%,高于新加坡(2019年,1.94%)、中国香港(2018年,0.86%),达到并超过2018年高收入国家研发投入水平(2.59%),具体见表4-7。广州市加大财政科技经费投入,2019年财政科技投入经费达243.95亿元,其中,市本级财政科技经费投入占一般公共预算支出比例达到了9.63%,总量达91.56亿元。归口市科技局管理的科学技术投入经费47.16亿元,其中技术研究与开发经费43.86亿元。归口市科技局管理的财政科技经费中,支持企业或企业牵头承担项目的经费约31亿元。2019年,广州结合财政专项经费配置改革,优化科技经费投入结构与投入方式,将十类科技计划整合为四类科技计划,突出关键核心技术攻关、基础与应用基础研究、重大科技创新平台建设。按改革后的四类科技计划,组织征集2020年科技计划项目2429个,其中竞争性项目立项958个,普惠性政策补助项目安排1471个。

表4-7　　　　全社会R&D支出占地区生产总值比重

城市/经济体	年份	研发投入强度	城市/经济体	年份	研发投入强度
广州	2019	2.87	成都	2018	2.56
深圳	2019	4.93	重庆	2019	2.0
珠海	2019	3.15	香港	2018	0.86
北京	2019	6.3	新加坡	2018	1.94%
天津	2019	3.3	中低收入国家	2018	1.57
上海	2019	4	中低等收入国家	2017	0.58
杭州	2019	3.45	中等收入国家	2018	1.57

续表

城市/经济体	年份	研发投入强度	城市/经济体	年份	研发投入强度
南京	2018	3.07	中高等收入国家	2018	1.73
武汉	2018	3.42	高收入国家	2018	2.59

数据来源：各城市统计公报、统计年鉴；世界银行，https://data.worldbank.org.cn/indicator/GB.XPD.RSDV.GD.ZS? name_desc=false&view=map。

3. 国际技术集聚力提升

技术进口可从一定程度上反映出一个地区的技术集聚力。2020年，广州签订技术进口合同28个，技术进口合同金额达322266.34万美元，同比上涨82.66%。其中，专利技术合同数6个，合同金额达60612.62万美元；专有技术合同16个，合同金额达251924.72万美元；技术咨询、技术服务合同6个，合同金额达9381.37万美元；合资生产、合作生产合同金额达347.63万美元。从技术引进的合同金额看，从日本引进的技术合同金额最多，7个合同共计138955.87万美元，占技术引进总额的43.12%；其次是美国，6个合同共计105878.33万美元，占技术引进总额的32.85%；再次是开曼群岛，1个合同共计55510万美元，占技术引进总额的17.22%；最后是德国，3个合同共计10399.3万美元，占技术引进总额的3.23%（见表4-8）。从行业划分看，技术进口以制造业技术进口为主。其中，交通运输设备制造业技术引进额最大，金额达133022.3万美元，占技术进口总额的41.28%；二是化学原料及化学制品制造业，技术引进金额达100388.37万美元，占技术进口总额的31.15%；三是医药制造业，技术引进金额达59047.77万美元，占技术进口总额的18.32%；四是食品制造业，技术引进金额达10821.11万美元，占技术进口总额的3.36%；五是通信设备、计算机及其他电子设备制造业，其技术引进金额达3826.23

万美元，占技术进口总额的1.19%（见表4-9）。

表4-8　广州2020年技术进口按主要国别地区分类的统计表

国别地区	合同数（个）	合同金额（万美元）	占比金额（%）	同比金额（%）
日本	7	138955.87	43.12	2.03
德国	3	10399.3	3.23	10.04
开曼群岛	1	55510	17.22	0
美国	6	105878.33	32.85	499.24

数据来源：《广州市2020年1—12月技术引进分类统计表》，http://sw.gz.gov.cn/xxgk/zl-hb/tjsj/jshfwmy/content/post_7025578.html。

表4-9　广州市2020年技术进口按行业分类的统计

行　业	合同数（个）	合同金额（万美元）	占比金额（%）	同比金额（%）
一、制造业	22	320144.16	99.34	84.11
食品制造业	0	10821.11	3.36	-15
化学原料及化学制品制造业	1	100388.37	31.15	637.93
医药制造业	4	59047.77	18.32	3005.33
通用设备制造业	2	1221.76	0.38	3.26
专用设备制造业	1	5732	1.78	-4.79
交通运输设备制造业	5	133022.3	41.28	3.63
电气机械及器材制造业	1	1975.82	0.61	-36.16
通信设备、计算机及其他电子设备制造业	5	3826.23	1.19	22.43
仪器仪表及文化、办公用机械制造业	0	1168.85	0.36	21.61
科学研究、技术服务和地质勘查业	2	1528.58	0.47	10.5

数据来源：《广州市2020年1—12月技术引进分类统计表》，http://sw.gz.gov.cn/xxgk/zl-hb/tjsj/jshfwmy/content/post_7025578.html。

4. 新型研发和科技合作机构加快布局

广州积极推动科研机构体制机制创新，运用技术、人才、资金等方面的优势，以市场需求为导向，推动科技与产业融合，加强科技创新成果转化，促进重点产业创新发展，形成具有较强自主创新能力、人才集聚能力、科技成果转化能力与创业孵化能力的新型研发机构。至2019年底，广州共有国家级重点实验室20家（占全省的69%）、省级重点实验室237家（占全省的66%）；广州省级新型研发机构吸引集聚市级以上创新创业团队19个、国家科技奖人才20人、长江学者5人、外籍创新人才超过100人。还有中科院广州生物医药与健康研究院、广州市金域转化医学研究院、清华珠三角研究院等机构集聚生物医药、新能源、电子信息、新材料等领域的高端人才，包括尤政、陆建华、王光谦、钟南山、曾溢滔等多个院士团队，秦宝明、赖良学等多位国家重点研发计划项目负责人。[①] 近年来，广州不断深化与乌克兰、英国、新加坡等国家和地区的科技合作，不断建设科技合作基地。

5. 科技孵化体系优势突出

近年来，广州以支撑产业发展为导向，不断推动孵化载体朝着专业化方向发展；坚持金融与平台载体深度融合，大力推动孵化载体的资本化发展；坚持链接全球的发展战略布局，不断推动孵化载体的国际化发展。至2019年底，广州共有科技企业孵化器320个，众创空间213个，其中，有94家专业孵化载体所占比例达近30%，涵盖环保、IAB、NEM、文化创意、生态农业等领域，为促进初创企业发展提供了专业优质的创新创业生态条件。2019年，广州有国家级孵化器36家，国家级孵化器培育单位达31家[②]，其中广州瑞粤科技企业孵化器有限公司、广州华南新材料创新园有限公司、广州国际企业孵化器有限公

---

① 《广州年鉴（2020）》，广州年鉴社2020年版。
② 《广州年鉴（2020）》，广州年鉴社2020年版。

司等16家孵化器被评选为优秀（A类）国家级孵化器，占全省A类数量的38%。A类数量较上年度增加了220%，位列全国第三。[1] 同时，推动孵化载体与科技金融融合，不断完善"投资+孵化"发展模式，推动孵化载体与科技企业可持续、良性发展。2019年，在广州孵化载体中，有233家单位设立或合作设立孵化基金，占全部孵化器总量的72.81%，孵化基金的总额达到53.65亿元，累计有2206家在孵企业获得风险投资共计145.16亿元。广州推动孵化载体国际化发展，2019年广州有81家孵化载体开展了国际合作，主要与美国硅谷、波士顿，以及乌克兰、以色列等国联合开展跨国研发、技术转移、跨国天使投资与跨境孵化等。[2]

（二）科技原始创新能力建设较突出

近年来，广州发挥大院大所大平台集聚的优势，完善基础研究战略布局，加大基础研究投入，优化基础研究环境，壮大基础研究人才队伍建设，共建"粤港澳大湾区综合性国家科学中心"。

1. 知识中心地位更加巩固

2019年，广州发表SCI论文36164篇，其中高校产出SCI论文达20011篇，高校三大索引（SCI、EI、ISTP）论文达31031篇。广州发表SCI论文总量高于东京（35052篇）、悉尼（23301篇）、巴黎（34443篇）、中国香港（18295篇）、以色列（21290篇）、新加坡（17059篇）、深圳（16769篇）。[3] 此外，2019年，由广州牵头或参与完成的26项成果获国家科学技术进步奖，占全省的52%。其中，"抑郁症发病新机理及抗抑郁新靶

---

[1] 《好消息！广州16家国家级孵化器获评2019年度优秀国家级科技企业孵化器》，https://m.thepaper.cn/newsDetail_forward_10409455。

[2] 翟尧杰、王雪峰、陈晓龙、雷万超：《广州市推动孵化载体专业化资本化 国际化品牌化发展的探索与实践》，http://paper.chinahightech.com/pc/content/202012/21/content_39945.html。

[3] 武勇：《〈广州蓝皮书：广州创新型城市发展报告（2020）〉发布》，http://ex.cssn.cn/gd/gd_rwhn/gd_zxjl/202007/t20200702_5150809.shtml。

点的研究"等2项成果获国家自然科学二等奖;"蛋白抗原工程技术的创立及其应用"等2项成果获国家技术发明二等奖;"海上大型绞吸疏浚装备的自主研发与产业化"获国家科学技术进步特等奖;"制浆造纸清洁生产与水污染全过程控制关键技术及产业化"等5项科技成果获国家科学技术进步一等奖;"中国特色兰科植物保育与种质创新及产业化关键技术"等16项成果获国家科学技术进步二等奖;牵头完成并获奖的成果有9项,占全省的90%。[1]

2. 技术策源功能日益凸显

加强重大科技基础设施建设。聚集海洋、空天、生物医药、能源、环境等前沿领域,突破了相关重大技术,布局建设动态宽域飞行器试验装置、冷泉生态系统、极端海洋环境结合科考系统、人类细胞谱系等重大科技基础设施。广州通过整合集聚国内外优势资源,升级优化广州实验室体系。[2] 近年来,广州制定落实《广州市加强基础与应用基础研究实施方案》《广州市关于进一步加快促进科技创新的政策措施》《广州市合作共建新型研发机构经费使用"负面清单"（2019年版）》,在全国开展负面清单管理试点。南沙明珠科学园启动建设。重点支持"一区十三城十三节点"创新载体建设,至2019年底,累计部署省级以上创新平台3100多个,其中国家级平台262个。[3] 2020年,广州全年专利授权15.6万件,增长48.7%;其中发明专利授权1.5万件,增长23.4%。2015—2020年,累计获国家级科技奖励104项,省级科技奖励734项,获奖数居全省第一。实现世界首创"特高压±800kV直流输电工程",海域天然气水合物试采创造了两项世界级纪录,研发了全球第1台31英寸喷墨打印

---

[1] 《广州年鉴（2020）》,广州年鉴社2020年版。
[2] 《广州年鉴（2020）》,广州年鉴社2020年版。
[3] 《广州年鉴（2020）》,广州年鉴社2020年版。

柔性显示样机，建成了全球第1个智慧地铁示范站，L4级自动驾驶技术达到全国领先水平。[1]

(三) 形成较强科技辐射和溢出作用

由于交通、信息等的互联互通，通过知识传播、专利公布、人员流动、非正式交流和产业转移等方式，广州枢纽为周边城市甚至世界其他地区带去的不仅仅是物流成本的降低、重要发展平台的对接，更重要的是人才、技术流、资金流等在内的高端资源要素加速流动，城市间的技术链、产业链、价值链和供应链得到优化整合，形成了辐射效应。

1. 知识溢出效应较强

广州科研体系完备，源头创新能力强劲。通过发表论文等知识创新活动，广州的知识向周边地区、国内外其他地区输出，形成了较强的溢出效应。2020年，由科睿唯安公布的2020年度"高被引科学家"名单中，中国有770名科学家当选，广州地区共有46人上榜，高于深圳（11人）、天津（18人）、杭州（31人）、南京（43人）、武汉（39人）、成都（24人）、重庆（1人）等城市，其中华南理工大学16人入选，中山大学有14人入选，广东工业大学、华南师范大学和广州大学分别有8人、1人和1人上榜。在由中国知网中国科学文献计量评价研究中心整理的全国高校国内期刊高被引数量排行榜中[2]，广州高被引论文为5640篇，高于上海（4641篇）、杭州（3246篇）、成都（3241篇）、天津（2761篇）、重庆（2469篇）、深圳（0篇）、珠海（0篇）等城市（见表4-10）。

---

[1] 《广州市科技创新"十四五"规划（2021—2025年）》，http://kjj.gz.gov.cn/attachment/6/6815/6815062/7323404.pdf。

[2] 中国知网中国科学文献计量评价研究中心特别整理自2006年至2019年3月国内984所本科院校在各学科发表的高被引论文，以期为高校衡量自身科研成果产出能力和学术影响力提供客观数据，同时也希望为学科评价、人才评价提供重要参考。

表4–10　　　　　　　高被引科学家数量及高被引论文数

	广州	深圳	珠海	北京	天津	上海	杭州	南京	武汉	成都	重庆
高被引科学家（2020）	46	11	0	247	18	64	31	43	39	24	1
前100高校高被引论文数（2019）	5640	0	0	28330	2761	4641	3246	7637	7210	3241	2469

数据来源：2020年度全球高被引科学家名单公布科睿唯安2020全球高被引名单一览, https://www.maigoo.com/news/581210.html；全国高校国内期刊高被引论文数量排行榜发布, http://edu.sina.com.cn/gaokao/2019-04-16/doc-ihvhiewr6219867.shtml。

2. 技术溢出效应显著

由于广州科技资源得天独厚，广州科技溢出效应十分显著。2015—2020年，广州累计获国家级、省级科技奖励104项、734项，居全省第一。移动通信、新材料、新能源、海洋科技等前沿领域均实现了重大突破。技术输出额可以较好地体现广州技术对国内其他地区的溢出效应。[1] 2018年，广州技术输出额达703.69亿元，高于深圳（576.67亿元）、珠海（52.62亿元）、天津（685.59亿元）、杭州（207.11亿元）、南京（400.26亿元）、武汉（702.03亿元）、重庆（188.35亿元）等城市。[2] 高新技术产品和服务出口也是技术向国外溢出的重要途径，特别是服务业高新技术产品。2019年，广州高新技术产品出口销售收入达1648.33亿元，其中规模以上制造业出口1552.28亿元，规模以上服务业出口19.79亿元。[3] 2020年，广州每万人发明专

---

[1]《广州市科技创新"十四五"规划（2021—2025年）》，http://kjj.gz.gov.cn/attachment/6/6815/6815062/7323404.pdf。

[2]《2019年全国技术市场统计年度报告》，http://kjt.henan.gov.cn。

[3]《广州统计年鉴（2020）》，广州统计信息网（http://112.94.72.17/portal/queryInfo/statisticsYearbook/index）。

利拥有量达46.6件，与2015年相比实现了翻番。[①]

3. 对周边地区创新溢出效应显著

由于全球创新资源加速向广州汇聚，广州科技资源也加速向周边城市分发配置。周边城市如佛山、东莞、中山，努力承载广州科技成果并推动产业化。为了吸引广州的高端科技人才资源，佛山顺德启动了广州大学城卫星城建设项目，面向大学城人才，建人才公寓，并设置创新创业基金。广州的科技创新资源在佛山得到了优化配置并对当地产生很好的辐射带动作用。佛山顺德区建立了顺德中山大学太阳能研究院、中山大学与卡内基梅隆大学国际联合研究院、华南农业大学顺德区现代农业总部经济研究院、华南智能机器人创新研究院、南方医科大学科技园等联合创新平台。此外，东莞主动承接广州地区创新资源，努力发展总部经济，建成"临港现代产业创新带"。为了承接广州产业辐射，优化调整东莞先进制造业的布局，东莞以松山湖（生态园）为发展龙头，以周边镇街为发展腹地，建设环松山湖地区的智能制造和先进制造发展集聚区，加快推动智能装备制造业、云计算、生物医药、新能源等产业发展。在与广州签订"十三五"科技战略合作协议的基础上，中山引进华南理工大学、国家超级计算广州中心、广东省科学院等高端科技创新资源，为中山数字制造、生物制药、新材料、云计算、新能源等产业提供更好服务。

（四）科技创新的主导力较为突出

主导力可通过技术主导、创新地位等方面得到综合反映。近年来，广州加快建设具有世界影响力的科技创新强市，科技创新主导地位十分突出。

[①]《广州市科技创新"十四五"规划（2021—2025年）》，http://kjj.gz.gov.cn/attachment/6/6815/6815062/7323404.pdf。

1. 技术主导地位相对突出

近年来，广州深入实施创新驱动的发展战略，不断集聚科技创新资源，深化科技体制改革，广州技术创新主导地位十分突出。据统计，截至 2020 年 12 月底，广州市有效发明专利量达到 71342 件，万人发明专利拥有量达到 46.6 件。[①] 2018 年，广州 PCT 国际专利申请量达到 2534 件。与国际上其他国家相比，它高于加拿大（2417 件）、土耳其（1403 件）、印度（2007 件）、以色列（1898 件）、澳大利亚（1826 件）、芬兰（1834 件）、西班牙（1399 件）、丹麦（1445 件）、奥地利（1484 件）、俄罗斯（1035 件）、新加坡（935 件）等国家的水平，相当于意大利的 76%、德国的 12.83%、法国的 32.00%、英国的 44.98% 和瑞士 55.38%，在国内城市之中仅次于北京、上海和深圳。[②]

2. 城市创新排名不断跃升

根据澳大利亚墨尔本 2thinknow 公布的"2019 全球创新指数排行榜"（中国有 44 个城市进入 500 强），广州得分 45 分，在 500 强城市中排名第 74 位。与国际上其他城市相比，它与德国的法兰克福、比利时的布鲁塞尔以及美国的萨克拉门托、那什维尔、圣安东尼奥等城市相当，得分略低于美国的奥克兰、奥兰多、巴尔的摩，英国的曼彻斯特，中国香港等城市。[③] 而根据 2020 年《自然》杂志关于全球科研城市 50 强的排名，广州

---

① 《同比增长 59.3%》，https://baijiahao.baidu.com/s? id = 1691820422657496156&wfr = spider&for = pc。

② 《2018 年 PCT 国际专利申请数量情况》，https://tieba.baidu.com/p/6200180242? red_tag = 2871949120；《2018 和 2019 年全球主要国家及地区国际专利申请量详细数据》，http://www.doc88.com/p-51461815065867.html。

③ 《2019 全球创新指数排行榜解读》，https://www.maigoo.com/news/533422.html。

居第 15 位，与 2018 年比较，提升了 10 位。[①] 此外，根据世界知识产权组织等机构联合发布的《2019 年全球创新指数报告》中关于全球创新集群百强排名，可以看出，广州排名从 2017 年的第 63 位跃升至 2018 年的第 32 位和 2019 年的第 21 位，是跃升速度最高的集群之一。同时，在中国科学技术发展战略研究院等机构联合发布的《广州城市创新指数报告 2019》排名中，广州创新指数得分为 247.25 分，比 2018 年提高 29.77 分。[②]

（五）对经济社会发展驱动作用显著

科技创新赋能产业发展、城市治理、民生服务等方面焕发新活力，在加快新旧动能转换、拓展前沿科技应用场景等方面取得实质性进展。

1. 科技成果转化加快

广州引进高水平科研院所共建高端科技服务区，优化技术市场运营，推动科技成果转化。2020 年 6 月，参考国内先进地区的经验，广州对 2018 年发布的《广州市科技成果产业化引导基金管理办法》进行修订，适当降低返投比例，明确返投认定标准，取消子基金中国有资本占比限制，增设容错条款，放宽引导资金出资规模的上限，建立返投让利挂钩机制等，促进科技成果产业化。2019 年，广州登记科技成果 870 项，其中，应用技术成果 560 项，理论成果 227 项，软科学成果 47 项。2019 年登记技术合同 21074 个，比上年增长 73.33%；成交额 1273 亿元，比上年增长 77.01%；其中，技术成交额 975.07 亿元，增长 41.26%。[③]

---

① 方晴：《广州新答卷｜科技创新强市绘就上扬曲线》，https://news.dayoo.com/guangzhou/202010/12/139995_53599434.html。

② 《广州科创跑出"加速度"》，http://kjj.gz.gov.cn/xxgk/zwdt/gzdt/content/post_5602901.html。

③ 《广州年鉴（2020）》，广州年鉴社 2020 年版。

2. 科技赋能产业发展

广州全面落实国家发展战略部署，不断促进战略性新兴产业发展，成为中国战略性新兴集聚性最强、产业规模最大的城市之一。广州立足自身产业基础和优势，进一步扶持新一代信息技术、生物医药、人工智能、新材料与高端装备、新能源汽车、新能源与节能环保、时尚创意为重点的战略性新兴产业发展，尤其注重培育产业创新主体。同时，为了促进产业高级化和产业链、现代化水平，建设具有国际竞争力的现代高端产业体系，确保产业链供应链稳定，广州出台了《广州市构建"链长制"推进产业高质量发展的意见》，正式启动实施"链长制"，建立了"链长+链主"的工作体系。2020年，广州全市高新技术企业达到1.2万家，而国家科技型中小企业也达到10484家。近年来，广州围绕生物医药、轨道交通、新能源汽车、新一代信息技术等重点发展领域，集中出台一系列政策措施，全力打造新型显示、生物医药、轨道交通、新能源智能汽车、集成电路等全产业链。[1]

3. 科技驱动民生事业发展

科技发展要以人为本，以推动科技成果共享、服务人民的根本利益和需求作为科技创新的根本动力和最终归宿。近年来，广州坚持五大发展理念，运用创新驱动民生发展的重要手段，大力推动民生领域的科技攻关、成果转化、技术推广和科学普及工作，让科技发展的成果惠及全社会和广大人民群众。2019年，广州支持107个民生科技重大项目立项，投入经费1.07亿元，主要用于支持解决涉及广州社会民生的重大科技问题与制约广州产业发展的关键技术问题，包括生物医药与健康、乡村

---

[1] 《数量全省居首 广州累计获批认定国家企业技术中心35家》，http://kjj.gz.gov.cn/xxgk/zwdt/gqdt/content/post_7028366.html。

振兴、城市发展与生态环保、精准扶贫与科技帮扶4个专题。重点推进健康医疗协同创新。围绕抗肿瘤药物、中药经典名方二次开发、创新药物及疫苗临床前研究、中药及天然药物研发、生物医用材料、诊断试剂及医疗器械产品开发、重大疾病综合防治研究、优生优育及儿童疾病关键技术研究等领域，支持开展项目立项。编制生物医药产业地图。推动生态环保与城市应急管理领域科技创新。围绕新冠肺炎疫情防控、污染治理、水环境治理、城市固体废弃物处置及综合利用、新能源和高效节能、生态修复、城市建设与应急等领域，支持开展科技重点关键技术研发和成果转化。

（六）广州国际科技合作深入推进

广州紧密围绕建设国际科技创新枢纽的目标定位，积极推进科技与国际合作相结合，主动融入全球科技创新合作网络，广交国际朋友，讲好广州创新故事，引进建设一批一流科研机构、一流科技成果、一流科技企业、一流基地平台，提供优质国际科技创新供给，亮点突出，成效显著。

1. 国际科技合作计划加快实施

广州在科技扶持政策中，专门设立对外科技合作计划，安排专项资金资助广州企事业与外方合作开展联合攻关，推动国（境）外先进技术转移转化。专项设立以来，合作机构来自美国、加拿大、英国、法国等超过30个国家和地区，取得显著成效，广州已经成为国家重要的技术溢出地。其中，广州迈普再生医学科技有限公司通过国际合作，实现生物3D打印技术在全球范围内首次产业化，产品完成全球50多个国家及地区的注册，获欧盟CE等多国上市许可，打破了国际品牌垄断；广州市妇女儿童医疗中心通过与伯明翰大学合作建成了国际认可的广州出生队列研究所，成为与比尔·盖茨基金会、牛津大学合作的重要学术平台；广州吉必盛公司引进独联体技术，首创气相二氧化硅规模化生产技术，荣获中国专利优秀奖，成为国内领先企业；金域检验与美国哈佛大学、克利夫兰医学中心等合作，建立了中美远程病理会诊中心和研发平台，共同研发成果在生物岛实现产业化。

2. 国际科技合作平台不断拓展

广州与乌克兰、新加坡、英国等国家的科技合作不断深化，国家级、省级国际科技合作基地达67家。[1] 在与乌克兰合作方面，广州与乌克兰国家科学院签署合作框架协议，建立中国广州—乌克兰国家科学院科技合作联合委员会，成立了中乌巴顿焊接研究院、中乌精细化工研究院、中乌国际（黄埔）创新研究院，共建"乌克兰—广州新材料产业创新基地"等，大力加强对乌克兰院士、高端专家的引进工作。在与新加坡科技合作方面，广州和新加坡持续深化中新科技创新合作，共建中新知识城，正式启动中新国际科技创新合作示范区建设，与新加坡在科技创新、金融服务、知识产权等领域开展深度合作。加快建设中新国际联合研究院，现已建成六大研发平台。知识城还与南洋理工大学签署研究院深化合作协议，进一步集聚海内外高端科研人才。深化"一带一路"科技合作，推动中国—乌克兰材料连接与先进制造"一带一路"联合实验室建设，加快中新国际联合研究院、中以生物产业孵化基地等高水平国际研发平台建设。全面嵌入国际开放创新链条，搭建研发合作、技术标准、知识产权、跨境并购等服务平台。充分发挥广州驻外机构的桥梁作用，集聚和对接当地科技创新资源，促进科技成果在穗转化，推动符合广州功能定位的国际高端创新机构、研发中心等来穗落户。

[1] 《广州市科技创新"十四五"规划（2021—2025年）》，http：//kjj.gz.gov.cn/attachment/6/6815/6815062/7324519.pdf。

第五章　广州国际创新枢纽发展评估

第一节　相关评价指标体系研究

一　全球科技创新中心指数

（一）评估指标体系

《全球科技创新中心指数2020》（GIHI）是由清华大学产业发展与环境治理研究中心于2020年9月19日在中关村首次发布的。

遵循"科学、客观、独立、公正"的原则，《全球科技创新中心指数2020》对全球范围内30个各具特色的城市（都市圈）进行综合评估。其采用最大极差值法将数据标准化，使用线性加权法计算综合评分。

GIHI评估的城市（都市圈）有：旧金山—圣何塞、巴尔的摩—华盛顿、波士顿—坎布里奇—牛顿、纽约、洛杉矶—长滩—阿纳海姆、西雅图—塔科马—贝尔维尤、费城、芝加哥—内珀维尔—埃尔金、教堂山—达勒姆—洛丽、北京、上海、香港、深圳、巴黎、里昂—格勒诺布尔、柏林、慕尼黑、东京、京都—大阪—神户、新加坡、首尔、斯德哥尔摩、多伦多、伦敦、班加罗尔、特拉维夫、悉尼、阿姆斯特丹、赫尔辛基、哥本哈根。

GIHI指标体系有以下几个特点：一是较好地把握了指标体

系的理论性和可操作性，采用"契合理论、国际可比、数据可得、方法透明"的原则，保证指标简明、清晰和可获得；二是充分考虑了指标对现状进行评估以反映全球科技全新中心的综合实力和历史积累，也体现新技术、新趋势和新产业的动态发展及科技发展的前沿领域；三是确保指标数据来源方面具有独立性、客观性和稳定性，能反映评估对象的动态特征，反映全球科技中心的演化趋势；四是考虑了创新投入效率差异，主要偏重于评估全球科技创新中心的创新能力和绩效，而不是创新投入。由于受数据的可得性和新冠肺炎疫情影响，2020年GIHI只评估了30个城市，部分城市级别的数据还是用国家级的数据所替代。

GIHI指标体系由科学中心、创新高地和创新生态三个一级指标和科技人力资源、科研机构、科学基础设施、知识创造、技术创新能力、创新企业、新兴产业、经济发展水平、开放与合作、创业支持、公共服务和创新文化12个二级指标及研究开发人员数量（每百万人）等31个三级指标构成。具体指标体系如表5-1所示。

表5-1　　　　　　　　GIHI评估指标体系构成

一级指标及权重	二级指标	三级指标
科学中心（30%）	A1 科技人力资源	研究开发人员数量（每百万人）；高被引科学家数量；顶级科技奖项获奖人数
	A2 科研机构	世界一流大学200强数量；世界一流科研机构200强数量
	A3 科学基础设施	大科学装置数量；超算中心500强数量
	A4 知识创造	高被引论文比例；论文被专利、政策、临床试验引用的比例

续表

一级指标及权重	二级指标	三级指标
创新高地（30%）	B1 技术创新能力	有效发明专利存量（每百万人）；PCT 专利数量
	B2 创新企业	创新 100 强企业数量；独角兽企业估值
	B3 新兴产业	高技术制造业企业市值；新经济行业上市公司营业收入
	B4 经济发展水平	GDP 增速；劳动生产率
创新生态（40%）	C1 开放与合作	论文合著网络中心度；专利合作网络中心度；外商直接投资额（FDI）；对外直接投资额（OFDI）
	C2 创业支持	创业投资金额；私募基金投资金额；营商环境便利度
	C3 公共服务	数据中心（公有云）数量；宽带连接速度；国际航班数量（每百万人）
	C4 创新文化	人才吸引力；企业家精神；文化相关产业的国际化程度；公共博物馆与图书馆数量（每百万人）

资料来源：Global Innovation Hubs Index 2020，https://www.nature.com/articles/d42473-020-00535-9.

（二）评估结果（2020 年）

GIHI2020 评估结果显示：全球科技创新中心城市发展各具特色，差异化和特色化发展趋势较为显著，从三个一级指标的排名情况看，指标分化趋势明显；科学研究和技术创新对全球科技创新中心城市至关重要；全球科技创新中心格局变化明显，亚洲城市由于科学研究和创新能力发展快速，影响力不断扩大，欧美城市由于创新文化包容度和公共服务方面表现较好，创新生态绩效突出。

GIHI 评估结果显示：旧金山—圣何塞、纽约、波士顿—坎布里奇—牛顿等城市或都市圈综合排名较为靠前（见表5-2）。

表5-2　　　　　　　　　　GIHI评估结果

评估项目	排名前10的城市（圈）
综合排名	旧金山—圣何塞、纽约、波士顿—坎布里奇—牛顿、东京、北京、伦敦、西雅图—塔科马—贝尔维尤、洛杉矶—长滩—阿纳海姆、巴尔的摩—华盛顿、教堂山—达勒姆—洛丽
科学中心	纽约、波士顿—坎布里奇—牛顿、旧金山—圣何塞、伦敦、巴尔的摩—盛顿、巴黎、教堂山—达勒姆—洛丽、北京、洛杉矶—长滩—阿纳海姆、东京
创新高地	旧金山—圣何塞、东京、北京、深圳、上海、特拉维夫、首尔、京都—大阪—神户、西雅图—塔科马—贝尔维尤、波士顿—坎布里奇—牛顿
创新生态	旧金山—圣何塞、纽约、伦敦、波士顿—坎布里奇—牛顿、芝加哥—内珀维尔—埃尔金、洛杉矶—长滩—阿纳海姆、阿姆斯特丹、新加坡、西雅图—塔科马—贝尔维尤、费城

二　欧盟创新记分牌（2020）

（一）评估指标体系

为了评估成员国的优势与短板，欧盟委员会设置了欧盟创新记分牌（European Innovation Scoreboard，EIS）。EIS自创立以来，就被世界各国机构和学术团体采用，作为评估科技创新绩效的重要指标。它有助于成员国评估需要集中精力提高创新绩效的领域。

《欧盟创新记分牌2020》是自2001年以来的第19版，它采用了《欧盟创新记分牌2019》（EIS 2019）报告的方法。

EIS通过综合创新指数来衡量评估国家的创新绩效。EIS由条件、投资、创新活动和影响四个一级指标以及包括人力资源、优异的研究体系、创新友好型环境、金融支持、企业投资、创新者、创新协作联系、知识资产、就业影响和销售影响10个维度二级指标和包括新博士毕业生等27个三级指标组成的指标体系。指标框架如表5-3所示。

表 5-3　　　　　　　　　　EIS 评估指标体系

一级指标	二级指标	三级指标
条件	人力资源	新博士毕业生；受过高等教育的 25—34 岁人口；终身学习
	优异的研究体系	国际科学联合出版物；引用率最高的 10% 出版物；创新友好型环境下的外国博士生
	创新友好型环境	宽带渗透；机会驱动创业投资和财务支持
投资	金融支持	公共部门的研发支出；风险资本支出中企业投资
	企业投资	商业部门的研发支出；非研发创新支出；提供培训以发展或提升其人员创新活动的 ICT 技能的企业创新者
创新活动	创新者	具有产品或工艺创新能力的中小企业；具有营销或组织创新能力的中小企业；具有内部联系创新能力的中小企业
	创新协作联系	与其他企业合作的创新型中小企业；公私合营企业；公共研发支出的私人合营资金知识资产
	知识资产	PCT 专利申请；商标应用程序；设计应用程序影响就业影响
影响	就业影响	知识密集型活动中的就业；就业创新行业快速增长的企业销售影响；中高技术产品出口
	销售影响	知识密集型服务出口；新市场和新公司产品创新的销售

(二) 评估结果 (2020 年)

为了提高国家间数据的可比性，EIS 2020 使用了欧盟统计局和其他国际公认来源（如经合组织和联合国）在分析时提供的最新统计数据，截止日期为 2020 年 4 月 17 日。数据涉及 2019 年 9 个指标、2018 年 6 个指标、2017 年 6 个指标、2016 年 6 个指标的实际表现。EIS 评估是通过加权平均综合创新指数计算而成的。

根据结果，成员国分为四个绩效组。

第一组是创新领先国家，包括丹麦、芬兰、卢森堡、荷兰和瑞典5个绩效高于欧盟平均水平125%的成员国。

第二组是创新强劲国家，其表现在欧盟平均水平的95%—125%之间，包括奥地利、比利时、爱沙尼亚、法国、德国、爱尔兰和葡萄牙7个成员国。

第三类是中等创新国家，其表现在欧盟平均水平的50%—95%之间，包括13个成员国，即克罗地亚、塞浦路斯、捷克、希腊、匈牙利、意大利、拉脱维亚、立陶宛、马耳他、波兰、斯洛伐克、斯洛文尼亚和西班牙。

第四组是适度创新国家，是两个表现水平低于欧盟平均水平50%的成员国，包括保加利亚和罗马尼亚。

与EIS 2019相比较，卢森堡成为创新领先国家，葡萄牙跻身创新强劲国家行列。创新结果显示，创新绩效往往呈现地理集中的现象，创新领先国家和大多数创新强劲国家位于北欧和西欧，而大多数中等创新国家位于南欧和东欧，所有适度创新国家也都在东欧。

三 全球创新指数（2020年）

（一）评估指标体系

全球创新指数（Global Innovation Index，GII）由世界知识产权组织、康奈尔大学、欧洲工商管理学院创立，由世界知识产权组织（WIPO）发布，排名始于2007年，此后它成为全世界130多个经济体创新绩效的重要衡量指标。其目标是超越传统的创新衡量标准，挖掘较好地反映社会创新程度的指标和方法。设定指标体系目标如下：一是创新对于推动发达经济体和发展中经济体的经济进步与竞争力非常重要，许多国家的政府把创新放在增长战略的中心位置；二是创新的定义已经得到较大的拓展，而不是仅仅局限于研发实验室和发表的科学论文，创新在本质上包括社会创新、商业模式创新和技术创新；三是发现和鼓励新兴市场的创新。

GII 2020 指标体系由创新投入和创新产出 2 个一级指标，体制、人力资本和研究、基础设施等 7 个二级指标，政治环境、监管环境、商业环境等 21 个三级指标以及政治和运营稳定性、政府效率等 81 个四级指标组成（见表 5-4）。该指标体系中的大部分四级指标是客观性的统计指标，但也有 14 个四级指标数据是通过问卷调查获取的。

表 5-4　　　　　　　　　GII 评估指标体系

一级指标	二级指标	三级指标	四级指标
创新投入	体制	政治环境	政治和运营稳定性；政府效率
		监管环境	监管质量；法律规则；裁员成本与周工资
		商业环境	创业便利度；解决破产便利度
	人力资本和研究	教育	教育支出占 GDP 比重；政府资助学生、中学生；接受教育年限；PISA 阅读、数学量表 & 理科；中学学生教师比率
		高等教育	高等教育入学率；理工科毕业生比重；高等教育国际学生比重
		研究和发展	研究人员占在职人员比重；R&D 经费支出占 GDP 比重；排名前 3 的全球公司平均研发经费支出；QS 大学排名平均分前 3 名
	基础设施	信息与通信技术	信息通信技术接入；信息通信技术应用；政府在线服务；电子参与
		一般基础设施	电力产能；物流绩效；资本总额占 GDP 比重
		生态可持续性	单位能耗 GDP；环境绩效；每 10 亿美元 GDP 有 ISO 14001 环境证书数

续表

一级指标	二级指标	三级指标	四级指标
创新投入	市场成熟度	信贷	信贷便利度；对私有部门的信贷占 GDP 比重；小额信贷总额占 GDP 比重
		投资	保护少数股东的便利性；市场投资占 GDP 比重；风险投资占 GDP 可比价比重
		贸易、竞争和市场规模	适用税率加权平均值比重；当地竞争强度；国内市场规模
	商业成熟度	知识工人	知识密集型就业比重；提供正式培训的公司比重；国内 R&D 经费支出额占 GDP 比重；商业融资国内 R&D 经费支出额比重；有高级学位的女性就业率
		创新链接	大学/企业研究合作；集群发展状况；国外资助国内 R&D 经费占 GDP 比重；每 10 亿美元 GDP 合资企业战略联盟交易；单位 GDP 有两间办公室以上的专利之家数量
		知识吸纳	知识产权支付额占总贸易额的百分比；高技术进口占对外贸易比重；信息、通信和技术服务进口占贸易总额的百分比；外商直接投资净流入量占 GDP 比重；企业科研人才
创新产出	知识和技术产出	知识创造	单位 GDP 按来源划分的专利；单位 GDP 按来源划分的 PCT 专利；单位 GDP 按来源划分的实用新型专利；单位 GDP 科技论文数；高被引用文献数
		知识影响	单位职工 GDP 增长率；15—64 岁的人口中从事新业态的比重；计算机软件支出占 GDP 的百分比；单位 GDPISO 9001 质量证书数；高科技和中高科技制造业比重
		知识扩散	知识产权收入占贸易总额的百分比；高科技净出口占贸易总额比重；信息、通信和技术服务出口占贸易总额的百分比；FDI 净流出占 GDP 比重
	创意产出	无形资产	单位 GDP 按产地划分的商标数；前 5000 名全球品牌价值占 GDP 比重；单位 GDP 按产地划分的工业设计；信息、通信和技术服务与组织模型创建

续表

一级指标	二级指标	三级指标	四级指标
创新产出	创意产出	创意商品和服务	文化创意服务出口占贸易总额的百分比；每百万15—64岁的人口民族故事片数；每百万15—64岁的人口娱乐和媒体市场数；出版印刷和其他媒体行业占制造业的比重；创意产品出口占贸易总额的百分比
		在线创意	15—69岁人口使用通用顶级域比重；每千15—69岁人口国家代码数；每百万15—69岁人口维基百科编辑数；单位GDP移动应用程序创建

（二）评估结果（2020年）

GII将排前25名的经济体称为创新领先者。如表5-5所示，创新领先的经济体，发展都相对均衡，具有强有力的创新体系。

表5-5　2020年GII指标和二级指标排名前10的经济体情况

排名	GII总排名	制度	人力资本和研究	基础设施	市场成熟度	商业成熟度	知识和技术产出	创意产出
1	瑞士	新加坡	韩国	挪威	中国香港	瑞典	瑞士	中国香港
2	瑞典	芬兰	丹麦	瑞典	美国	瑞士	瑞典	瑞士
3	美国	挪威	瑞典	瑞士	加拿大	以色列	美国	卢森堡
4	英国	新西兰	荷兰	丹麦	新加坡	荷兰	以色列	马耳他
5	荷兰	中国香港	德国	爱沙尼亚	英国	美国	爱尔兰	英国
6	丹麦	加拿大	瑞士	英国	瑞士	新加坡	芬兰	荷兰
7	芬兰	荷兰	奥地利	西班牙	澳大利亚	韩国	中国	瑞典
8	新加坡	日本	新加坡	日本	丹麦	芬兰	荷兰	冰岛
9	德国	美国	澳大利亚	芬兰	日本	卢森堡	英国	德国
10	韩国	澳大利亚	英国	爱尔兰	新西兰	日本	德国	丹麦
中国	第14名	第62名	第21名	第36名	第19名	第15名	第7名	第12名

从排名看，瑞士、瑞典、美国、英国、荷兰、丹麦、芬兰、新加坡、德国、韩国分别位居 GII 总排名的前 10，中国则排在第 14 名。中国产出指标具有很大优势，但创新投入指标则相对落后，特别是受"制度"（第 62 名）、"基础设施"（第 36 名）、"人力资本和研究"（第 21 名）和"市场成熟度"（第 19 名）等指标的拖累，但 GII 比 2019 年前进了一个位次。中国在知识和技术产出与创意产出 2 项指标中具有较大优势，分别排名第 7 和第 12。中国在"制度""基础设施"中丢分较多，而在这两项指标中，主观性指标较多，中国在这些主观性的指标中丢分较多，可见，为了扩大自身科技创新影响力，要提高得分，一方面需加强制度和基础设施建设，另一方面也有必要瞄准短板，加强宣传，促进沟通与了解。

从"体制"单项得分看，新加坡、芬兰、挪威、新西兰、中国香港、加拿大、荷兰、日本、美国、澳大利亚等经济体排名前 10。中国在这一项指标中得分较低，排名第 62，究其原因，受"监管环境"三级指标的拖累（排第 102 名）较大，其中，四级指标"监管质量"（第 82 名）、"法律规则"（第 72 名）和"裁员成本与周工资"（第 109 名）排名都较为靠后；"政治环境"指标则排第 47 名，其中，"政治和运营稳定性"和"政府效率"分别排第 49 名和第 45 名。"商业环境"指标在 130 多个经济体中排第 39 名，其中"创业便利度"和"解决破产便利度"两项指标分别排第 25 名和第 49 名。值得说明的是，中国排名较为靠后，一方面"由于裁员成本与周工资"得分太低（第 109 名），只有 27.4 分；另一方面，也有统计偏差的影响。在"制度"分指标的 7 项四级指标中，有 6 项是通过问卷调查获得统计数据，受统计样本和调查对象价值取向等因素影响，统计结果会有一定的主观性。

从"人力资本和研究"指标看，韩国、丹麦、瑞典、荷兰、德国、瑞士、奥地利、新加坡、澳大利亚、英国等经济体排名前10。中国的这一项指标排第21名，其中"教育"和"研究和发展"分别排第12名和第16名，"高等教育"指标拖了后腿，排第83名，四级指标"高等教育国际学生比重"排到第101名。

从"基础设施"分项指标看，挪威、瑞典、瑞士、丹麦、爱沙尼亚、英国、西班牙、日本、芬兰、爱尔兰分别排名前10。中国在这一项指标中排名偏后（第36名），究其原因，一方面是由于"生态可持续性"指标排名靠后（第54名），其中"单位能耗""GDP环境绩效"分别排第94名和第98名，排名过于靠后；另一方面，主要是由于"信息基础设施指标"排名较落后，其中，"信息通信技术接入""信息通信技术应用""政府在线服务""电子参与"分别排第71、第53、第34和第29名，而这些指标均为主观性指标，数据来源于问卷调查。

从"市场成熟度"分项指标看，中国香港、美国、加拿大、新加坡、英国、瑞士、澳大利亚、丹麦、日本和新西兰分别排名前10。中国在这一项指标中排第19名。三级指标中，"贸易、竞争和市场规模"指标较具优势，排名第3，主要在于四级指标"国内市场规模"（排名第1）具有无可比拟的优势；"信贷"指标方面，排名第25，其中"信贷便利度"和"小额信贷总额占GDP比重"2项指标得分较低，分别排第74名和第73名，而"对私有部门的信贷占GDP比重"指标则排第6名。

从"商业成熟度"分项指标看，瑞典、瑞士、以色列、荷兰、美国、新加坡、韩国、芬兰、卢森堡和日本分别排名前10。中国在这一项指标中排第15名。三级指标中，中国在"知识工人""知识吸纳"2项指标中具有得天独厚的优势，分别排第1名和第6名。"知识工人"指标中，四级指标"提供正式培训的公司比重"和"商业融资国内R&D经费支出额比重"分别排第1和第4名。"知识吸纳"指标方面,"高技术进口占对外贸易比重"和"企业科研人才"优势明显,分别排名第5和第12,"外商直接投资净流入量占GDP比重"和"通信和技术服务进口占贸易总额的百分比"则严重拖累了"知识吸纳"指标的绩效,分别排名第100和第78。中国在"创新链接"指标方面表现不佳,排第48位,其中,"国外资助国内R&D经费占GDP比重""每10亿美元GDP合资企业战略联盟交易"2项指标的表现尤为不佳,分别排第81名和第76名;"大学/企业研究合作""集群发展状况""单位GDP有两间办公室以上的专利之家数量"分别排第29名、第25名和第27名。

从"知识和技术产出"分项指标看,瑞士、瑞典、美国、以色列、爱尔兰、芬兰、中国、荷兰、英国和德国分别排名前10。中国在这一项指标中排第7名,优势十分突出,其中,"知识创造""知识影响"优势尤其明显,分别排第4名和第6名;"知识扩散"指标表现相对较弱,排第21名。在"知识创造"方面,"单位GDP按来源划分的专利""单位GDP按来源划分的实用新型专利"均排名第1,"单位GDP科技论文数""单位GDP按来源划分的PCT专利"相对较弱,分别排第39名和第15名,"高被引用文献数"则排名第13。在"知识影响"方面,"单位职工GDP增长率"排名较为靠前,为第2名;而"计算机软件支出占GDP的百分比""单位GDP ISO 9001质量证书数"则相对靠后,分别排第23名和第24名;"高科技和中高科技制造业比重"与GII 2020排名基本相当,为第14名。中国在"知识扩散"方面表现相对较差,主要受"信息、通信和技术服务出口占贸易总额的百分比""FDI净流出占GDP比重""知识产权收入占贸易总额的百分比"的拖累,分别排名第61、第48和第44,"高科技净出口占贸易总额比重"表现相对较好,排名第5。

从"创意产出"分项指标看,中国香港、瑞士、卢森堡、马耳他、英国、荷兰、瑞典、冰岛、德国、丹麦分别排名前10。中国在这一项指标中排第12名,有一定优势,其中"无形资产"和"创意商品和服务"分别排名第1和第12,而"在线创意"则排名靠后(排第113名)。具体来看,中国在"单位GDP按产地划分的商标数""单位GDP按产地划分的工业设计""创意产品出口占贸易总额的百分比"指标方面具有十分独特的优势,排名均为第1,但是在"每百万15—64岁的人口民族故事片数""出版印刷和其他媒体行业占制造业的比重"排名落后,分别为第93名和第72名。

表5-6为按收入分组对GII 2020年指数排名前10的经济体进行统计,大致可以看出,经济收入与创新绩效成正比的关系;收入越高的经济体,创新绩效也越突出;收入越低的经济体,创新绩效也越低。其中,瑞士(1)、瑞典(2)、美国(3)、英国(4)、荷兰(5)、丹麦(6)、芬兰(7)、新加坡(8)、德国(9)、韩国(10)是GII 2020指数排名前10的经济体,也都是49个高收入经济体中的成员;37个中等偏上收入经济体中,中国(14)、马来西亚(33)、保加利亚(37)、泰国(44)、罗马尼亚(46)、俄罗斯(47)、黑山(49)、土耳其(51)、毛里求斯(52)、塞尔维亚(53)GII 2020排名分别居37个中等偏上收入经济体的前10位;越南(42)、乌克兰(45)、印度(48)、菲律宾(50)、蒙古(58)、摩尔多瓦(59)、突尼斯(65)、摩洛哥(75)、印度尼西亚(85)、肯尼亚(86)GII 2020排名分别居29个中等偏下收入经济体的前10位;坦桑尼亚(88)、卢旺达(91)、尼泊尔(95)、塔吉克斯坦(109)、马拉维(111)、乌干达(114)、马达加斯加(115)、布基纳法索(118)、马里(123)、莫桑比克(124)

GII 2020 排名则位居 16 个低收入经济体的前 10 位。

表 5-6 按收入组别排名前 10 的经济体

排名	高收入经济体（共49个）排名	中等偏上收入经济体（共37个）排名	中等偏下收入经济体（共29个）排名	低收入经济体（共16个）排名
1	瑞士（1）	中国（14）	越南（42）	坦桑尼亚（88）
2	瑞典（2）	马来西亚（33）	乌克兰（45）	卢旺达（91）
3	美国（3）	保加利亚（37）	印度（48）	尼泊尔（95）
4	英国（4）	泰国（44）	菲律宾（50）	塔吉克斯坦（109）
5	荷兰（5）	罗马尼亚（46）	蒙古（58）	马拉维（111）
6	丹麦（6）	俄罗斯（47）	摩尔多瓦（59）	乌干达（114）
7	芬兰（7）	黑山（49）	突尼斯（65）	马达加斯加（115）
8	新加坡（8）	土耳其（51）	摩洛哥（75）	布基纳法索（118）
9	德国（9）	毛里求斯（52）	印度尼西亚（85）	马里（123）
10	韩国（10）	塞尔维亚（53）	肯尼亚（86）	莫桑比克（124）

注：括号内的数表示 GII 2020 总排名。

四 全国科技创新中心指数

（一）评估指标体系

全国科技创新中心指数（2017—2018）[①] 由北京市科学技术研究院、北京科学学研究中心创立。为了全面反映全国科技创新中心建设和成效，描绘北京全国科技创新中心建设的"全景图"，结合全国科技创新中心的内涵与功能，遵循科学性、系统性、全面均衡性、可操作性等原则，构建了一个以"五力"（"集聚力""原创力""驱动力""辐射力""主导力"）为框

---

① 郭广生、张士运：《全国科技创新中心指数（2017—2018）》，经济管理出版社 2018 年版，第 3—19 页。

架，包括由5个一级指标、16个二级指标和36个三级指标构成的评价指标体系，如表5-7所示。

表5-7　全国科技创新中心指标体系

一级指标	二级指标	三级指标
集聚力	人才集聚	每万从业人员中研发人员全时当量；入选全球高被引科学家数
	机构集聚	入选自然指数前500强研究机构数量及指数；国家高新技术企业数量；外资研发机构数量
	资本集聚	R&D支出占地区生产总值比重；天使投资、VC/PE投资额
	集聚环境	研发经费加计扣除和高企业税收减免额；公民科学素养达标率；当年新创办科技型企业数
原创力	原创投入	基础研究经费占全社会研发经费比重；规模以上工业企业新产品开发经费投入占主营业务收入比重
	知识创新	SCI收录论文数；高被引论文数
	技术创新	万人发明专利拥有量；工业新产品销售收入占主营业务收入比重
驱动力	成果转化	技术交易增加值占地区生产总值比重；高校和科研机构R&D经费来自企业比重
	产业优化	高技术产业增加值占地区生产总值比重；知识密集型服务业增加值占地区生产总值比重；六大高端产业功能区增加值对地区生产总值贡献
	社会发展	劳动生产率；PM 2.5年平均浓度；单位能耗地区生产总值
辐射力	知识溢出	异省和异国合作科技论文数；国际科技论文被引频次
	技术流动	输出到京外技术合同成交额占比；转让/许可使用转利数量
	产业带动	企业在全国设立分支机构数；中关村示范区辐射带动指数
主导力	技术主导	PCT申请数；技术国际收入总额
	产业主导	世界500强企业数量；高技术产品出口额
	创新地位	全球创新城市排名

（二）评估结果（2020年）

全国科技创新中心指数（2017—2018）运用多指标综合评价方法，指标赋权采用等权重法，对北京2011—2016年的"科技创新中心综合指数"进行测算，结果如下。

从表5-8可以看出，2011—2016年，北京科技创新指数不断增长，创新总体指数从2011年的100上升到2016年的159.6，创新实力持续增强，特别是在"主导力""原创力"和"辐射力"方面表现尤其突出。其中，"主导力"从2011年的100上升到2016年的176.8，"原创力"从2011年的100上升到2016年的173.2，"辐射力"从2011年的100上升到2016年的172.9。

表5-8　　　　　　全国科技创新中心指数评估结果

年份	总体指数	集聚力	原创力	驱动力	辐射力	主导力
2011	100	100	100	100	100	100
2012	108.9	98.2	110.4	103.6	112.9	119.3
2013	121.4	104.4	125.3	113.3	136.5	127.7
2014	132.3	127	140.9	116.4	142.1	135.1
2015	147.1	149.6	155.9	120	164.9	145.2
2016	159.6	146	173.2	129.2	172.9	176.8

五　国内外指标体系评述

从目前的指标体系来看，虽然现有的指标体系很多，但是这些指标体系都存在这样或那样的问题，比如体系宏大，重点不突出，测评难以落到实处，难以明晰反映地区科技创新全貌，等等。

（一）指标体系细化不够或重点不突出

指标体系应是对所考核对象的概念、内涵、本质特征、结构及其重要构成要素的客观描述。设置指标体系的目的，是评估考核对象的工作实施情况。指标体系既要涵盖考核对象的重要方面，也要保证指标体系中不应出现过多的信息包容、涵盖而使指标内涵重叠。从现有的很多指标体系情况来看，存在体系过于宏大、过于繁杂、重点不突出的问题。

（二）定性指标的测评流于形式

目前，很多评价指标体系设计了一些定性指标。我们认为，适当地设置一些定性指标是可以接受的。但是，在实际考核过程中，这些指标往往存在随意性较大以及考核通常流于形式的问题。因此，这些指标不能太多。从 GII 2020 评价指标体系来看，大量的指标都是定性指标，定性指标设置的比例过大，可能导致评价结果不够客观。

（三）指标体系不够完备

指标体系应该围绕考核目标，全面、充分地反映考核对象，既不能遗漏重要方面，也不能偏颇。目前，部分指标体系的完备性不够。比如：部分指标体系忽略了科技与经济结合状况，缺乏对科技工作战略重点转移状况的反映，等等。

（四）指标体系的可操作性不够强

指标体系的设计应考虑评估的可行性和可操作性。但是，现有的部分指标体系数据采集困难，指标过于烦琐，数量过多，未采用相对成熟、数据可获取的指标，从而不利于对地区科技情况进行客观的分析与评价。

第二节　指标体系原则、框架、评估方法与指标解释

一　指标体系构建原则

（一）科学性原则

在设计国际科技创新枢纽指标体系时，指标须具有科学内涵，做到概念明确、清晰。要依托公认的科学理论，科学确定评估指标和权重系数，采用权威数据。指标体系的构建要采取绝对指标和相对指标相结合的原则，可较多地采用反映科技总

规模、总水平的综合指标。但是，为了准确地反映国际科技创新枢纽的状况，也要适当地采用一些程度、结构、强度的指标。

（二）可操作性原则

设计国际科技创新枢纽指标体系，必须充分保证评估的可操作性，尽可能利用权威渠道的、公开的统计数据。指标内容不宜过于繁杂，避免给统计工作带来不必要的麻烦。

（三）导向性原则

设计指标体系须突出评估的导向作用，充分考虑国际科技创新枢纽的功能与作用，可借鉴权威指标体系的框架，科学设计评估体系，从而保持优势，找出短板与不足，引导、激励相关主体加快科技创新的步伐。

（四）层次性原则

作为一个整体，指标体系应具有层次性，既全面、系统地反映广州国际科技创新枢纽的发展状况，也要充分反映各子系统相互协调、动态变化的情况。选择指标必须具有层次性，即高级的指标可涵盖和描述低级的指标，低级的指标是高级的指标的分解与基础。

二 指标体系框架

围绕国际科技创新枢纽的内涵与功能，依据科学性、可操作性、导向性和层次性等原则，借鉴全国科技创新中心指标体系并进行适当调整与修改，我们构建了一个由 5 个一级指标、13 个二级指标、16 个三级指标所组成的指标体系（见表 5–9）。

表 5-9　　　　　　　　国际科技创新枢纽评估指标体系

一级指标 （5个）	二级指标 （13个）	三级指标 （16个）
集聚力	人才集聚	研发人员全时当量
	机构集聚	前500强研究机构自然指数；国家高新技术企业数量；国家级孵化器数量
	资本集聚	全社会研发经费支出
原创力	知识创新	CNS论文数量
	技术创新	发明专利授权量
驱动力	成果转化	技术吸纳与输出金额；
	产业优化	规模以上高技术制造业增加值；知识密集型服务业增加值
	社会发展	全社会劳动生产率
辐射力	知识溢出	前100高校高被引论文数
	技术流动	技术输出额
主导力	技术主导	PCT专利申请量
	产业主导	世界500强企业数量
	创新地位	全球创新城市得分

（一）集聚力

"集聚力"有效地把国际高端科技资源包括人、财、物、机构等要素聚合到一起，因此包括"人才集聚""机构集聚"和"资本集聚"3个二级指标，又拟定了"研发人员全时当量""前500强研究机构自然指数""国家高新技术企业数量""国家级孵化器数量""全社会研发经费支出"5个三级指标。

（二）原创力

"原创力"是指一个地区原始创新、源头创新的能力。本书从"知识创新"和"技术创新"2个二级指标以及"CNS论文数量""发明专利授权量"2个三级指标来评价。

（三）驱动力

"驱动力"是指科技创新成果转化为现实生产力的能力，

它包括"成果转化""产业优化"和"社会发展"3个二级指标，"技术吸纳与输出金额""规模以上高技术制造业增加值""知识密集型服务业增加值""全社会劳动生产率"4个三级指标。

（四）辐射力

"辐射力"反映了一个区域的科技创新活动对其他地区所产生的影响。本书主要通过"知识溢出"和"技术流动"2个二级指标以及"前100高校高被引论文数"和"技术输出额"2个三级指标来体现。

（五）主导力

"主导力"体现了区域统筹协调科技创新资源，技术、产业及整个创新体系在国际科技创新体系中所具有的地位和能力。本书主要通过"技术主导""产业主导""创新地位"3个二级指标以及"PCT专利申请量""世界500强企业数量""全球创新城市得分"3个三级指标来评估。

三　评价方法

目前，关于科技指标体系的评价方法，国内外多有论述。关于权重的设置，一种是客观赋权法，这种方法是根据指标的数据特征通过计算赋权，因子分析法、主成分分析法、均方差法等都属于这一类；另一种是专家主观赋权法，根据这种方法，数据的权重主要是相关行业专家根据指标的重要性来判断并打分确定，如层次分析法、专家评估法等。其中，主观赋权法主要依赖专家主观经验，难免会出现主观臆断的情况。本书考虑到国际科技创新枢纽的内涵包括同等重要的"五力"，任何一项都不可缺乏或弱化，因此采用等权重法。二级指标和三级指标的权重也同样如此。

一级指标的得分为"集聚力""原创力""驱动力""辐射

力""主导力"指标得分的简单平均分，即国际科技创新枢纽得分=（集聚力+原创力+驱动力+辐射力+主导力）/5。

对应的二级指标的得分也分别是三级指标的平均分，如果二级指标有 2 个或 2 个以上的三级指标，那么二级指标的得分是它所有三级指标得分的平均值，比如：

产业优化=（规模以上高技术制造业增加值+知识密集型服务业增加值）/n，其中，n 表示指标的个数。

我们建立的国际科技创新枢纽评估指标体系中，13 个三级指标都是正向指标。三级指标的记分采取"前沿距离得分"模式，即得分 Y=（最差－X）/（最差－最好）。其中，X 是指未评估的指标实际值，Y 是指评估后的标准分。

四 样本城市选取与数据来源

（一）研发人员全时当量

作为国际上最常用的比较研发人力投入的指标，研发人员全时当量是指从事研究与技术开发工作的全时人员（累积工作时间占全部工作时间 90% 及以上的人员）工作量与非全时人员工作量（按实际工作时间折算）之和。在下文的统计中，各城市的数据主要来源于各城市 2019 年出版的年鉴，部分数据来源于统计公报或政府网站。

（二）前 500 强研究机构自然指数

自然指数是衡量机构、国家和地区在自然科学领域高质量研究产出与合作情况的重要指标，是国际公认的指标。2018 年，前 500 强研究机构自然指数统计全球 500 强高校、科研院所在全球 82 种顶级期刊发表论文数据库，并根据论文发表数量及类别进行排名记分。本次是依据"2018 自然指数 Top 500 一览表的自然指数数据"统计。①

（三）国家高新技术企业数量

作为衡量一个地区企业科技创新活力的重要指标，高新技术企业是国家和区域发展的主要动力，决定了未来国家和城市的竞争力。下文研究的数据来源于《2019年全国高企总量分析在这里：最关键的"硬数据"来袭》一文。②

（四）国家级孵化器数量

科技企业孵化器以培育科技企业和企业家精神、促进区域科技成果转化为宗旨，为科技成果转化和科技资源共享提供物理空间、设施和服务平台机构，是创新和创业人才的培养培育与支撑平台，是国家和区域科技创新体系非常重要的组成部分。下文11个城市的数据根据科技部火炬中心网站的资料整理而成。

（五）研究开发经费支出

研发（R&D）投入是知识经济最主要的驱动力之一，是促使知识成果产业化、提升产品技术含量以及促进经济增长的重要基础。下面评估分析的11个城市数据主要来源于2019年各城市出版的统计年鉴、对应的统计公报。

（六）CNS论文数量

CNS指的是全球三大顶级学术期刊（Cell、Nature和Science）的合称。在专业领域，CNS具有不可比拟的学术权威性和国际影响力，国家和城市CNS论文数量成为评价和衡量这个国家或城市知识创新水平的重要指标。下文CNS论文数量主要根据《2019年度中国高校（机构）CNS论文数排名揭晓》一文

---

① 网址：http://blog.sciencenet.cn/home.php?mod=space&uid=212210&do=blog&quickforward=1&id=1126512。

② 网址：https://www.sohu.com/a/391711296_699502。

统计。①

（七）发明专利授权量

专利的授权数量是反映了国家和城市技术创新水平的核心指标，充分体现了国家和城市技术与产品创新的水平。在专利授权数量中，最能体现国家和城市创新能力的是发明专利授权的数量，直接反映着城市技术创新程度。下面评估分析的11个城市数据主要来源于2019年各城市出版的统计年鉴、对应的统计公报。

（八）技术吸纳与输出金额

技术市场是推动科技创新、技术转移、产学研合作和成果转化的主要平台与阵地，技术吸纳和输出金额充分体现了一个国家和城市科技成果转化的水平。下面评估分析的11个城市数据主要来源于科技部发布的"2019年全国技术市场统计年度报告"。②

（九）规模以上高技术制造业增加值

高技术制造业主要包括国民经济行业中的电子及通信设备制造，医药制造，计算机及办公设备制造，航空、航天器及设备制造，医疗仪器设备及仪器仪表制造，信息化学品制造等研发投入强度相对较高的制造业行业。下面评估分析的11个城市数据主要来源于2019年各城市出版的统计年鉴、对应的统计公报。

（十）知识密集型服务业增加值

知识密集型服务业指在第三产业之中，需要凭借大量工程、技术和科学知识的服务行业。在我国的统计门类中，它主要包括信息传输、软件和信息技术服务业，科学研究和技术服务

---

① 网址：http://blog.sina.com.cn/s/blog_b4505b7e0102yve0.html。
② 网址：http://kjt.henan.gov.cn。

业、金融业、租赁和商务服务业等。在本书中，为了保持统计口径一致，我们按第三产业增加值中剔除批发和零售业，交通运输、仓储和邮政业，住宿和餐饮业和房地产业这几块劳动密集型产业增加值后剩余的部分来统计。评估分析的11个城市数据主要来源于2019年各城市出版的统计年鉴、对应的统计公报。

（十一）全社会劳动生产率

全社会劳动生产率指全社会产出与投入之比。该指标可以较好地反映劳动投入和对应的产出的效益和效率，是衡量一个国家或城市发展质量和社会效益的核心指标，是地区生产总值与社会从业人员的比值，即全社会劳动生产率＝地区生产总值/年平均从业人员。评估分析的11个城市数据主要来源于2019年各城市出版的统计年鉴。

（十二）前100高校高被引论文数

前100高校高被引论文是中国知网中国科学文献计量评价研究中心特整理自2006年至2019年3月国内前100高校在各学科发表的高被引论文数量。它是衡量"知识溢出"的重要指标，反映了高校的科研成果产出能力和学术影响力。下节评估的数据主要来源于《全国高校国内期刊高被引论文数量排行榜发布》一文。[1]

（十三）技术输出额

技术输出额是反映一个国家或城市技术供给能力及对国家或区域以外的地方的辐射能力的核术指标。下面评估分析的11个城市数据主要来源于科技部发布的"2019年全国技术市场统计年度报告"。[2]

---

[1] 网址：http://edu.sina.com.cn/gaokao/2019-04-16/doc-ihvhiewr6219867.shtml。

[2] 网址：http://kjt.henan.gov.cn。

（十四）PCT 专利申请量

PCT 专利申请量是反映一个国家或城市技术创新国际竞争力的核心指标，反映了国家或城市技术创新在全球中所处的地位。下文的统计数据来源于"2018 年 PCT 国际专利申请量数量情况"。①

（十五）世界 500 强企业数量

世界 500 强是全球衡量产业创新权威指标之一，它由美国《财富》杂志每年评选确定，是衡量全球大型公司最著名的榜单。下文统计数据来源于"中国各城市世界 500 强数量排名榜一览表"。②

（十六）全球创新城市得分

全球创新城市得分是根据澳大利亚墨尔本 2thinknow 公布的"2019 全球创新指数排行榜"数据统计。在这个统计中，评比指标有 100 多项，中国有 44 个城市进入 500 强。本次统计数据来源于《2019 全球创新指数排行榜解读》一文。③

第三节　广州国际科技创新枢纽评估分析

根据上一节确定的评价指标体系，我们主要采用 2018 年评价数据（少数指标为 2019 年数据），对广州与国内其他先进城市进行评估。结果显示：广州国际科技创新枢纽综合指数在 11 个国内先进城市中排名第 4，在"集聚力"和"驱动力"方面也具有一定优势，但是在"原创力""辐射力""主导力"方面相对较弱（见表 5 - 10）。

---

① 网址：https://tieba.baidu.com/p/6200180242？red_tag = 2871949120。
② 网址：https://www.phb123.com/qiye/36733.html。
③ 网址：https://www.maigoo.com/news/533422.html。

表 5-10　　　　　　　　　　二级指标得分

集聚力指数		原创力指数		驱动力指数		辐射力指数		总体指数	
北京	0.973	北京	1.000	北京	0.785	北京	1.000	北京	0.909
深圳	0.628	上海	0.318	深圳	0.543	上海	0.201	深圳	0.414
上海	0.609	深圳	0.221	上海	0.523	武汉	0.193	上海	0.410
广州	0.327	杭州	0.131	广州	0.428	南京	0.170	广州	0.267
天津	0.255	广州	0.121	武汉	0.422	广州	0.166	南京	0.211
杭州	0.251	南京	0.116	南京	0.417	成都	0.148	武汉	0.190
南京	0.247	武汉	0.074	天津	0.309	天津	0.113	杭州	0.170
重庆	0.145	成都	0.064	珠海	0.279	杭州	0.073	天津	0.166
成都	0.131	天津	0.045	杭州	0.276	重庆	0.057	成都	0.125
武汉	0.124	重庆	0.040	成都	0.220	深圳	0.053	重庆	0.091
珠海	0.011	珠海	0.000	重庆	0.105	珠海	0.000	珠海	0.062

一　总体评价

由图 5-1 可以看出，广州"国际科技创新枢纽综合指数"为 0.267 分，在 11 个国内先进城市中排名第 4，高于南京（0.211）、武汉（0.190）、杭州（0.170）、天津（0.166）、成都（0.125）、重庆（0.091）和珠海（0.062），但是与北京

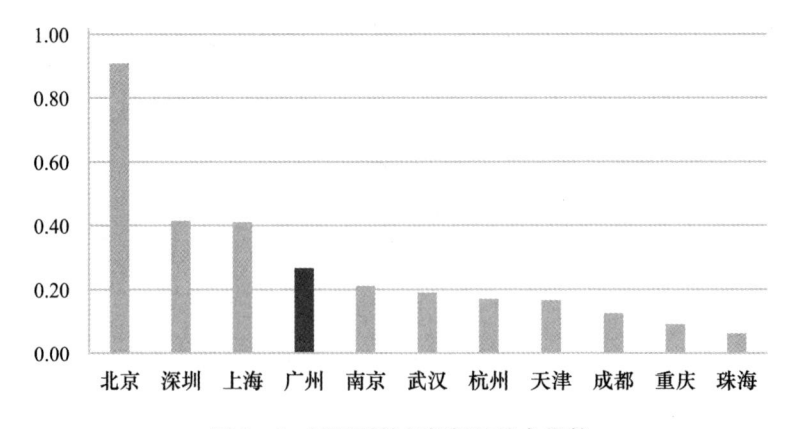

图 5-1　国际科技创新枢纽综合指数

(0.909)、深圳（0.414）、上海（0.410）这三个先进城市差距较明显。

二 集聚力评价

（一）总体情况

由图 5-2 可以看出，广州"集聚力指数"为 0.327 分，在 11 个国内先进城市中排名第 4，高于天津（0.255）、杭州（0.251）、南京（0.247）、重庆（0.145）、成都（0.131）、武汉（0.124）、珠海（0.011），但是与北京（0.973）、深圳（0.628）、上海（0.609）这些先进城市有明显的差距。进一步分析原因，可以看出，与深圳相比，尽管广州在"机构集聚"方面有较明显的优势，但是在"人才集聚"和"资本集聚"方面都有较大的不足；与北京和上海相比，无论是"人才集聚""机构集聚"还是"资本集聚"，广州得分都偏低。

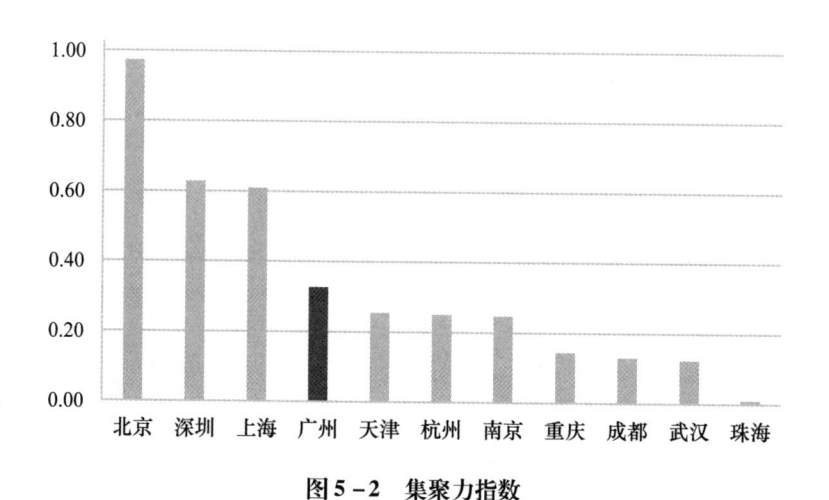

图 5-2 集聚力指数

（二）人才集聚

由图 5-3 可以看出，广州"研发人员全时当量指数"为 0.389 分，在 11 个国内先进城市中排名第 4，明显高于杭州

(0.292)、天津（0.252）、成都（0.209）、重庆（0.170）、武汉（0.043）、珠海（0），与南京（0.371）相当，但是远远低于深圳（1.000）、北京（0.920）、上海（0.605）。

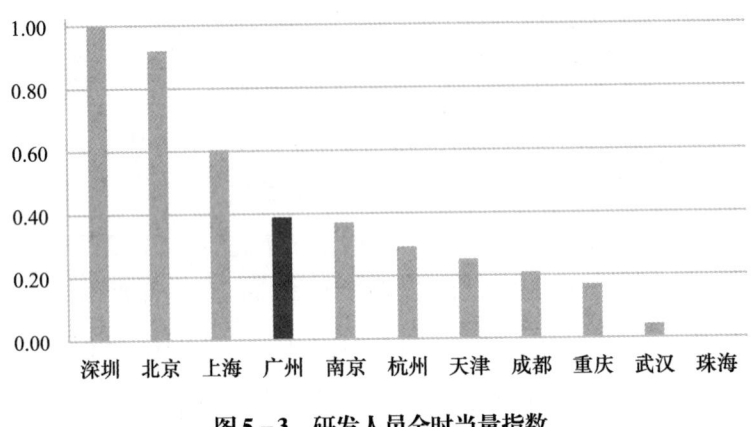

图 5-3　研发人员全时当量指数

（三）机构集聚

1. 机构集聚

由图 5-4 可以看出，广州机构集聚指数是 0.305 分，在 11 个国内先进城市中排名第 3，低于北京（1.000）、上海（0.511），但高于天津（0.287）、深圳（0.283）、杭州（0.251）、南京（0.243）、武汉（0.179）、重庆（0.111）、珠海（0.032）、成都（0.016）。值得注意的是，广州虽然在"前 500 强研究机构自然指数""国家级高新技术企业数量指数"和"国家级孵化器数量指数"分别排名第 5、第 4 和第 5，但是由三个指标综合测算的机构指数却排到了 11 个城市之中的第 3 名，原因在于广州机构集聚各方面发展较为均衡，三个指数平均分较高，没有明显拖后腿的指标。而部分"机构集聚"三级指标排在广州前面的城市，如武汉和南京，虽然"前 500 强研究机构自然指数"高于广州，但是"国家级高新技术企业数量指数"却远远低于广州,"国家级孵化器数量指数"也比广州低;深圳"国家级高新技术企业数量指数"高于广州,但是"前500强研究机构自然指数"和"国家级孵化器数量指数"都低于广州。因此,广州虽然三级指标排名不算靠前,但是"机构集聚"综合指数却排名第3。

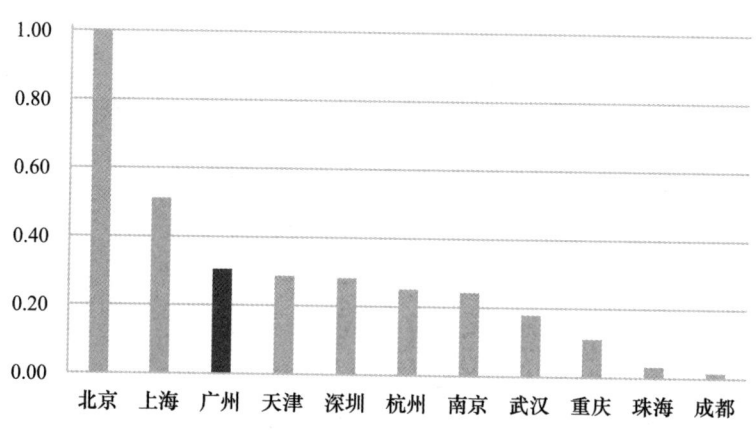

图5-4 机构集聚指数

2. 前500强研究机构自然指数

由图5-5可以看出,广州"前500强研究机构自然指数"是0.095分,在11个国内先进城市中排名第5,低于北京(1.000)、上海(0.231)、南京(0.194)、武汉(0.096),但高于杭州(0.066)、成都(0.034)、重庆(0.027)、天津(0.022)、深圳(0.009)、珠海(0)。

3. 国家级高新技术企业数量

由图5-6可以看出,广州"国家级高新技术企业数量"指数是0.379分,在11个国内先进城市中排名第4,低于北京(1.000)、深圳(0.569)、上海(0.418),但高于天津(0.148)、杭州(0.129)、南京(0.092)、重庆(0.038)、武汉(0.019)、成都(0.013)、珠海(0)。

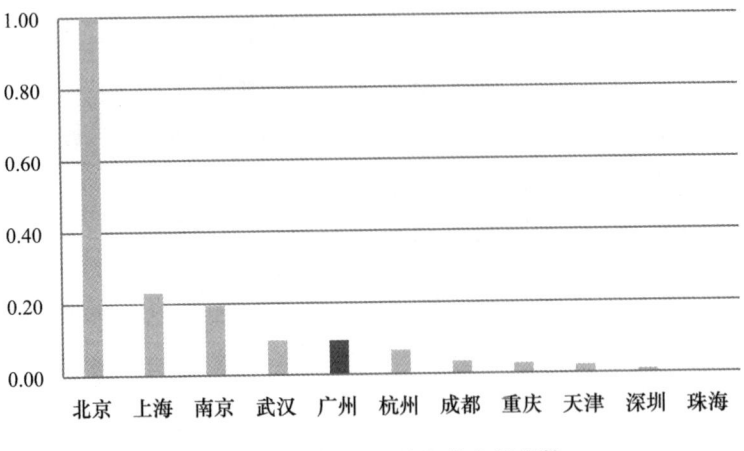

图 5-5 前 500 强研究机构自然指数

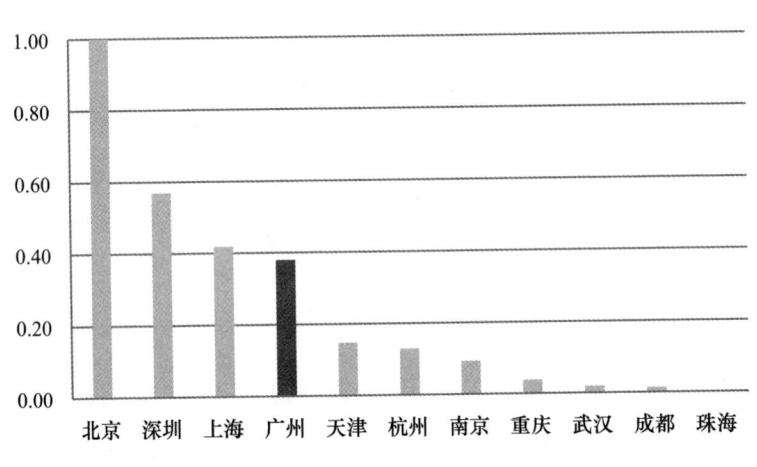

图 5-6 国家级高新技术企业数量指数

4. 国家级孵化器数量

由图 5-7 可以看出，广州"国家级孵化器数量指数"是 0.442 分，与南京（0.442）相当，在 11 个国内先进城市中排名第 5，低于北京（1.000）、上海（0.885）、天津（0.692）、杭州（0.558），但高于武汉（0.423）、深圳（0.269）、重庆（0.269）、珠海（0.096）、成都（0）等城市。

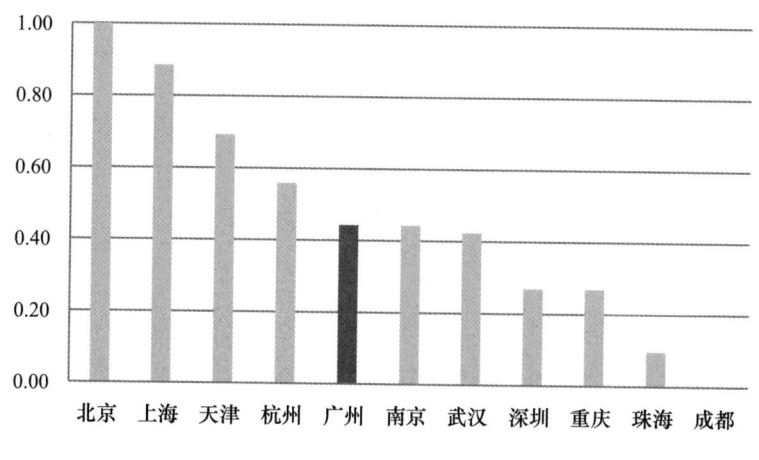

图 5-7 国家级孵化器数量指数

（四）资金集聚

由图 5-8 可以看出，广州"全社会研发经费支出指数"为 0.286 分，在 11 个国内先进城市中排名第 4，低于北京（1.000）、上海（0.712）、深圳（0.602），但高于天津（0.225）、杭州（0.209）、南京（0.169）、成都（0.169）、重庆（0.153）、武汉（0.151）、珠海（0）。

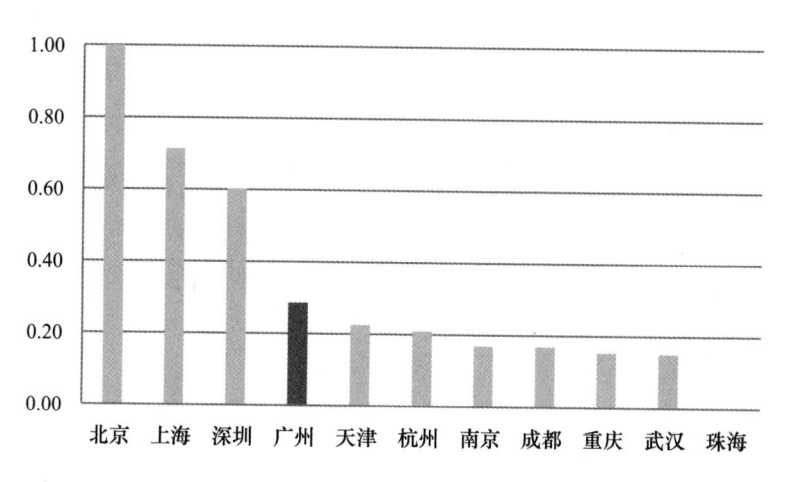

图 5-8 全社会研发经费支出指数

三 原创力评价

(一) 总体情况

由图 5-9 可以看出,广州"原创力指数"为 0.121 分,在 11 个国内先进城市中排名第 5,高于南京 (0.116)、武汉 (0.074)、成都 (0.064)、天津 (0.045)、重庆 (0.040)、珠海 (0),但是与北京 (1.000)、上海 (0.318)、深圳 (0.221) 相比,有较大差距。主要原因在于,广州发明专利授权量在 11 个城市之中排名不够靠前。

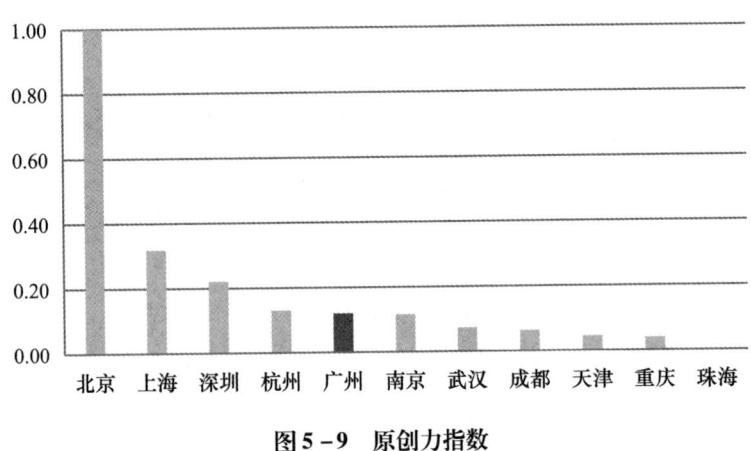

图 5-9 原创力指数

(二) CNS 论文数量

由图 5-10 可以看出,广州"CNS 论文数量指数"为 0.073 分,在 11 个国内先进城市中排名第 4,低于北京 (1.000)、上海 (0.226)、杭州 (0.105),但高于南京 (0.056)、天津 (0.040)、深圳 (0.032)、武汉 (0.024)、成都 (0.016)、重庆 (0.008)、珠海 (0)。

(三) 发明专利授权量

由图 5-11 可以看出,广州"发明专利授权量指数"为

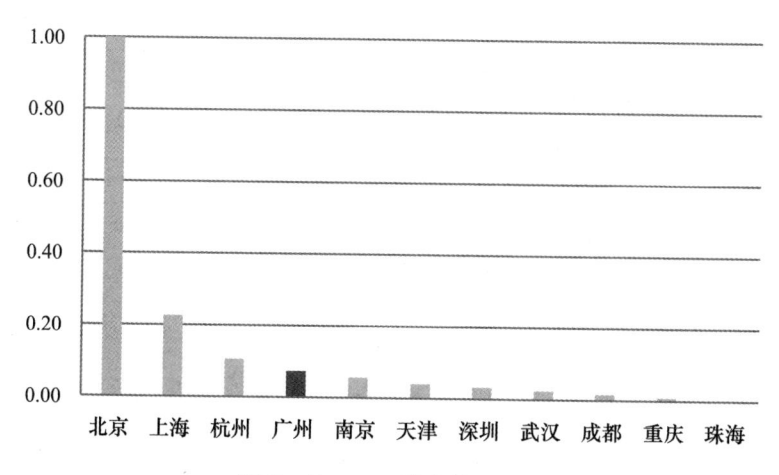

图 5-10　CNS 论文数量指数

0.169 分，在 11 个国内先进城市中排名第 5，低于北京（1.000）、上海（0.411）、深圳（0.410）、南京（0.175），但高于杭州（0.157）、武汉（0.123）、成都（0.111）、重庆（0.072）、天津（0.050）、珠海（0）。

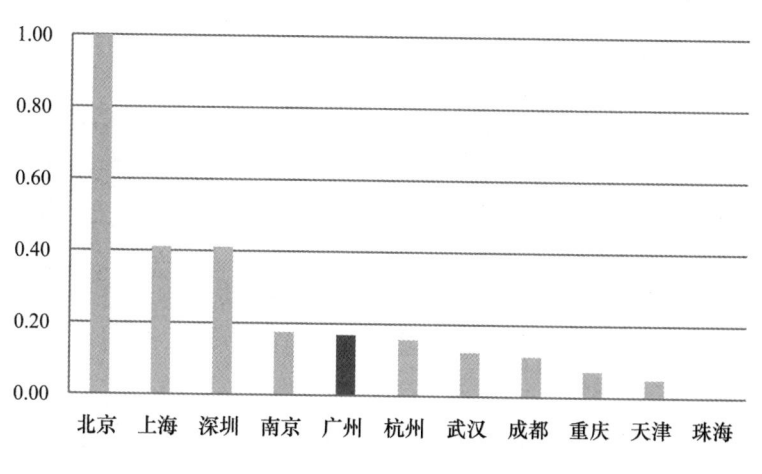

图 5-11　发明专利授权量指数

四 驱动力评价

（一）总体情况

由图5-12可以看出，广州"驱动力指数"为0.428分，在11个国内先进城市中排名第4，低于北京（0.785）、深圳（0.543）、上海（0.523），但高于武汉（0.422）、南京（0.417）、天津（0.309）、珠海（0.279）、杭州（0.276）、成都（0.220）、重庆（0.10）。观察驱动力的二级指标，可以看出，尽管广州"社会发展指数"排名靠前，在11个城市之中位居第2，但是"成果转化指数"和"产业优化指数"都排名第6，因此拖累了驱动力指数的整体表现。

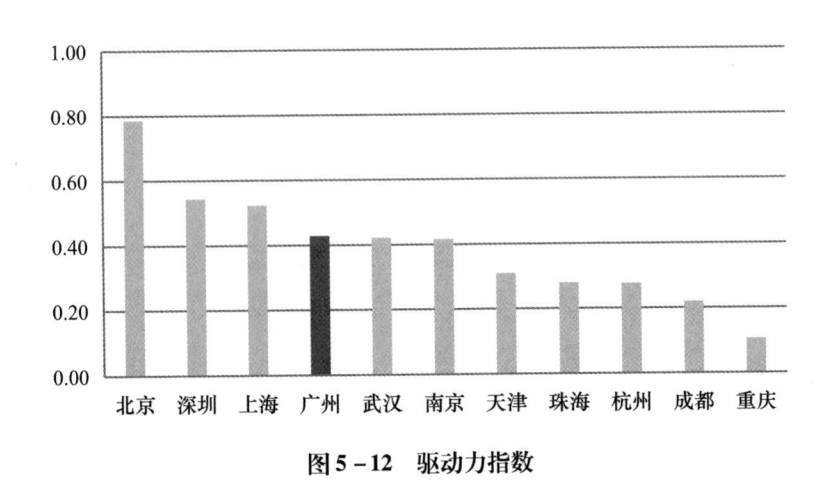

图5-12 驱动力指数

（二）成果转化

技术交易额是体现成果转化的核心指标，可以通过技术吸纳和技术输出之和来体现。由图5-13可以看出，广州"技术吸纳与输出金额指数"只有0.149分，在11个国内先进城市中排名第6，低于北京（1.000）、上海（0.276）、深圳（0.207）、成都（0.178）、武汉（0.161），但是高于天津（0.133）、南京

(0.107)、重庆（0.087）、杭州（0.053）、珠海（0）。

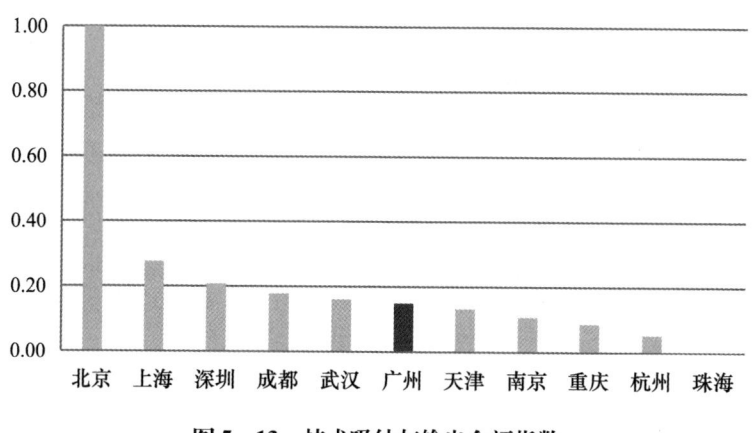

图 5-13　技术吸纳与输出金额指数

(三) 产业优化

1. 产业优化指数

产业优化是体现驱动力的重要指标，可以通过高技术制造业发展情况和知识密集型服务业发展情况来体现。由图 5-14 可以看出，广州"产业优化指数"只有 0.149 分，在 11 个国内先进城市中排名第 6，低于北京（1.000）、上海（0.276）、深圳（0.207）、成都（0.178）、武汉（0.161），但是高于天津（0.133）、南京（0.107）、重庆（0.087）、杭州（0.053）、珠海（0）。广州产业优化指标表现不佳，究其原因，主要受高技术制造业发展规模偏小的影响（在 11 个城市之中居第 10 名）。

2. 规模以上高技术制造业增加值

由图 5-15 可以看出，广州"规模以上高技术制造业增加值指数"只有 0.046 分，在 11 个国内先进城市中排名第 10，只高于珠海，低于深圳（1.000）、武汉（0.404）、杭州（0.279）、上海（0.257）、成都（0.187）、重庆（0.144）、北

158　广州建设国际科技创新枢纽的路径与策略

图 5-14　产业优化指数

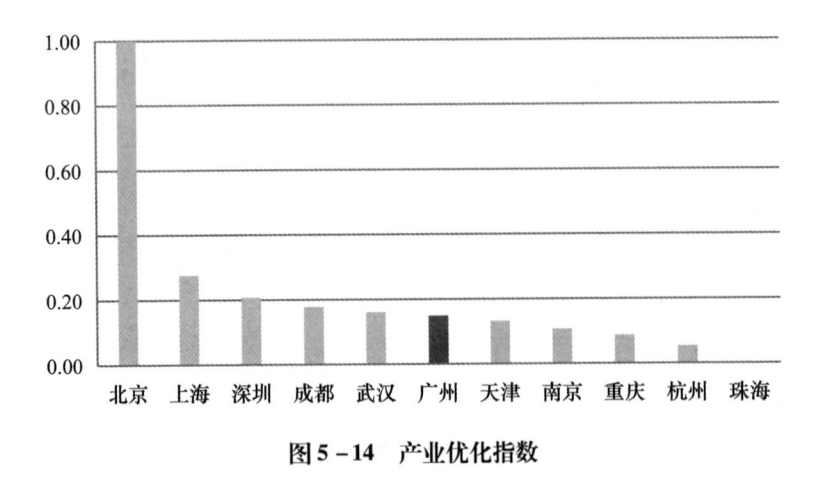

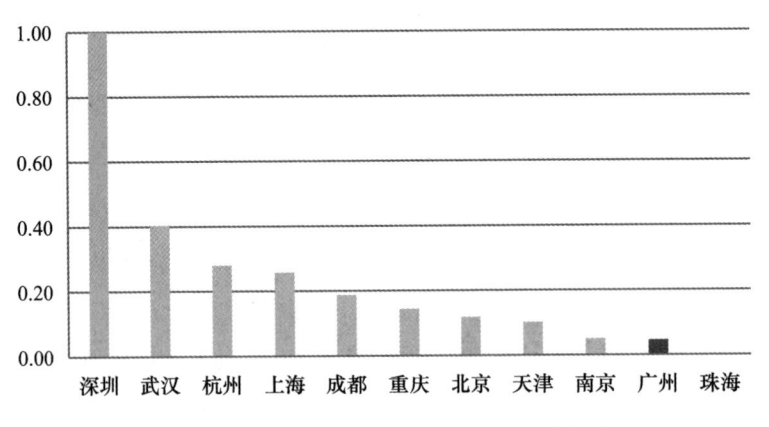

图 5-15　规模以上高技术制造业增加值指数

京（0.118）、天津（0.102）、南京（0.050）。可见，广州高科技产业仍然是其发展的短板。

3. 知识密集型服务业增加值

由图 5-16 可以看出，广州"知识密集型服务业增加值指数"达到 0.505 分，在 11 个国内先进城市中排名第 3，低于北京（1.000）、上海（0.830），但高于深圳（0.435）、天津（0.339）、重庆（0.313）、杭州（0.300）、武汉（0.238）、南京（0.236）、成都（0.202）、珠海（0）。

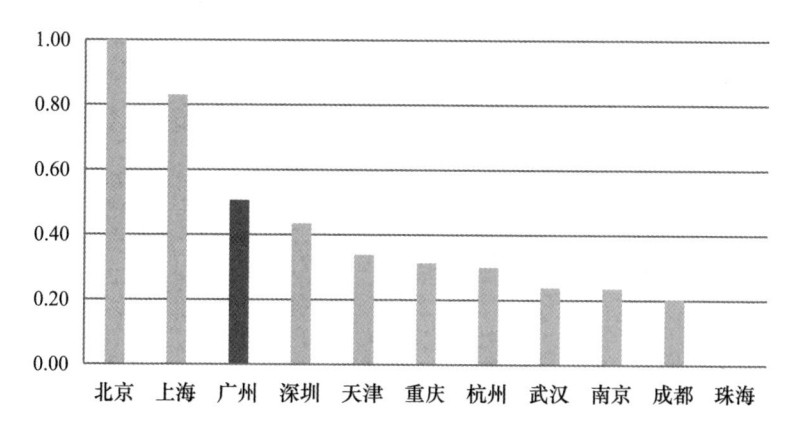

图 5-16　知识密集型服务业增加值指数

(四) 社会发展

由图 5-17 可以看出，广州"劳动生产率指数"达到 0.860 分，在 11 个国内先进城市中排名第 2，仅低于南京（1.000），高于珠海（0.837）、北京（0.796）、武汉（0.785）、上海（0.750）、深圳（0.706）、天津（0.574）、杭州（0.485）、成都（0.286）、重庆（0）。

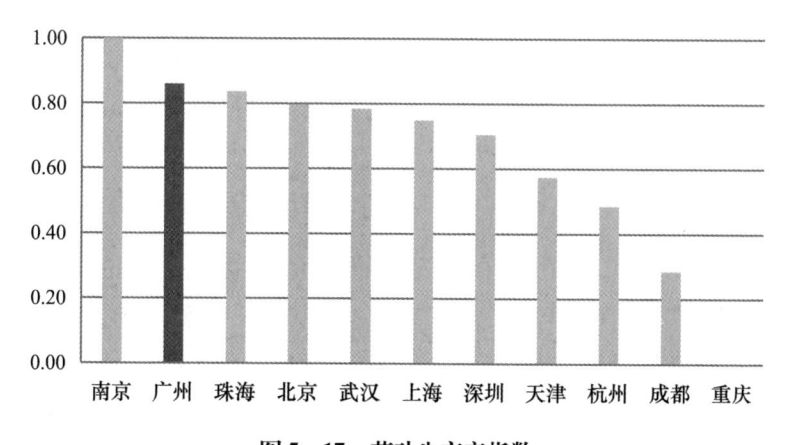

图 5-17　劳动生产率指数

五 辐射力评价

(一) 总体情况

由图5-18可以看出,广州"辐射力指数"为0.166分,在11个国内先进城市中排名第5,高于成都(0.148)、天津(0.113)、杭州(0.073)、重庆(0.057)、深圳(0.053)、珠海(0),但低于北京(1.000)、上海(0.201)、武汉(0.193)、南京(0.170)。

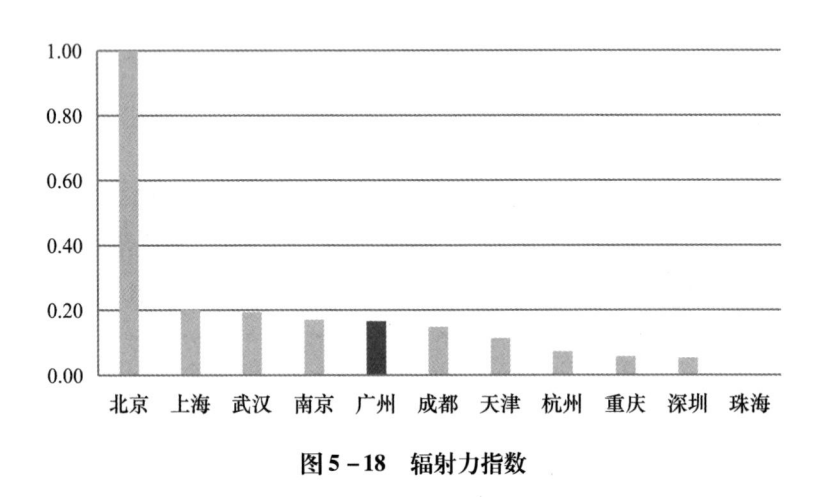

图5-18 辐射力指数

(二) 知识溢出

由图5-19可以看出,广州"前100高校高被引论文数指数"为0.199分,在11个国内先进城市中排名第4,高于上海(0.164)、杭州(0.115)、成都(0.114)、天津(0.097)、重庆(0.087)、深圳(0)、珠海(0),但低于北京(1.000)、南京(0.270)、武汉(0.255)。

(三) 技术流出

由图5-20可以看出,广州"技术输出指数"为0.133分,在11个国内先进城市中排名第4,高于武汉(0.132)、天津

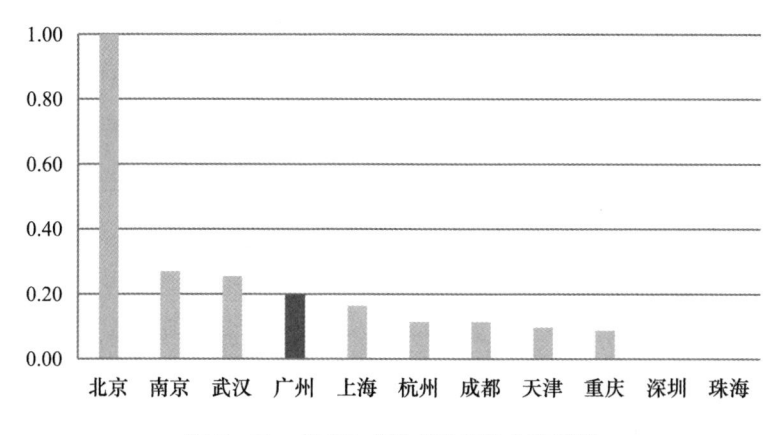

图 5-19 前 100 高校高被引论文数指数

（0.129）、深圳（0.107）、南京（0.071）、杭州（0.031）、重庆（0.028）、珠海（0），但低于北京（1.000）、上海（0.239）、成都（0.182）。

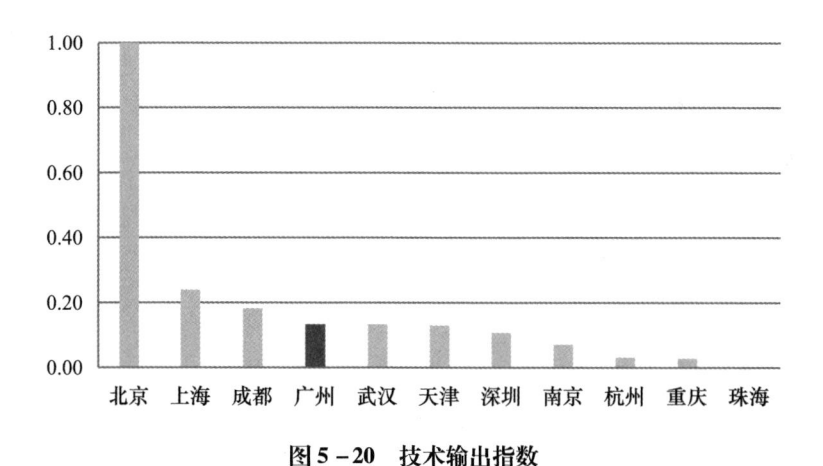

图 5-20 技术输出指数

六 主导力评价

（一）总体情况

由图 5-21 可以看出，广州"主导力指数"为 0.293 分，在 11 个国内先进城市中排名第 4，高于武汉（0.137）、杭州（0.121）、天津（0.107）、南京（0.106）、重庆（0.105）、成都（0.063）、珠海（0），但低于北京（0.787）、深圳（0.625）、上海（0.400）。

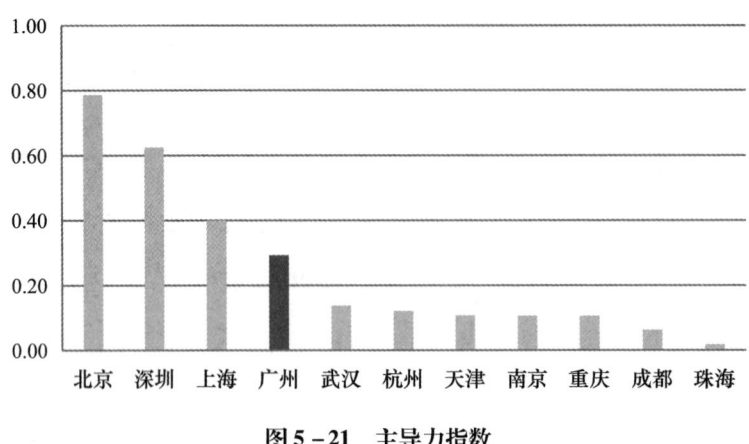

图 5-21 主导力指数

（二）技术主导

PCT 专利申请量是反映技术主导能力的重要指标。由图 5-22 可以看出，广州"PCT 专利申请量指数"为 0.139 分，在 11 个国内先进城市中排名第 3，与上海（0.137）相当，仅低于深

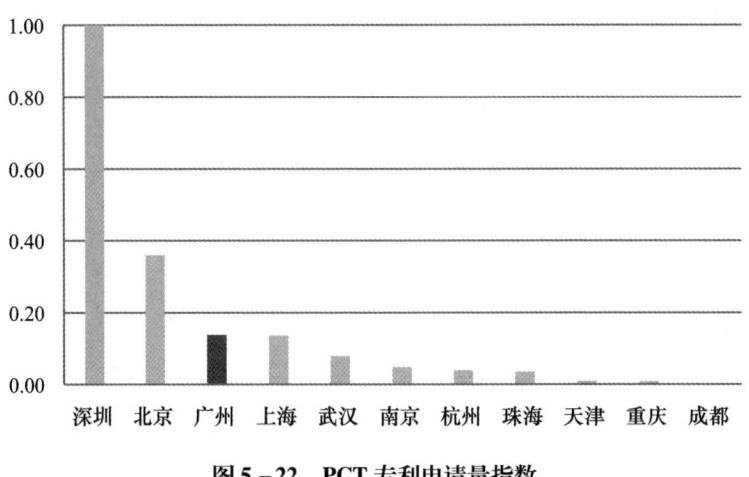

图 5-22 PCT 专利申请量指数

圳（1.000）、北京（0.360），但高于武汉（0.080）、南京（0.049）、杭州（0.040）、珠海（0.036）、天津（0.009）、重庆（0.004）、成都（0）。

（三）产业主导

世界500强企业数量是反映产业主导能力的重要指标。由图5-23可以看出，广州"世界500强企业数量指数"为0.054分，在11个国内先进城市中排名第5，低于北京（1.000）、深圳（0.125）、上海（0.125）、杭州（0.071），但高于珠海（0.018）、南京（0.018）、武汉（0.018）、天津（0）、成都（0）、重庆（0）等城市。

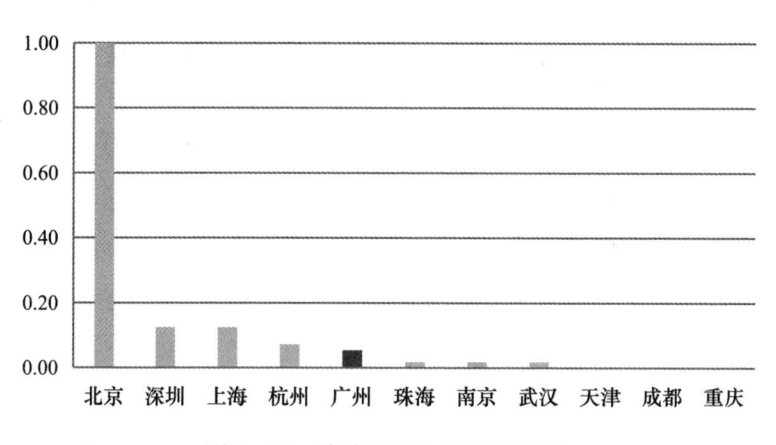

图5-23 世界500强企业数量指数

（四）创新地位

从全球创新城市排名100强得分可大致判断广州在国际科技创新枢纽中的地位。由图5-24可以看出，广州"全球创新城市排名100强得分指数"为0.054分，在11个国内先进城市中排名第4，低于北京（1.000）、上海（0.938）、深圳（0.750），高于天津（0.313）、武汉（0.313）、重庆（0.313）、杭州（0.250）、南京（0.250）、成都（0.188）、珠海（0）。

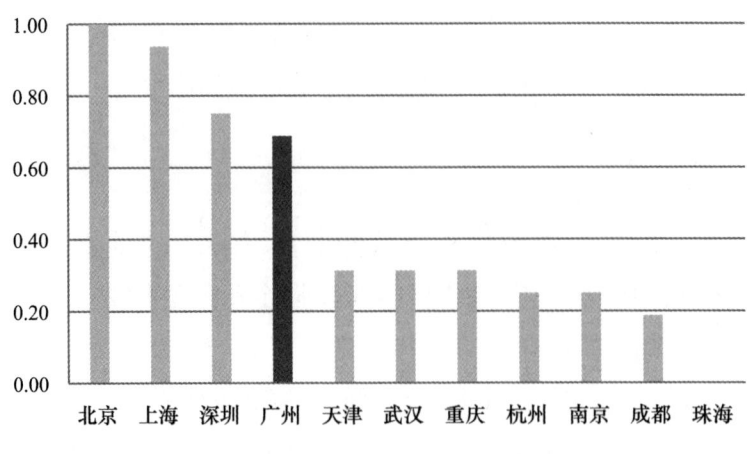

图 5-24 全球创新城市排名 100 强得分指数

第六章　国内外科技创新枢纽经验借鉴[①]

第一节　国外先进城市的特点与经验

一　美国硅谷

硅谷堪称全球科技创新中心典范。硅谷有很多世界级国家实验室和企业研究中心，产生了一批世界领先的科技成果，生产了晶体管、集成电路、计算机、互联网、智能电话等诸多引以为豪的科技产品。同时，硅谷也有诸多制度优势与文化基因。

（一）硅谷形成了以产业和企业为节点的创新网络

硅谷通过"企业衍生"（spin-off）机制实现了知识与资本重组，由此建构出由产学研金等主体组成的密集社会网络。境内有8000多家高科技公司，全球闻名科技大公司云集，聚集了包括甲骨文、惠普、谷歌、基因铁克、赛门铁克、英特尔、思科、苹果、脸书、易贝等全球顶级科技企业。硅谷境内还有著名的斯坦福大学、圣荷塞大学和克塔克拉拉大学，拥有9所专科大学、33所技工学校，硅谷的产业与大学和风险投资之间关

---

① 易卫华：《广州建设国际科技创新枢纽的国际借鉴与启示》，载邹采荣、马正勇、涂成林等主编《中国广州科技创新发展报告（2016）》，社会科学文献出版社2016年版。资料和数据做了更新。

系密切，形成长期合作网络。① 斯坦福大学成为织就创新网络的重要节点。早在20世纪50年代，由特曼建立的两项制度性的创新平台——斯坦福工业园（现在被称为斯坦福研究园）和大学荣誉合作计划，把大学研究人员和新兴产业联系到了一起。发达的教育体系推动了硅谷的崛起和成长，不仅为硅谷提供了丰富的科技创新人才，而且提供了丰富的科技创新成果和前沿技术，并转化为源源不断的财富。

（二）活跃的风险投资支撑科技型中小企业发展

在美国，风险投资生于纽约，长于波士顿，在硅谷迎来了它的黄金时代。风险投资是推动硅谷成长的发动机，极大地促进了硅谷的发展。硅谷的风险投资企业分为两类：一类是早期有较大影响力的风险投资企业，这些企业多数有共同创办人，企业之间网络联系密切，通过这种信息和资源通道，培育和发展新的风险投资企业；另一类是建立了特定的弱私人联系的风险投资企业，它们几乎没有共同创办人，但与风险资本以外的企业（如会计、法律咨询、教育和技术等部门）联系较密切。硅谷风险投资企业是受发达的科技产业的强有力吸引，而来自美国甚至世界各地的企业家和创业者则深刻地受到风险投资家的吸引。硅谷银行的风险投资专注于对尚未上市的高科技企业和成长性强的新创企业的支持，要求所有客户是有风险投资支持的企业，而且与客户签订知识产权质押的担保协议，推广有利于高科技企业的知识产权质押产品，根据高科技企业所处阶段提供差异化的资本服务，提高服务效率与质量。硅谷不仅有高质量的风险投资投入机制，而且退出机制也非常成熟，最主要的两种退出途径为公开发行上市和并购。硅谷的创业成功者

---

① 高维和：《全球科技创新中心：现状、经验与挑战》，格致出版社、上海人民出版社2015年版，第259页。

会积极支持其他人创业。

(三) 以基础制度为节点的创新网络激励创新活动

硅谷跨机构联系的重要意义，至少可以通过基础制度表现出来。政府采取一系列措施，为硅谷营造了宽松的创新环境和创新制度。一是对大学研发费用给予支持。为了激发原始创新，促进产学合作和成果转化，硅谷政府加大研究费用支持，斯坦福大学相当一部分收入来源于政府资助的项目；资助设立研究中心，比如享誉世界的斯坦福直线加速器中心和劳伦斯·伯克莱试验中心就是得到政府资助而建立的，硅谷开发空间尖端技术的重要基地阿莫斯航空航天中心也得到了政府大量资金的资助。二是通过税收优惠和风险投资引导政策鼓励创新。硅谷政府改革风险投资公司的组织形式，实施小企业投资计划，无偿资助风险投资者和风险企业，扩大风险资金来源，允许养老基金进入风险投资市场。同时，降低税率，根据1978年通过的税收法案，将资本所得税从49.5%下降到28%。三是政府加强基础设施建设。政府投资基础设施建设，在环境保护和能源提供等方面发挥重要作用。为了缓解住房压力，政府加强住房建设，营造舒适的创新创业环境。四是通过间接手段加强对企业的管理。实施鼓励创新的法案，设立研发基金，用于国防、医疗、能源、信息等项目的研发；实施研发抵税优惠政策，允许企业拥有政府资助的科技成果。五是政府制定各种创新、税收、移民等法律和政策，营造创新的制度环境，确保风险投资按照市场规律运作，强化官产学研合作。

(四) 产业布局集群效应十分显著

硅谷的高科技公司以计算机和互联网行业为主，形成了联系密切、相互合作的企业集群。硅谷的发展，始于微电子技术，然后逐步向计算机硬件、软件和互联网技术等领域拓展。斯坦福大学和硅谷高技术公司之间长期保持着非常密切的互动合作关系。目前，硅谷的大量信息与通信技术公司、纳米技术和人工智能的高科技公司形成了典型的高科技企业集群。这些企业不仅在空间上产生了一种"共生"关系，而且形成高科技公司和研究型大学为网络节点的产学研创新系统，借助斯坦福大学丰硕的技术创新成果和丰富的科技人力资源，形成了以大学和研发机构为核心、各类服务机构为纽带，面向企业开展技术创新的科研开发集群，使得工业界和学术界共同受益于集群的快速成长。硅谷大量龙头企业溢出效应强，这些企业不断衍生和繁殖新的公司，这些大小不一的公司共同在市场上开展竞争合作，实现产品与技术的不断突破，公司之间的分工与协作水平不断提升，使得裂变或派生成为硅谷高科技集群得以迅速发展的重要途径。例如，由于惠普公司技术的蔓延和剥离，20多家充满活力的高科技公司由此衍生，形成了新的科技企业群。当然，硅谷作为世界高科技创新中心，其发展并不固定于某一行业或部门，而是有效避免了某一行业的生命周期，不断推动产业合理变迁，以市场为核心，开发出符合市场需求的技术和产品。

（五）科研人才的发展环境优厚

硅谷具有宜人的自然环境，有鼓励创新、包容失败的创新创业文化，这种充满活力的文化氛围吸引了全世界的高科技人才。硅谷拥有高质量的科技创新人才资源。硅谷人才之中，有50多名诺贝尔奖获得者，有上千位科学院院士与工程院院士，有1万多名科学家和工程师。硅谷人才具有国际化和多元化特征。海外高科技人才源源不断地从世界各地涌来，技术移民众多，不断为硅谷注入新鲜血液，使硅谷成为世界民族大熔炉。2013年，硅谷员工中，有36.8%来自国外，2014年上升到52%，其中亚洲人占2/3。[①] 根深蒂固的创新文化，使得硅谷人才流动性非常强。由

---

① 聂鲲、刘冷馨：《硅谷人力资本与产业集群互动研究》，《宏观经济管理》2016年第7期。

于大多数企业结构松散，公司与外界之间的界限极易被打破，企业、大学和研究机构之间人员流动自由，科研人员兼职、下海成为较为普遍的现象。区域之间人际关系网络通过正式或非正式交流不断壮大。人才培养激励对硅谷发展作用巨大。美国政府采取一系列措施，吸引人才，包括：大量招收外国留学生；利用研究机构不断招聘高科技人才；利用各种平台，大量引进高层次人才；通过联合攻关或者利用企业外迁方式，借用科技人才；改变签证计划，实施移民政策吸引科技人才；为突出人才提供优厚的待遇和发展条件；等等。

二 新加坡

新加坡是亚洲科技创新较发达的地区，与广州有着相似的文化背景和发展模式，在城市地位和经济实力上相近，是广州追赶的主要目标。在全球创新指数 2019 排名中，新加坡在 500 个城市中排在第 5 位，比 2018 年上升了 1 位。新加坡的成功高度依赖国际合作。围绕优化科技创新资源配置，培育优秀的创新人才、企业和产业，新加坡采取了一系列国际合作的措施，取得了显著的成效。

（一）雄厚的经济实力为科技发展奠定良好基础

新加坡是一个城市国家，国土面积小，但是经济实力雄厚，2019 年 GDP 达 3720.63 亿美元，在全世界排第 33 位；人均国民生产总值 6.52 万美元，排世界第 9 位；2019 年，新加坡国民总储蓄达 1593.7 亿美元，排世界第 21 位。[1] 目前，新加坡经济体系转向基础研发、高科技创业、环境和水资源技术研发、生命科学、数字媒体等领域发展，半导体制造业和服务业（占新

---

[1] 快易理财网（https://www.kylc.com/stats/global/yearly_overview/g_population_net_migration.html）。

加坡经济总量的2/3）发展快速，金融服务和旅游相关服务业是新加坡经济发展的主要动力，金融科技、机器人、创意IT解决方案、航空航天和先进制造业发展也不错。

（二）通过扩大国际合作与科技开放积累创新资本

新加坡拥有相当开放的科技管理主体与研发主体。在新加坡科技管理中，研究、创新与企业理事会（RIEC）发挥了至关重要的作用。RIEC成员不仅包括产业界、知识界和科技界人士，也包括政界要人（总理、部长等）。RIEC的18位成员中，有8位来自国外，国外成员占比达到44.4%。国家研究基金会（NRF）主要负责RIEC的常规事务，确定国家科技研发战略方向。在NRF的科学咨询委员会（SAB）中，全部10名成员（包括主席在内）都是世界著名大学与研发科技机构的科学家（非新加坡籍）。在政府部门雇用的科技专家中，有9.8%的人员为外籍人士。同时，鼓励大学与研究机构参与国际科技合作。政府设立大量的科技计划，引导大学与研发机构深度参与科技合作，比如由国家研究基金会发起的RCE项目、CREATE项目，由交互与数字多媒体项目办公室（IDMPO）设置的i.ROCK项目等。[①]

（三）大力投资教育，培养本土人才

新加坡十分注重高等教育，努力建设世界一流的国际教育中心，促进本土人才的培养。一是新加坡瞄准世界一流大学，并以此为标准积极推动改革，大力培养学生的创新精神与企业家精神，开发创造性思维。二是注重与世界一流大学建设各类人才培养的合作关系。比如，国立新加坡大学与美国的约翰·霍普金斯大学和斯坦福大学等世界著名大学都有人才联合培养

[①] 陈强等：《新加坡发展科技与创新能力的经验与启示》，《中国科技论坛》2012年第8期。

项目。三是开放高等教育市场。为了培养国际创新人才，吸引世界一流的大学在新加坡办学，新加坡不断开放高等教育市场。更值得关注的是，包括宾州大学和麻省理工学院在内的多家世界一流大学都在新加坡设立了人才联合培养中心。四是提出"走向世界、根留新加坡"口号，鼓励本地学生到世界一流大学留学，在他们学有所成后又被吸引回国服务。新加坡科技局设有奖学金，鼓励学生攻读科学及工程类研究生学位，也通过设置奖学金，鼓励本专科生与中学生到海外学习。通过培养本土人才和引进外国人才，新加坡在高科技重点领域积累了雄厚的人才资源，成为其重要的竞争优势。

（四）积极支持企业科技创新

企业是新加坡科技创新的主体，跨国公司更是新加坡企业技术创新的主角。新加坡是排名亚洲第一的五大跨国公司总部城市，跨国公司数量比中国香港、上海、北京和东京都要多。[①]由于新加坡是通往东南亚市场的主要门户城市，拥有许多优秀国际人才和良好生活环境，加之法律环境和低税率对企业发展有利，新加坡通过设立专项计划、成立专门基金以及对国有经济部门支持等方式，鼓励企业技术创新，并设立了新加坡技术开发基金，资助中小微企业。此外，颁布了《新加坡中小企业21世纪10年发展计划》，从宏观、行业、企业3个层次出发制定了多项政策，特别是创新券（2012年改为创新与能力券）政策，对广大中小企业科技创新发展影响巨大。新加坡设立创新券的主要目的在于连接知识机构，鼓励企业进行科技创新，提升科技创新能力。申请者可通过在线提交或入口管理等方式，在2个工作日完成处理，每年可申请2—3次，面值5000加币，

[①] 高维和：《全球科技创新中心：现状、经验与挑战》，格致出版社、上海人民出版社2015年版，第120页。

每个领域可申请 2 张，服务提供商达 22 家。

第二节　我国先进城市发展优势与经验

一　香港

（一）设立创新及科技基金，注重培育创新的可持续能力

一是科技创新资金覆盖面广。从 1999 年开始，香港设立创新及科技基金，为产业技术开发和科技发展项目提供资助。政府其后三次向基金注资共 90 亿元，并于 2018 年 7 月获立法会通过再注资 100 亿元，以支持基金下各项资助计划持续运作和推出新措施。基金设有 16 项计划，包括：创新及科技支持计划，内地与香港联合资助计划，粤港科技合作资助计划，伙伴研究计划，企业支持计划，投资研发现金回赠计划，院校中游研发计划，公营机构试用计划，科技券、研究员计划，博士专才库，再工业化及科技培训计划，大学科技初创企业资助计划，创科创投基金，一般支持计划及专利申请资助计划等。截至 2019 年 10 月底，基金已批出 12161 个项目，涉及拨款 178 亿元，其中 4070 个为研发项目，涵盖信息科技项目（占 33%）、电气及电子（占 25%）、制造科技（占 15%）以及生物科技（占 8%）。另外，政府已预留 20 亿元，资助推行再工业化计划，通过配对形式，大力资助生产商在香港设立智能生产线。[①] 由于香港创新及科技基金项目覆盖面较广，资助重点突出，前瞻性较强，项目产生了较大的经济效益和社会效益。

二是突出培育创新的可持续发展能力。创新科技署设置基金，面向大学教育和研发机构的师生，为香港未来科技发展培养储备人才。基金不仅面向官方研究组织，还面向产业和个人，

[①]《香港创新及科技》，香港统计局网站（https://www.itb.gov.hk）。

有力地推动了香港科技基础研究和未来发展。基金的成立与分配坚持企业创新主体地位的原则,避免包办产业科技创新。企业获得资助时,必须配备等额或更多的资金参与创新;建立明晰的科技成果产权制度,规定创新产生的知识产权由企业所有和支配,大大激励了香港科技发展。

三是支援科技创新初创企业。香港政府通过香港科技园公司(科技园公司)和数码港的培育计划,为初创企业提供全面的支援,包括租金优惠、共用设施、工作空间、市场推广、津贴资助、业务发展支援等优惠。当前,创新及科技基金、数码港的创意微型基金、科学园的科技企业投资基金和不同的大学资助计划,都可为科技初创企业的发展需要提供资金。

(二)发展科技平台和基础设施建设,带动科技产业创新

香港十分注重加强创新载体、创新平台等基础设施建设。在2020年全球创新指数的基础设施排名中,香港在131个经济体中名列第11。[①] 1998年,香港政府发布了创新及科技发展蓝图,基于此推动基础设施投资,包括:成立香港创新及科技基金;创办香港应用科技研究院,政府资助经费;建立科技发展载体,包括香港科学园、数码港及5所研发中心。[②]

一是发展科技园区。香港科技园区主要包括香港科学园和数码港。在香港科学园内,有超过890家科技公司进驻,并约有9000名研发人员在园内工作,发展生物医药科技、电子、信息及通信科技以及精密工程等五大科技群组,努力推动智慧城市、健康老龄化以及机器人技术三大跨界别技术平台建设。香港科技园优先吸纳对本港经济持续增长至为重要的创新及科技产业,其提供的设施亦会适合涵盖整条价值链的不同生产活动。

---

① 世界知识产权组织网站(https://www.wipo.int/global_innovation_index/zh/2019/)。
② 《香港创新及科技》,香港统计局网站(https://www.itb.gov.hk)。

在营运模式方面，科技园公司主要兴建及管理专门用作科学与创新及科技产业的多层工业大厦出租，以确保工业仍可发展的用地发挥其最大潜力。数码港由香港政府全资拥有，是一个创意数字社区，云集超过1500家初创企业和科技公司。① 数码港的发展目标是成为全球创新及科技枢纽，同时，也致力于推动本地经济发展，包括培育数字初创企业及创业人才、推动科技创新并创造商机、推动科技发展计划实施以及促进数字科技普及化。

二是建立研发中心。由香港生产力促进局与香港应用科技研究院等机构设立或承办了5所著名的研发中心，包括香港资讯及通信技术研发中心、汽车零部件研究及发展中心、香港物流及供应链管理应用技术研发中心、香港纺织及成衣研发中心、纳米及先进材料研发院有限公司等。这些研发中心开展核心技术范畴的应用研发工作，推动研发成果商品化及技术转移。此外，香港注重与世界知名的研究机构共同成立研发中心。2016年，瑞典的卡罗林斯卡学院（Karolinska Institute）入驻香港科学园，设立了海外研究中心，开展再生医学方面的研究工作；麻省理工学院在香港成立首个海外创新中心，旨在推进研究产业化。2010年，为了满足香港对兽医的需求，香港城市大学与美国康奈尔大学开展合作，成立香港第一家动物医学院。

三是香港科技产业迅速发展。为推动香港经济社会等多方面发展，香港特别行政区政府提供足够的土地、先进的生产设施及优质的支援服务，致力促进本地创新及科技产业的发展。在大数据发展方面，政府致力推动高端数据中心发展，提供适合建设数据中心的土地和其他支援服务，吸引跨国数据中心在

---

① 《香港创新及科技》，香港统计局网站（https://www.itb.gov.hk）。

港落户，从而增强香港的整体竞争力。基于香港的多项优势，香港成为亚太区首选的数据中心地点，多家跨国公司在香港设立数据中心。由于越来越多的企业参与培育和加速计划，加上大学、数码港、香港科学园等纷纷推行新计划以推广相关的初创企业，香港科技产业发展速度大大加快。在生物科技方面，香港发展迅速，研究突破屡见不鲜，具有较强的竞争力。据估算，目前香港各家大学每年发表约250篇具有高影响力的生物医学论文。此外，香港对国际大规模基因工程项目，以及在确认和定性SARS（严重急性呼吸系统综合征）、禽流感病毒等新型传染病方面，都做出了重大科学贡献。[1] 在人工智能方面，香港也拥有不少顶尖的私营人工智能科技公司，如商汤科技（SenseTime）。在2017年12月公布的《香港智慧城市蓝图》中，政府资助公私营机构采用更多人工智能技术，在运输、海关检查及网络安全等公共及城市管理服务中增加使用人工智能技术。

（三）加强与内地的科技交流与合作，推动粤港澳大湾区发展

香港与内地的公司和研究机构关系紧密，成为内地与国际市场合作的重要桥梁与纽带。中央政府大力支持香港科技创新，鼓励香港发挥科技资源与区位优势，融入粤港澳大湾区建设。

一是中央和地方政府大力支持香港科技创新。目前，香港有中国科学技术部批准的国家重点实验室16所，以及国家工程技术研究中心香港分中心6所。受香港政府资助的大学及研发机构负责管理这些实验室。此外，在香港科学园，广州生物医药与健康研究所成立了干细胞及再生医学研究中心。自2018年起，香港的大学及研究机构可以申请中央财政科技计划项目，

---

[1] 《香港创新及科技》，香港统计局网站（https://www.itb.gov.hk）。

容许科研资助跨境移动的安排以及在香港使用有关资助,促进香港科技人才与内地合作及参与国家重大科技任务。香港和深圳于 2017 年 1 月签署《关于港深推进落马洲河套地区共同发展的合作备忘录》,全面发展后的创科园会是香港历来最大的创科平台,提供 120 万平方米总楼面面积。[①] 粤港澳大湾区建设将带来更多的机遇,香港将可进一步善用各方面的优势,包括研发能力、科技基础设施、法律制度及知识产权等,推动创新及科技业节节上升。同时,发挥商业平台的作用,协助创新公司打进亚洲市场,特别是中国内地。

二是香港加快与内地城市之间的合作。在粤港澳大湾区城市中,香港金融、人才和国际化优势独特。香港利用其多年积累的优势,并将其带到大湾区,开展科技合作,努力营造国际一流的湾区创新科技生态系统。利用香港高等院校发达优势,香港一些高校与深圳和广州等城市合作开设分校,助力内地科技和教育发展。目前,香港科技大学(广州)已投入建设;香港中文大学深圳校区已建成并招生;香港大学不仅在深圳设立了医院,还将与深圳大学在深圳和香港互设校区。由广州、香港和深圳科技与创新界组成的广深港科技集群,已被打造成亚洲战略性商业平台及技术交易市场,它也是一个日益壮大的本地研究集群。根据 2020 年全球创新指数,广深港科技集群是世界第二大科技集群。

(四) 培养研发人才,增强创新活力

一是注重培育本地人才。在香港高等教育体系中,排名世界靠前的大学众多。根据《QS 世界大学排名》和《泰晤士高等教育世界大学排名》的统计,香港的大学地位较高,对香港培育高科技人才贡献巨大(见表 6-1)。香港的大学在科学和工

[①] 《香港创新及科技》,香港统计局网站(https://www.itb.gov.hk)。

程学科方面成绩突出,大学的研发支出和研发人员数量也有所增加,可转化的科技项目越来越多,对香港经济社会发展作用巨大。创新及科技基金下的研究员计划和博士专才库资助符合资格机构/公司聘请大学毕业生及博士后专才进行研究工作,鼓励他们投身创科行列。截至 2019 年 11 月底,2 个计划共创造了约 5500 个研究职位。研究员计划及博士专才库的资助范围会于 2020 年内进一步扩大至涵盖所有在本港进行研发活动的公司。资科办自 2015—2016 学年开始,在中学推行为期 8 年的信息科技增润计划,培育年轻的信息科技人才,以满足日后的发展需求。在中学、大专院校、业界和政府共同合作下,8 所伙伴中学开设信息科技增润班,为对信息科技感兴趣及具才华的中二至中六学生提供深入的信息科技培训。另外,该计划支持中学举办信息科技活动,以便在校园营造崇尚信息科技的氛围,并激发学生对信息科技的兴趣。为进一步协助年轻人装备才能,打好信息科技基础去选择相关科目范畴的大专课程以至最终投身创科行业,政府已预留 5 亿元,以便在信息科技增润计划下推行中学 IT 创新实验室计划,向全港所有公费资助的中学提供财政资助,设立"IT 创新实验室",提升校内信息科技设施,以及在传统的课堂学习以外举办更多与信息科技相关的课外活动。政府也推行再工业化及科技培训计划,大力资助本地企业人员,开展高端科技培训,包括与"工业 4.0"有关的培训。截至 2019 年 11 月底,计划共批准了 320 宗公开课程及 19 宗专门设计课程申请,共资助超过 2000 名学员接受培训。[①] 为培育创科人才,政府正积极推动 STEM 教育,落实多项措施,包括更新课程、提供教师专业培训、资助及举办大型学习活动。

[①] 香港统计局网站(https://www.itb.gov.hk)。

表6-1　跻身全球大学排名前100的本地大学（以学科分类）

学科	大学（排名）
电机及电子工程	科大（20），港大（36），中大（65），城大（71），理大（92）
计算机科学及资讯系统	科大（30），中大（31），港大（43），城大（68）
化学	科大（31），港大（52），中大（95）
化学工程	科大（32），港大（63）
数学	科大（36），中大（37），港大（53），城大（86）
物理及天文学	科大（37），港大（66），中大（99）
医学	港大（39），中大（40）

资料来源：2021年《QS世界大学排名》，以学科分类；《香港创新及科技》，香港统计局网站（https://www.itb.gov.hk）。

二是加强对海外人才的引进力度。香港不仅注重培育本地人才，也不断加大海外人才的引进力度。香港政府于2018年5月推出科技人才入境计划，为海外和内地从事科技研发的专才提供快速处理安排，到香港从事研发工作。香港实施多层次人才引进计划：第一，引进对于在国际科技界、相关科技领域有崇高地位的精英人士，使他们从战略的层次指导香港的科技发展，为香港科技发展的战略定位、发展策略和措施出谋划策。第二，引进高层次科研人员，通过经费资助和发展基础设施吸引他们，并希望通过这些人才的国际声望、社会关系，借助他们所专注领域的前沿技术，使他们能结合香港的需要，提出一些前沿的科研发展项目，推动大学和科研机构的学科建设。第三，通过政府的"输入内地专业人才计划"，输入具体的研发人员，使这些人成为香港科研的主力，成为具体项目的执行者、科研活动的主要操作者。根据投资推广署对2020年初创企业的调查结果，约26%受访初创企业由非本地人创办。[①] 此外，一些

[①]《香港创新及科技》，香港统计局网站（https://www.itb.gov.hk）。

受中国内地市场吸引的跨国企业也选择把研发部门设在香港，原因在于，对海外研发人才而言，相比内地，他们可能更易适应在香港生活和工作。政府于2021年上半年推出"杰出创科学人计划"，支持大学吸引国际知名创投人才、科学家和团队来港，参与科技创新教研活动。

（五）发展金融科技，助力科技创新

香港是著名的国际金融中心，信息及通信科技发展较为成熟，科技中小企业众多，形成了有利于金融科技发展的创新生态，金融科技行业发展迅速。据统计，香港的金融科技初创型企业数目增长迅速，由2016年的138家增至2020年的468家。在全球知名调查机构Startup Genome发布的《2020年全球金融科技生态系统报告》中，香港的金融科技生态系统全球排名第8。[1] 香港之所以成为金融科技公司的理想营运地点，因素众多，主要优势体现在：一是作为香港和亚太地区金融科技公司发展的重要基地，香港在地区性金融营运方面优势突出，成为亚太区的商贸枢纽；二是香港专注于企业对企业（B2B）的金融科技，而不仅仅是满足区内需要，推动为传统金融服务的科技公司发展壮大；三是吸引内地科技公司包括电子商务公司、信息科技公司及金融科技公司在港成立分支机构，作为拓展区域和国际市场的重要基地。香港最重要的金融科技发展领域包括数据分析、机器人技术、大数据、点对点（P2P）技术及自然语言处理等。近年来，香港金融科技为香港发展带来巨大影响，对金融服务业产生了颠覆性影响，包括网络安全、外汇、电子商务、财富管理和机器人顾问等领域，影响十分巨大。

---

[1] 《香港创新及科技》，香港统计局网站（https://research.hktdc.com/sc/article/MzEzOTIwMDIy？ivk_sa=1024320u）。

二 北京

（一）发展优势

作为国家科技中心，北京科技资源数量与质量达到较高水平，是创新成果最多、辐射带动能力最强的科技创新高地。无论是在技术创新、知识创新、产业创新，还是在服务创新等方面，北京都具有无可替代的优势。可以说，北京已初步建成"具有全球影响力的科技创新中心"。

首先，北京是全国科技资源最为富集的地区。众所周知，北京具有全国其他城市无可比拟的优势，是国家"科技创新极"，聚集了代表我国最高科技发展水平的高等院校、研发机构与科技人员，无论是科技资源数量和规模，还是结构与质量均处于全国前列，而且是推动全国其他地区科技创新和经济发展的主要发展"引擎"。2018年，北京全社会研发经费支出1870.8亿元，居全国各城市之首，高于上海（1359.2亿元）、深圳（1163.5亿元）、广州（600.2亿元）、天津（492.4亿元）、杭州（464亿元）、南京（393亿元）、成都（392.3亿元）、重庆（364.63亿元）、武汉（360亿元）和珠海（92.15亿元）等；全社会研发经费支出占地区生产总值的比重达6.17%，远高于深圳（4.8%）、上海（4.16%）、杭州（3.44%）、武汉（3.42%）、珠海（3.16%）、南京（3.07%）、广州（2.63%）、天津（2.62%）、成都（2.56%）、重庆（1.79%）等国内先进城市。从创新平台看，北京有国家级孵化器55个，高于上海（49个）、天津（39个）、杭州（32个）、广州（26个）、南京（26个）、武汉（25个）、深圳（17个）、重庆（17个）、珠海（8个）、成都（3个）。截至2018年，北京有国家级高新技术企业28000家，高于深圳（16900家）、上海（13000家）、广州（12000家）、天津（6035家）、杭州

(5546 家)、南京（4602 家）、重庆（3195 家）、武汉（2707 家）、成都（2559 家）、珠海（2220 家）。①

其次，北京是我国原创能力最强的地区。由于高校科研机构众多，北京是我国原始创新的高地。无论是资金投入、机构聚集还是原始创新成果产出，北京都具有我国其他城市不可比拟的优势。2018 年，北京全社会研发经费中，基础研究经费达 156.9 亿元，高于上海（105.69 亿元）、成都（30.34 亿元）、天津（23.65 亿元）等城市；基础研究经费占全社会研发经费比重达 14.70%，高于上海（7.78%）、成都（7.73%）、天津（4.80%）、重庆（4.32%）、深圳（3.13%）等国内先进城市。② 北京前 500 强研究机构自然指数达 3618，远远高于上海（836）、南京（702）、武汉（347）、广州（343）、杭州（240）、成都（123）、重庆（99）、天津（78）、深圳（33）。2018 年，北京 CNS 论文数量 124 篇，高于上海（28 篇）、杭州（13 篇）、广州（9 篇）、南京（7 篇）、天津（5 篇）、深圳（4 篇）、武汉（3 篇）、成都（2 篇）和重庆（1 篇）等城市③；发明专利授权量 46978 项，远远高于上海（21331 项）、深圳（21309 项）、南京（11090 项）、广州（10799 项）、杭州（10267 项）、武汉（8807 项）、成都（8304 项）、重庆（6570 项）、天津（5626 项）、珠海（3452 项）等城市④。

再次，北京大力发展以科技流主导的流量经济。北京在构建完整的科技基础设施平台、科技要素流动平台、科技创新服务平台和相关载体的基础上，不断完善人才、技术、资金、信

---

① 数据来源于各城市当年统计年鉴、统计公报；《2019 年全国高企总量分析在这里：最关键的"硬数据"来袭》，https：//www.sohu.com/a/391711296_699502。
② 数据来源于各城市当年统计年鉴、统计公报。
③ 《2019 年度中国高校（机构）CNS 论文数排名揭晓》，http：//blog.sina.com.cn/s/blog_b4505b7e0102yve0.html。
④ 数据来源于各城市当年统计年鉴、统计公报。

息等要素流动与传递机制，吸引全球项目在北京落地，努力向全球集聚高端人才和技术，促进资金、信息等资源要素向北京集中、整合，以此带动技术创新，对全球发挥辐射带动作用。通过有序、高效和规范的技术与人才流动，北京地区技术和经济规模不断扩大，影响不断增强，成为国际科技创新枢纽。2018年，北京技术输出额达4957.8亿元，相当于上海（1225.2亿元）的4倍，远高于成都（946.66亿元）、广州（703.69亿元）、武汉（702.03亿元）、天津（685.59亿元）、深圳（576.67亿元）、南京（400.26亿元）、杭州（207.11亿元）、重庆（188.35亿元）、珠海（52.62亿元）等国内其他城市；技术吸纳额达2247.2亿元，高于深圳（988.82亿元）、上海（828.17亿元）、武汉（531.4亿元）、重庆（517.92亿元）、南京（452.25亿元）、广州（447.27亿元）、成都（408.42亿元）、天津（347.59亿元）、杭州（258.56亿元）、珠海（36.67亿元）等国内其他城市。

最后，北京将"服务创新"作为城市发展理念。北京作为首都，在创新型国家建设与大首都圈的建设中承担了巨大的责任，发挥了我国其他城市不可替代的作用。长期以来，非均衡发展的态势造成其他地区与北京差距巨大，推动北京产业结构向服务业化产业结构转变，自身经济规模迅速扩大，成为区域经济增长极。目前，北京已经初步形成与周边地区科技协同发展的格局，成为发挥首都服务创新功能的重要支撑。2018年，在第三产业之中，北京除批发和零售业、交通运输、仓储和邮政业、住宿和餐饮业及房地产业之外的知识密集型服务业增加值为18389亿元，高于上海（15408亿元）、广州（9719.4亿元）、深圳（8478亿元）、天津（6797亿元）、重庆（6353亿元）、杭州（6127亿元）、武汉（5033亿元）、南京（4990亿元)、成都（4403亿元)、珠海（861亿元)。①

（二）主要发展经验

1. 实施央地协同发展战略，共建国家的原始创新中心

一是对接国家重大专项与发展计划。多年来，北京作为中国的首都，积极主动地服务于国家的科技创新发展战略，通过对接国家科技重大专项与科技计划，不断争取更多的科技发展项目和重大任务在京实施。北京积极制定措施，突出基础研究，通过不断加大对资源环境、人口健康与能源交通等国家重点项目的支持等方式，鼓励支持在北京的企业、高校和科研机构承担重大科技项目。

二是对接国家基础设施建设项目。北京以应用研究为重点，通过完善相关配套政策措施，加强服务保障支持，支持国家重大基础设施项目落户北京。北京市科委最新统计数据显示，目前北京在用、在建、拟建的大科学装置已达19个。② 同时，加强建设基础性公共平台，支撑网络基础研究开发与产业创新。

2. 通过"三城一区"的战略，构建协同创新发展新格局

近年来，北京通过推进首都科技资源融合发展战略，全力推动"三城一区"建设，使北京成为全国科技创新中心建设主平台。

一是充分发挥中关村科学城的"领头雁"作用。聚集全球高端创新要素，努力将中关村建成在全球都具有重大影响力的科学城。北京通过不断扩大科技与经济领域的开放程度，提升科技资源集聚能力，优化空间格局和资源配置，推动不同创新主体的深度融合，提升城市创新形象，努力营造世界一流的创新创业生态。此外，瞄准世界科技发展前沿，在中关村科学城

---

① 数据来源于各城市当年统计年鉴、统计公报。
② 《大科学装置：北京布局令人瞩目》，https：//www.sohu.com/a/319684277_120058319。

内，打造新型特色产业园与产业技术研究院，大力建设互联网及应用技术创新园、航空科技园、航天科技创新园以及宽带技术产业创新园等，为经济社会发展孕育新兴产业增长点，开展环境、能源、信息科学、基础材料等领域的研究，突破生物医药、信息、先进制造、导航等领域的关键共性技术，实施技术创新跨越工程。

二是努力将怀柔科学城打造成新时代科学城新标杆。建设开放式、全球化科技管理运行新机制，大力推动怀柔综合性国家科学中心建设，深化怀柔科学城大科学装置建设，以及新一批前沿交叉研究平台开工建设。在北京19个在用、在建、拟建的大科学装置中，怀柔科学城布局5个，占比26%。[①] 通过引导社会力量、民间资本、国际资源广泛参与，不断促进怀柔科学城共建共享科研基础设施，打造科技创新链。同时，集聚区域科研机构，大力促进原始创新成果产出，打造中国科技综合实力新地标。

三是搞活未来科学城。北京建设未来科学城，努力将其打造成为世界领先的创新高地。立足区域的资源优势，在区内集聚高水平研发中心，不断引进国际创新创业高端人才，打造大型企业集团技术创新集聚区。立足现有资源优势，鼓励区内优势企业加大研发投入，建立有利于创新的公司治理结构，加强前沿技术研究，推进新材料、新能源和智能制造等高科技领域开展协同创新。

四是大力优化北京经济技术开发区。北京大力建设与三大科学城的对接转化机制，不断加强与三大科学城的合作，积极承接"三城"科技成果落地转化，努力打造成高精尖产业的增长极。2016—2018年，累计承接"三城"科技项目

[①] 《大科学装置：北京布局令人瞩目》，https://www.sohu.com/a/319684277_120058319。

340余个。① 同时，建立与统筹大兴、通州等空间科技资源，努力搭建科技创新平台。聚焦重点领域，抓实抓好重大项目落地，不断提高外资引进水平，努力扩大对外开放，大力打造创新型产业集群，促进"中国制造2025"国家级示范区建设。

3. 实施服务区域发展的战略，打造全球开放创新核心区

近年来，北京不断构建新发展格局，促进协同创新与开放共享，打造全球开放创新核心区。

一是构建区域协同创新开放共享新格局。首先，北京打造京津冀创新共同体，构建区域协同创新中心。不断优化区域科技创新格局，促进产业的合理分工与有序协作、产业间循环式布局和互补式发展。近年来，在京津冀区域内，北京推动建立科技成果处置收益统一化、高新技术企业互认备案和创新券制度等，大力促进中关村的自主创新示范区政策在区域落地。其次，促进创新人才跨区域流动的政策措施。利用中国（北京）跨国技术转移大会等国际创新合作平台，整合三地科技信息资源，推动三地科技成果库、项目库、人才库、专家库等资源互动共享，成立产业、专业领域等多种形式联盟，大力促进京津冀产业合作对接与优化升级。北京加强技术转移机构培育和技术交易团队培养，推动形成京津冀技术市场交易一体化发展格局。北京构建创新资源、创新攻关和创新成果三类协同创新平台，在区域内推动形成成果研发、技术交易、转移转化和信息咨询等创新资源要素在三地对接共享。结合三地产业发展需求，共建创新创业发展孵化中心，引导投资机构与创业团队等投资创业。

二是推动开放式创新。首先，加快集聚高端科研要素。北京积极制定吸引海外高端科技人才政策，大力吸引诺贝尔奖获

---

① 马岩：《北京市"三城一区"进入加速发展期》，http://www.xinhuanet.com/2019-08/23/c_1124912706.htm。

得者和首席科学家等世界级顶尖团队和人才来北京发展。支持跨国公司在北京设立研发机构，支持升级成大区域研发中心，形成开放式创新平台，参与母公司核心技术研发。拓展外籍创新人才出入境创新试点。引导国际优秀创业服务机构与国内资本合作，共建创业联盟，或成立创新创业基金。鼓励国际科技组织进驻北京，大力支持北京地区高校、科研院所吸引国际科技组织，在京设立分支机构。其次，支持国际化科技创新合作。改善科技企业营商环境，提升科研通关便利化水平；修订《北京市技术先进型服务企业认定管理办法》，采取积极措施，支持企业承接国际技术服务业务；推动重大科技基础设施向全球开放共享，提高大科学装置开放水平；制订实施《"一带一路"科技创新北京行动计划》，推动"一带一路"科技合作；充分利用国内外科技资源，搭建国际科研学术交流合作平台；针对知识产权代理、法律服务和信息检索分析等领域，加强国际知识产权合作。最后，不断营造国际化创新环境。制定《北京市促进科技成果转化条例》，推动科技成果转化；围绕"高精尖"产业发展，加快推进应用场景建设；发挥好科创母基金作用，加强同国际知名投资机构合作；高质量地搭建海外人才信息服务平台（见表6-2）

表6-2　　　　　　科技领域开放改革三年行动计划

政策目标	政策内容	完成时限	责任单位
吸引海外高端科技人才	符合条件的科技服务企业聘用的"高精尖缺"的海外人才，经外国人才主管部门认定通过后，可以按照外国人才（A类）享受北京工作许可和人才签证等证件办理与社会保障等便利措施的"绿色通道"服务	2019年12月	市科委、市人力社保局、市公安局、市商务局、市医保局

续表

政策目标	政策内容	完成时限	责任单位
吸引海外高端科技人才	持永久居留身份证外籍人才,在创办科技型企业方面可以享受国民待遇	2019年12月	市科委、市人力社保局、市市场监管局
	大力争取国家移民管理局政策支持,将在朝阳、顺义实施的服务业扩大开放综合试点示范区外籍人才出入境管理改革措施推广到北京全市的范围	2019年12月	市公安局、市商务局
	修订《北京市科学技术奖励办法》,增设国际合作奖项,对为北京科技工作做出杰出贡献的外籍科学技术工作者进行奖励	2019年8月	市科委、市司法局
	出台政策措施,支持总部企业高质量发展,重点对跨国公司地区总部企业在北京设立研发设计中心等进行支持,加快对国际研发中心和高端人才的聚集	2019年12月	市商务局、市科委
	发挥综保区资源、首都机场与交通优势,加速国际知名研发与科技服务机构的聚集	持续推进	市商务局、市科委、中关村管委会、顺义区人民政府
	鼓励与支持新型研发机构加强对海外学术带头人及科研团队的引进,鼓励建立与国际接轨的科研管理和运行机制,在人工智能、脑科学、纳米等领域,吸引一批国际高水平人才,集中突破一批前沿核心关键技术,努力取得国际一流的重大原创性成果	2019年取得阶段性进展,持续推进	市科委、市财政局、市人力社保局、市人才工作局、北京海关
加强国际科技合作与交流	支持建立生物医药产业的研发平台,并给予相关通关的便利。根据测试需要,对符合条件的科技企业暂时进口的非必检的研发测试车辆,允许暂时进口期限延长到2年	2019年12月	北京海关、市商务局、市经济信息化局、朝阳区人民政府、顺义区人民政府、大兴区人民政府

续表

政策目标	政策内容	完成时限	责任单位
加强国际科技合作与交流	修订《北京市技术先进型服务企业认定管理办法》，扩大业务认定范围，延长经认定后的技术先进型服务企业的资格时限，推动技术先进型服务企业的税收优惠政策落实	2019年12月	市科委、市商务局、市财政局、市税务局、市发展改革委
	推动怀柔科学城开展广泛的国际科技合作，推动向全球开放共享重大科技基础设施，使其成为全球科学家开展联合研发的重要平台	2019年12月	怀柔科学城管委会、市发展改革委、市科委
	制订并实施《"一带一路"科技创新北京行动计划》	2019年6月	市科委、中关村管委会
	推进建设"一带一路"的国际孵化联合体，与相关国家和地区联合共建研发实验室、科技园区和人才培养基地，积极构建与"一带一路"相关国家和地区的科技创新共同体	持续推进	市科委、市教委、市人才工作局、市政府外办、中关村管委会
	以联合国教科文组织国际创意与可持续发展中心、创意城市北京峰会为平台，吸引教科文组织和全球创意城市网络的高端资源来北京，成立国际专家的咨询委员会，开展跨领域、跨学科、跨区域的创意、科技、文化的研究。举办中关村论坛等一批品牌性活动，搭建高端交流平台	2020年12月	市科委、市政府外办、中关村管委会、海淀区人民政府、朝阳区人民政府
	针对法律服务、知识产权代理和信息检索分析等领域，吸引国际知名的服务机构进驻知识产权服务业的聚集区，全面提升知识产权服务的国际化水平。支持在北京的企业申请PCT专利、商标马德里国际注册与工业品外观设计国际注册。鼓励国内企业设立海外研发机构，加快知识产权海外布局，参与国际标准的研究和制定，拓展海外市场	持续推进	市知识产权局、市科委、市商务局、市市场监管局、市司法局

第六章　国内外科技创新枢纽经验借鉴

续表

政策目标	政策内容	完成时限	责任单位
营造更加开放的创新环境	制定《北京市促进科技成果转化条例》，力争在科技成果权属、中央单位适用、尽职免责与部门协同机制等方面实现制度突破	2020年12月	市科委、市司法局
	全面加强科技成果转化的统筹协调与服务平台的建设，建立北京相关单位与在京高校、科研院所的深层次对接机制，做好科技成果在京落地承接的服务工作	持续推进	市科委、市教委、中关村管委会、各区人民政府、北京经济技术开发区管委会
	围绕产业发展及城市建设等重大需求，加快应用场景的建设，吸引国际国内的高端人才与机构等各种创新资源，推动大数据、云计算、区块链、人工智能、5G、生命科学、新能源、机器人、前沿材料等新技术、新产品和新模式的应用	持续推进	市科委、市发展改革委、市经济信息化局、市财政局、市重大项目办、市国资委、中关村管委会等
	发挥科技创新母基金作用，加强与国际知名投资机构的合作，推动国际国内多方资源投向基础研究与战略性技术研发，促进产业链、创新链和资金链深度融合。注重发挥科技创新基金作用，引导国内外高端团队与原始创新项目在京落地转化与发展	持续推进	市科委、市财政局、市经济信息化局、市金融监管局、中关村管委会、北京经济技术开发区管委会
	在"三城一区"等地建设外籍人才一站式的服务大厅，建立外籍人才一站式的服务平台，推动实现居留许可、工作许可、永久居留等集中办理，实现"三证联办"，实施"一口受理、一口办结"	2020年6月	市科委、市人才工作局、市人力社保局、市公安局

续表

政策目标	政策内容	完成时限	责任单位
营造更加开放的创新环境	为海内外人才在北京创业、工作与生活提供咨询及服务。建设全国科技创新中心的网络服务平台，运用微博、APP客户端、微信等新媒体资源，多语种地发布相关的政策与信息	持续推进，2019年12月取得阶段性成果	市科委、市人才工作局、市人力社保局、市公安局、市经济信息化局

4. 通过深化改革，建设全球创新人才港

一是实施有吸引力的海内外人才集聚政策。推进"海聚工程"等科技领军人才计划，大力实施"全球顶尖科学家及其创新团队引进计划"，建立人才和项目的对接机制，依托国家科学中心等平台，聚集海内外高端科技人才。促进外商投资人才中介服务机构放宽外资持股比例，并在中关村国家自主创新示范区开展试点。深入实施"科技北京百名领军人才培养工程""北京市科技新星计划""北京学者计划""中关村高端领军人才聚集工程""高层次创新创业人才支持计划"等人才计划，推动人才梯度培养机制建立健全。

二是探索有利于人才自主流动与评价的体制机制。破除人才流动的体制机制障碍，探索建立灵活的创新型人才流动、聘用方式。制定有利于高等学校、科研机构等事业单位专业技术人员创业的制度与实施细则。允许高校和科研机构设置一定比例的流动岗位，吸引企业兼职人才，允许科技人员和教师兼职参与转移转化科技成果。健全创新导向的评价激励机制。创新评价标准和办法，深化职称制度分类改革，深化人才市场化评价机制，引入专业性强、信誉度高的第三方社会机构参与人才评价。

5. 抢占世界未来科技发展制高点，支撑新常态下社会进步

一是超前部署，抢占世界未来科技发展制高点。"十三五"以来，北京坚持紧扣国家科技发展的战略需求，围绕信息科学、生物医学、材料科学、环境科学、农业科学、能源科学等领域，开展应用基础研究。面向未来高技术更新发展及新兴产业的发展需求，在科技前沿和战略必争领域，重点部署一批研究项目，努力突破关键共性技术的研究开发，取得重大原始创新成果，切实增强破解"卡脖子技术"的能力。

二是强化科技与经济社会发展的深度融合。大力实施技术创新跨越工程，建设国家创新驱动先行区。北京实施"首都蓝天行动""食品质量安全保障行动""生态环境持续改善行动""城市建设与精细化管理提升行动""重大疾病科技攻关行动"民生科技行动，促进科技创新共享理念的实施，促进和改善民生。在新一代信息技术、能源、生物医药、新能源汽车、先导与优势材料、节能环保、数字化制造与轨道交通等领域实施技术跨越工程，引领北京"高精尖"经济发展。大力实施"互联网+"行动计划，推动以信息和科技服务业为代表的现代服务业集约高端发展，大力推动数字经济的发展；促进科技领域与文化领域融合发展，大力推进"设计之都"建设；加快推进北京高端农业创新发展。

三　上海

(一)"十三五"发展目标及实现情况

根据《上海市科技创新"十三五"规划》，"十三五"时期，上海科技创新发展的总体目标是在2020年前形成"具有全球影响力的科技创新中心的基本框架体系"。

从目前目标值完成的情况来看，可以说，上海已基本建成"具有全球影响力的科技创新中心的基本框架体系"。而从每个领域目标值完成情况来看：一是上海实现了"全球创新资源集聚力大幅增强"的目标，"R&D经费支出占全市生产总值（GDP）的比例"和"基础研究经费支出占全社会R&D经费支出比例"已实现预期目标,2020年分别达到4.1%和10%左右。二是完成了"科技成果国际影响力进一步提升"的预期目标,"每万(常住)人口发明专利拥有量"约60.2件,"(PCT)途径提交的国际专利年度申请量"达3558件,都远超预期目标。三是实现了"新兴产业引领力稳步提升"的目标,初步计算,"知识密集型服务业增加值占GDP比重"达到51.6%以上。四是实现了"科技创新辐射带动力持续增强"的目标,上海"向国内外输出技术合同成交金额占技术合同成交金额的比重"超过56%(见表6-3)。

表6-3　　　　　　　　上海科技发展目标完成情况

指标名称		2020年目标值	实际完成值
全球创新资源集聚力	全社会研发(R&D)经费支出占全市生产总值(GDP)的比例	4.0%左右	4.1%左右
	基础研究经费支出占全社会R&D经费支出比例	10%左右	10%左右
	每万人研发人员全时当量	75人/年	81.8人/年(2019年)
科技成果国际影响力	每万人口发明专利拥有量	40件左右	约60.2件
	(PCT)途径提交的国际专利年度申请量	1300件	3558件
新兴产业发展引领力	知识密集型服务业增加值占GDP比重	37%	51.6%以上(2019年)
创新创业环境吸引力	新设立企业数占比	20%左右	/
科技创新辐射带动力	向国内外输出技术合同成交金额占比	56%	大于56%

数据来源:《上海市科技创新"十三五"规划》,http://fgw.sh.gov.cn/resource/2d/2ddd2669bf924d019fb9c3d36ac765dc/ae3e6682abed72f6c8bc7ba78defb206.pdf;《给基础研究的投入能否提高?上海市科委回应》,https://baijiahao.baidu.com/s?id=1689937932155092473&wfr=spider&for=pc;《上海统计年鉴(2020)》,http://tjj.sh.gov.cn/tjnj/20210303/2abf188275224739bd5bce9bf128aca8.html;上海知识产权局网站,http://sipa.sh.gov.cn/zlsqltj/index_2.html。

由世界知识产权组织发布的《全球城市创新指数报告2020》显示,在全球科技集群前100位中,上海排在第9位,首次在全球科技城市集群榜单上跻身前10,比2017年(排名第19)前进了10位,比2019年(排名第11)前进了2位。同时,在由清华大学产业发展与环境治理研究中心和自然科研联合发布的"2020年全球科技创新中心指数"(Global Innovation Hubs Index,GIHI)中,上海在各城市(都市圈)中排第11位。上海科技创新中心建设成效显著。

(二)发展优势

1. 全球创新资源集聚力增强

上海通过优化创新供给,高效配置知识、技术、人才、资本等要素,促进了创新创业活动的蓬勃发展。上海基本成为亚太地区获取世界性创新资源和全球性发展机遇的最便捷的城市之一,成为全球创新网络关键节点之一。

一是高端科技人才不断集聚。上海引进国际顶尖科学家及其团队,培养创新型青年科技人才,加快了多层次创新人才培养体系形成;引才引智制度环境不断完善,推进长三角科技人才一体化发展;探索有益的人才评价和激励机制,打造国际化科技创新人才高地。2019年,"每万人研发人员全时当量"达81.8人/年。2020年,上海共有两院院士178人,领军人才"地方队"培养计划累计1617人,优秀学术/技术带头人累计达1816人。[①]

二是科技创新投入力度不断加大。上海市面向国家重大需求,承接实施国家重大战略项目。至2020年底,累计牵头承担国家科技重大专项929项,获中央财政资金支持333.04亿元,

---

① 上海知识产权局网站(http://sipa.sh.gov.cn/zlsqltj/index_2.html);《2020年上海市国民经济和社会发展统计公报》,http://tjj.sh.gov.cn/tjgb/20210317/234a1637a3974c3db0cc47a37a3c324f.html。

落实地方配套资金150.13亿元；牵头承担国家重点研发计划项目458项，获中央财政资金支持82.29亿元，落实地方配套资金1.01亿元。[①] 布局实施一批市级科技重大专项，已启动硬X射线预研项目、国际人类表型组计划、脑图谱、脑与类脑、硅光子、智慧天网、超限制造、量子信息技术、糖类药物、自主智能无人系统10个市级科技重大专项。

三是国家级科研基地加快落户上海。长三角国家技术创新中心获批启动，省部级共建国家重点实验室、国家野外科学研究观测站、国家创新人才示范基地等一批国家级科研基地加快布局或获批组建。集聚一批高水平研究机构，上海量子科学研究中心等数十家新型研发机构加快发展。其中，期智研究院、树图区块链研究院、上海浙江磊学高等研究院、上海人工智能实验室、上海应用数学中心揭牌成立，李政道研究所、上海交通大学张江科学园的主体建筑基本建成，复旦张江国际创新中心、上海朱光亚战略科技研究院建设稳步推进，加快组建了上海微纳电子研发中心，为承接国家级重大平台与任务奠定基础。

四是大科研设施集群效应逐步凸显。推进淘汰二期、上海超强超短激光实验室、X射线自由电子激光试验装置、硬X射线自由电子激光装置等在建重大科技基础设施建设，提升已建重大科技基础设施能级，面向"十四五"，推荐本市生物药、深远海工、药物靶等申报国家重大科技基础设施项目。截至2020年底，上海建设（建成、在建）14个国家重大科技基础设施，数量和投资金额全国领先。[②]

2. 科技成果国际影响力提升

近年来，上海坚持"四个面向"的战略方向，原始创新能

---

① 《上海科技进步报告（2020）》，http://stcsm.sh.gov.cn/cxyj/nbnj/shkjjbbg/。
② 《上海建成和在建国家重大科技基础设施14个，全国第一》，https://baijiahao.baidu.com/s?id=1690553858535055461&wfr=spider&for=pc。

力不断增强,在诸多前沿领域涌现多项具有世界影响力的原创成果。上海的研究成果开拓了新的领域,开辟了新的途径,开创了新的方法,为研究与解决有关健康、安全、材料等重大战略问题,推动科技创新,奠定了坚实的基础。2020年,上海科学家在国际顶尖学术期刊(《科学》《自然》《细胞》)发表了124篇论文,占全国总数的32%;获国家科学技术奖52项,占我国获奖总数比重达到16.9%,连续18年超过10%。2020年,专利申请量214601件,其中发明专利申请量达82829件;专利授权量达139780件,其中发明专利授权量达24208件,每万人口发明专利拥有量达60.2件(按常住人口计);PCT国际专利年度申请量达3558件,均远远高于《上海市科技创新"十三五"规划》预定的目标。[①]

一是新材料研发与应用加速推进。上海突破了超导、石墨烯、碳纤维等新材料领域的多项核心技术。在石墨烯方面,研制出锗基八英寸石墨烯单晶晶圆和合金催化蓝宝石基八英寸石墨烯单晶晶圆,突破石墨烯量子点低成本规模化可控制备技术。超导方面,基于国产高温超导带的国内首条35千伏公里级高温超导电缆示范工程启动建设,正在进行电缆试拉试验,基于氮化铌材料超导纳米线单光子探测器探测效率再次创造世界纪录,在"九章"光量子计算机原型机、光纤和自由空间量子钥分发、光量子存储等量子信息领域实现多项重大应用演示。碳纤维方面,基于国产环氧树脂和碳纤维研制的阻燃预浸料通过欧盟EN45545-R1测试,达到最高阻燃等级HL3,为轨道交通等领域发展提供材料支撑;研制出碳纤维复合材料规模化低成本回收装备,回收的碳纤维在油田钻采工程上完成应用考核。

二是助力中国航天事业加速发展。聚焦航空航天及大飞机

[①] 《上海科技进步报告(2020)》,http://stcsm.sh.gov.cn/cxyj/nbnj/shkjjbbg/。

关键核心技术研发、装备制造及产业化应用，布局开展商用飞机发动机、柔性宽带空间基站等关键技术研究与验证，在长征系列运载火箭的研制、天地一体化信息网络的建设、北斗三号全球卫星导航系统的建成及国产大型客机的自主研制和规模化应用等方面取得多项创新成果。在长征5号运载火箭飞天方面，上海航天技术研究院承担了长征5号B的4个助推器，以及外部安全系统、芯级配大电池等研制工作，提供90%的起飞推力，同时还承担了新一代载人飞船试验船能源管理系统、太阳帆板、信息管理功能测控子系统等研制任务。此外，在北斗三号30颗全球卫星导航系统的卫星中，驻上海的中科院微小卫星创新研究院研制了其中的12颗。在嫦娥五号探月之旅背后，上海航天技术研究院研制了长征五号助推器和嫦娥五号轨道器；中科院上海光学精密机械研究所研制测距模块激光器、三维成像敏感性器激光器、测速敏感器激光器3台；中科学上海有机化学研究所生产的液浮陀螺仪专用氟油保障了控测器姿态控制系统的正常运行；中科院上海技术物理研究所研制控测器的月球矿物光谱分析仪、激光测距测速敏感器和激光三维成像敏感器等。[①]

三是深远海洋装备创新成果不断涌现。上海加快推进海洋装备技术创新中心筹建，持续推进海底观测网大科学工程建设，聚集海洋高端传感器、海洋智能装备、海上试验场等方向，推进上海海洋高端装备研发与转化功能型平台建设。由沪东中华建造的全球最大18600立方米液化天然气（LNG）加注船交付；由中船集团公团公司第七〇八研究所和外高桥造联合设计，全球独创新FPSO"通用型"海上浮式生产储油船交付；全球首艘23000TEU双燃料动力集装船"达飞雅克·萨德"号交付。

---

① 《上海科技进步报告（2020）》，http：//stcsm.sh.gov.cn/cxyj/nbnj/shkjjbbg/。

3. 新兴产业发展引领力稳步提升

上海产业技术创新体系不断优化，掌握了一批具有世界领先水平与自主知识产权的核心技术，一批具有世界竞争力的创新型企业脱颖而出，促进了产业转型升级和新兴产业的发展。上海聚集三大领域，围绕集成电路、人工智能、生物医药，集中力量突破关键核心技术和产业共性技术，促进产业链、供应链自主安全可控，加快培育创新发展新动能。

一是国产大飞机加快规模化与产业化。ARJ21 飞机在浦东机场完成首次生产试飞，打通第 2 条生产线——浦东生产线，同时，交付国航、东航、南航三大航空公司，正式入编国际主流航空机队。截至 2020 年底，ARJ21 共获订单 670 架，累计交付 45 架。C919 飞机全面进入"6 机多地"大强度试飞取证阶段，正式进入官方审定试飞阶段，交付首台飞行模拟机。CR929 飞机开展中俄联合总体技术方案评审，中俄工程中心成立并投入运营，捕获飞行需求 37000 余条，飞行需求确认率超过 95%，确定总体技术方案及系列化发展方案。[1]

二是集成电路产业创新能力加快提升。瞄准集成电路科技前沿，加强前瞻性、颠覆性技术研发布局，加快推动国家科技重大专项，以及硅光子等市级科技重大专项的实施，聚焦关键领域开展集中攻关，加快突破核心关键技术，推动集成电路材料领域创新平台建设，集成电路领域原始创新和自主发展能力全面提升。2020 年，上海集成电路产业的销售收入达 2071.33 亿元，比 2019 年增长 21.37%。其中，设计业实现销售收入 954.15 亿元，比 2019 年增长 33.39%；制造业实现销售收入 467.18 亿元，比 2019 年增长 19.87%；封装测试业实现销售收入 430.9 亿元，比上年增长 12.64%；装备材料业实现销售收入

---

[1] 《上海科技进步报告（2020）》，http://stcsm.sh.gov.cn/cxyj/nbnj/shkjjbbg/。

219.1亿元，与2019年基本持平。①

三是生物医药创新高地加快发展。聚集基础前沿领域和关键技术，加快推动上海生物医药科技创新，启动实施糖类药物市级科技重大专项，深入落实生物医药"上海方案"，加快推动医药研发技术突破，2020年，上海共获国家药监局药品批件177个，其中生产批件18个。推动全球领先的生物医药创新研发中心和产业高地建设，国家药监局药品审评检查长三角分中心和医疗器械审评检查长三角分中心落户上海，新增6家上海临床医学中心。上海生物医药产业规模超过6000亿元，创历史新高。全球排名前20的药企中，有17家将中国总部设在上海，14家将研发总部或创新中心设在上海，5家将生产中心设在上海。②

4. 创新创业环境吸引力明显增强

在城市安全、高效、健康、绿色运行中，科技的支撑作用越来越明显，创新设施及服务体系日益完善，具有世界吸引力的创新创业氛围与营商环境基本形成。

一是科技政务水平明显提升。在"不见面"审批方面，上海实现技术合同、国家大学科技园认定、科普基地认定等12个行政审批事项"不见面"审批。在落实"两个免予提交"方面，梳理市级和区级科技部门事项业务情形，确定材料免交方式及关联证照材料。落实行政服务"一事一码"改造工程方面，对标调整行政权力和公共服务事项，共有14项行政权力、16项公共服务事项；推进创新创业"一件事"办理专窗并于9月在"一网通办"平台试运行；加强办理指南的标准化建设。

---

① 《2020年上海集成电路产业实现销售收入2071.33亿元，同比增长21.37%》，https://www.eda365.com/thread-497888-1-1.html。

② 《2020年上海生物医药产业规模超过6000亿元，创历史新高》，https://baijiahao.baidu.com/s?id=1699913739701327307&wfr=spider&for=pc。

二是激发创新创业活力。根据科改"25条"和相关绩效评价管理办法对绩效指标体系进行修订和完善，推动新型研发机构体制机制加快探索，事业单位自主创新能力不断提升。2020年，新增科技小巨人（含培育）企业191家，高新技术企业数累计超过1.7万家；科创板上市企业39家，占全国总量的17.2%；研发费用加计扣除落实上年度减免税额382.09亿元，享受企业数21467家；技术先进型企业落实上年度减免税额6.85亿元，享受企业131家；各类创新创业载体大于500家。[①]

5. 科技创新网络建设持续深化

上海显著提升科技创新的开放能级，形成活跃的技术市场和功能完善的服务体系，将自身打造成为科技成果发布与交易的重要平台、技术集成和输出的重要基地。

一是加快构建长三角科技创新共同体。围绕长三角一体化高质量发展战略需要，推动长三角科技创新共同体建设，推进国内科技合作和科技对口帮扶工作，加强国内跨区域协同创新高质量发展。首先，共同打造创新示范区。依托长三角生态绿色一体化示范区，探索制度创新先行先试。研究制订《长三角科技创新券通用通兑试点实施方案》，启动试点工作，实施长三角生态绿色一体化发展示范区联合攻关机制。深化长三角G60科创走廊建设。支持松江区率先开展高新技术企业认定审核权、外国人来华工作许可审批权下放等；上海闵行、嘉定、金山、松江、青浦5区签订《推动上海西部5区科技和产业协同发展实现与长三角G60科创新走廊联动发展的战略合作框架协议》；《长三角G60科创新走廊建设方案》发布实施。其次，提升长三角科技资源共享服务平台能级。基本形成长三角科技创新资源数据中心框架，集聚包括上海光源等在内的重大科学装置19

[①] 《上海科技进步报告（2020）》，http://stcsm.sh.gov.cn/cxyj/nbnj/shkjjbbg/。

个；科学仪器35493台，总价值431亿元；各类科研基地2665家，整合国内外标准160余万条；初步形成长三角科技人才库，形成"互联网+"服务模式；持续开展长三角联合攻关项目。①

二是基本形成开放多元的创新网络。以全球视野谋划和推动创新，促进各类创新主体参与国际科技交流与合作，拓宽科技合作渠道，吸引国际知名科技组织落户，持续拓展国际科技合作的广度与深度。与五大洲20多个国家和地区签订政府间国际科技合作协议，拓展政府间合作。深化重点国别合作，与以色列在新材料、生命科学、人工智能等领域开展合作项目5个，与新加坡开展科技合作项目6个、企业合作项目5个，与俄罗斯开展科技合作，等等。聚集"一带一路"科技创新合作，累计支持180名"一带一路"国家青年科学家来上海从事科研工作，建设国际联合实验室22家，全年立项支持建设实验室6家。吸引英国皇家航空学会、流行病防范创新联盟、帕斯适宜卫生科技组织、俄罗斯圣彼得堡理工大学、欧洲血液和骨髓移植协会基金会在上海设立代表处。鼓励支持外资研发中心融入科技创新中心建设，鼓励外国投资者在上海设立外资研发中心。上海外资研发中心加快集聚。截至2020年底，上海跨国公司地区总部累计771家，外资研发中心累计481家。②

三是国内科技对口支援不断推进。按照精准扶贫、精准脱贫批示，结合对口地区实际需要，发挥科技优势，通过机制建设、项目实施、人才培养、平台搭建、活动组织等形式，推动东西部扶贫协作和对口支援工作。深化跨区域协同创新机制，与海南省科技厅签署《上海市科学技术委员会海南省科学技术厅科技合作协议》，与北京、深圳、重庆及乌鲁木齐签署《跨区

---

① 《上海科技进步报告（2020）》，http：//stcsm.sh.gov.cn/cxyj/nbnj/shkjjbbg/。
② 《上海科技进步报告（2020）》，http：//stcsm.sh.gov.cn/cxyj/nbnj/shkjjbbg/。

域协同创新合作协议》。推动科技产业项目扶贫，聚集生物医药、农林畜牧、科技扶智能力提升、节能环保等领域，支持 27 项国内科技合作项目，总投入 1122 万元，带动社会投入投资 834.35 万元，预期经济效益 5047 万元。

（三）主要发展经验

1. 突出改革释放创新红利，形成科创中心建设"活力潮涌"的生动局面

上海不断实施科技创新改革，在制度创新上做文章，推进了上海科创"22 条"、上海科改"25 条"以及全面创新改革试验等。上海在国企创新、科技金融、科技成果转移转化、外资研发中心、知识产权等 9 个领域，先后发布的地方配套政策超过 70 个，涉及的改革举措达 170 多项。其中，科创"22 条"围绕"建立市场导向的创新型体制机制""改革财政科技资金管理""建设创新创业人才高地""营造良好的创新创业环境""优化重大科技创新布局"等方面，提出了 22 项改革措施。上海科改"25 条"则围绕"促进各类创新主体发展""激发广大科技创新人才活力""推动科技成果转移转化""改革优化科研管理""融入全球创新网络""推进创新文化建设"6 个方面，提出了 25 项改革举措。此外，根据《上海市推进科技创新中心建设条例》，为了激励科研人员敢啃"硬骨头"，勇闯科学"无人区"，将赋予科研事业单位更大的人财物自主权。上海创新红利全国突出，在国务院已批复的 2 批 36 条可复制推广举措中，上海有 9 条经验，占全国总数的 1/4。[①]

2. 对接国家重大科技计划和战略需求，突出国际和国家大科学装置建设

上海十分注重对接国家重大战略需求，不断建设和完善科

---

① 侯树文：《上海：科技让"魔都"充满"魔力"》，《科技日报》2021 年 6 月 7 日。

技研发与科技转化的功能性平台，积极参与甚至发起大科学计划。在新材料、生物医药、信息技术、高端制造以及多学科交叉领域，上海不断探索建立国际大科学计划组织，探索知识产权管理等新机制和新模式，鼓励高水平研究机构积极参与大科学计划，组建成立实施运营主体，推动大科学计划项目落地和实施。2020年，上海建成包括上海超级计算中心、上海光源一期、国家肝癌科学中心、国家蛋白质科学研究（上海）设施等5个国家大科学装置，软X射线、上海光源二期、活细胞成像平台、超强超短激光等8个项目正在建设。

3. 把握科技和产业变革融合的新形势，注重推动核心和重点领域技术创新

上海瞄准世界科技前沿，围绕国家重大战略需求，将人工智能、集成电路、生物医药作为重点发展的三大高科技领域，国务院批准实施了这三大领域的"上海方案"。加强研发与转化的功能型平台建设，上海将支撑产业链创新与重大产品研发作为平台建设目标，遵循政府引导和市场化运作充分结合的原则，实施"开放竞争、动态调整"的平台建设管理机制，实施灵活的资金投入与管理机制，实行负面清单，管理建设运行资金。大力推动应用技术创新体系建设，深化上海产业技术研究院改革。深化转制院所改革，引导发展成为科技研发服务集团，强化对共性技术研发与服务功能。上海依托张江集聚大批优秀科研机构和知名大学的优势，在蛋白质科学设施、上海光源等重大科学设施基础上，建设世界级大科学设施集群。上海努力推动国际一流水平大学建设，吸引世界顶尖科学研究机构和科学家，引进世界顶尖科研领军人才和一流团队，建设世界领先的科学实验室，开展前沿科学研究，不断探索科学中心运行管理机制。

4. 推动金融与科技紧密结合，引导社会资本不断加大科技

投入力度

上海扩大政府天使投资基金规模，引导社会资金不断加大投入力度。在天使投资中，股权内的政府引导基金5年内可以原值向其他股东转让。上海推动国资创投管理机制创新，对于符合条件的国有创投企业，允许建立跟投机制，确定市场化的考核目标和薪酬水平。鼓励保险公司开展科技产品创新，大力探索建立科技创新创业保险的机制，保障初创期科技企业。实行投贷联动，鼓励商业银行设立投贷管理公司，并由银行全资控股，探索实施新型融资服务方式，包括多种形式的股权与债权相结合的融资方式。创新民营银行科技金融产品与服务，鼓励商业银行加大对科技公司的信贷力度。通过风险分担机制，组建政策性融资担保机构或基金，降低中小企业融资门槛与成本，引导银行扩大对科技企业的贷款规模。在上海证券交易所，设立"战略新兴板"，推动企业上市。上海还大力推动在股权托管交易中心设科技创新专板，积极支持中小科技创新创业企业挂牌。形成为不同阶段企业服务的灵活体系，在资本市场探索建立各板块之间的转板机制，推动建立现代科技投资银行。开展股权科技众筹融资服务试点，建设股权众筹平台，努力简化工商登记流程。2020年，上海有215家企业上科创板，上市企业的融资额全国领先。[①]

5. 抓好国内创新和国际创新合作的新机遇，注重开放式创新与国际合作

上海积极深化高端领域的国际科技合作，融入全球化创新，力图将上海打造成为我国融入全球创新的主要参与者和主导者，建立多类型、多层次的国际合作网络。近年来，上海推动上海

---

① 巨云鹏、唐小丽：《上海市长：去年上海13家企业在科创板成功上市，融资额150亿元》，http://sh.people.com.cn/n2/2020/0120/c395194-33733270.html。

自贸试验区投资贸易便利化改革以及新片区投资贸易自由化改革，努力推动创新要素跨境研发、跨境流动，促进创新创业资本跨境合作，不断改革创新，先行先试。鼓励本土机构与科学家积极参与国际科技合作；通过共建实验室和研发基地等方式，与"一带一路"沿线国家（地区）开展合作；支持企业"走出去"，建立海外研发中心。通过提供居留手续、人员出入境、办公条件和知识产权保护等的支持，吸引国际科技组织和科研分支机构在上海落户，争取更多的高校、科研机构以及科技服务机构在上海设立分支机构。优化科研人员出国的审批流程，加快办理进度，提高跨国科研交流的便利性。

第七章　主要科技产业发展背景、现状与趋势

近年来，广州大力发展 IAB（即新一代信息技术、生物医药与人工智能）和 NEM（即新能源、新材料）以及数字产业，通过加快这些产业发展，助推经济向全球产业链、价值链上游挺进，实现发展的质量变革、效率变革、动力变革，推动广州从千年商都向国际创新枢纽的飞跃。本章将数字经济、生物医药、新能源和新材料产业作为研究对象，分析科技产业发展背景、相关政策、广州发展现状及未来发展趋势。

第一节　数字经济

一　发展背景与意义

科学朝大科学、定量化的方向发展，创新对科学数据的依赖越来越大。数据的研发和应用决定一个国家的竞争优势，它将成为企业、产业甚至国家发展的战略性资源。数据技术的发展有利于提高效率，催生数字产业发展，大大降低了生产和组织的效率，提高了交易效率和资源配置效率以及产业融合与创新效率。

一是数字技术的发展，大大降低了生产和组织的效率。随着数字技术发展，数据重要性日益凸显。在发展经济过程中，

数据成为与资本、劳动力和土地等传统生产要素相类似的要素，甚至变得比这些要素更为关键。因此，数据要素的投入极大地改变了要素投入的数量与要素的组合方式。数字技术的应用，大大降低了信息不对称，促进了经济组织结构趋向扁平化，企业信息传递更加便捷、快速、准确，大大提升了企业管理效率和决策水平。同时，由于数字技术的发展，新的产业组织模式出现，从而催生了大量的平台企业。由于平台企业边际成本低，企业可无限扩大用户规划，实现最大限度的规模经济。在这个基础之上，平台汇集大量买卖主体，可实现最大限度的规模经济，因而大大降低了生产和组织效率。

二是数字技术的发展，大大提高了交易的效率和资源配置的效率。由于数字技术的发展，平台企业大量涌现，共享经济蓬勃发展，交易双方通过平台企业进行点对点交易，非常精准方便，资源利用效率获得很大提高。然而，传统交易方式是一种信息不对称的方式，买卖双方在寻找交易对象、议价等方面产生了较高的成本。平台企业的巨大优势在于具有数据优势，有利于解决信息不对称问题。而且，由于可以提供便利的在线评价、比较和反馈系统，它极大地提升了效率，降低了消费者的交易成本，包括时间成本、议价成本等。由于交易成本的节约，市场交易范围得以扩大，社会分工得到极大的促进，分工和协作的范围可扩大到全球。同时，可适应市场需求的变化，产业链的合作对象能够被迅速发现和调整，资源配置的效率得到极大的提升和发展。在数字经济时代，信息的流动推动了资源加速流动，促进行业竞争，调整市场结构，不仅提高行业效率，而且提升经济增长质量。数字技术的发展还有利于实现数字治理，促进政府治理创新，提升政府管理效能，使政府治理与市场需求融合。数字技术的发展，有利于政府科学规划，提高社会治理水平，使有为政府和有效的市场发挥各自作用。

三是数字技术的发展,大大提高了产业融合与创新效率。在经济社会向智能化转型过程中,以大数据、物联网、区块链与人工智能等为代表的数字技术与产业的发展,不仅大大降低了流通和生产的成本,而且也促进了智能制造、数字贸易、数字金融等新业态的产生和发展,从而对经济社会的各个领域产生全面而深刻的影响与变革。数字企业的集聚与发展,促进了数字产业集群的出现,通过产业间横向和纵向的关联,提升了经济体系的运行效率。数字产业渗透性强,发展速度快,溢出效应大,应用潜力和技术提升空间大,通过持续的横向、纵向发展,不断地进入生产、流通、分配和消费等各个环节,从而开辟经济增长的新空间。因此,数字经济已超越了单一的数字技术创新、数字产业集群的发展模式,进入与实体经济深度融合的发展阶段。通过促进传统产业数字化和智能化,制造业、农业、教育、医疗、零售业等各个传统产业与数字产业深度融合,可促进传统产业转型,极大地提升经济增长效能。

二 国内部分城市主要政策分析

(一)北京:打造成"我国数字经济发展的先导区和示范区"

从数字经济政策来看,北京较好地遵循了方向准、站位高和眼光远的原则,政策注重与中央政策的统一和衔接,注重为全国数字经济的发展赋能,注重与国际规则接轨。

1. 体系完整

北京数字经济形成"1+3"政策框架。北京制定数字经济发展"1+3"政策[《北京发布北京市促进数字经济创新发展行动纲要(2020—2022年)》《北京市关于打造数字贸易试验区的实施方案》《北京国际大数据交易所设立工作实施方案》],通过一个纲领性文件和三个重要发力点,作为北京近期发展数字经济的顶层设计,以更好更快地发展数字经济,推动科技数字经济产业链与价值链向上游攀升。

2. 站位高远

发展数字经济,北京提出的总体目标是打造成为"我国数字经济发展的先导区及示范区"。在数字经济发展规模方面,提出"2022年增加值占北京GDP比重达到55%"的发展目标;在基础设施建设和产业化能力建设方面,提出"不断夯实提升,构建完善的数字化产业链、数字化生态"的目标;基本形成"数据资源汇聚共享""数据流动安全有序"以及"在数据价值市场化配置的数据要素方面形成良性发展格局";在体制机制和政策方面,北京致力于突破约束与瓶颈,打造形成北京数字贸易试验区,并且在数据跨境流动安全管理方面建立试点,促使数字经济与数字贸易政策体系适应开放环境。

3. 重点突出

北京主要通过数字技术创新筑基,基础设施保障建设,数字产业协同提升,农业、工业数字化转型,数字贸易发展赋能,服务业数字化转型,数据交易平台建设,数字贸易试验区建设,数据跨境流动安全管理的试点九大重点工程(见表7-1),推动数字经济发展,特别是突出了数字贸易和数据交易的建设,专门制订了《北京市关于打造数字贸易试验区的实施方案》和《北京国际大数据交易所设立工作实施方案》,作为北京近期发展数字经济的顶层设计。

表7-1　　　　　　北京数字经济政策九大重点工程

序号	发展纲要	主要内容
1	基础设施保障建设工程	从高天地一体化网络体系、数据智能基础设施、安全防护基础设施等方面,加强基础设施保障建设工程建设

续表

序号	发展纲要	主要内容
2	数字技术创新筑基工程	通过加强科技创新能力建设、推动协同创新、建设研发中心、超前布局前沿技术、突破重点领域的"卡脖子"技术、继续加强重点领域的核心网络数字技术、开展数字孪生创新计划以及建立融合标准体系等方面，提升数字技术创新的筑基工程
3	数字产业协同提升工程	继续充分发挥北京科技创新优势，做强优势数字产业，做大发展中的数字产业，培育一批创新型企业，布局一批具有战略性的发展前沿产业。通过探索国际化开源社区建设、培育开源项目和产业生态等推动数字产业建设。打造工业互联网、5G、北斗导航与位置服务、人工智能、集成电路、网络与信息安全、大数据、云计算等领域产业集群，发挥产业协同、集聚和辐射带动效应，从而为我国数字产业能级提升发挥核心牵引作用
4	农业、工业数字化转型工程	农业方面，推进数字田园、AI 种植等智慧乡村建设；推动农业生产、服务资源数字化，发展农村数字经济。工业方面，支持工厂与工业企业的数字化转型，打造智能制造的标杆工厂；形成制造业数字化技术融合应用的解决方案；培育新业态新模式，包括服务型制造业与个性化定制等；引导工业龙头企业与工业互联网平台企业赋能中小微企业并促进其转型升级
5	服务业数字化转型工程	一是推进医疗领域数字化转型。支持医疗机构和互联网企业协同创新；推动建立共享的智慧医疗和健康数据资源库大数据平台。二是推进教育领域数字化转型。支持运用数字技术开展智慧教育业务；设立互联网教学试点，推进智慧校园和教育共享平台建设。三是推进金融领域数字化转型。推动在供应链金融、资产证券化等领域的一批应用场景落地，打造标杆性的金融科技企业与创新示范。四是探索智慧交通、智慧物流、智慧社区、智慧零售等城市的应用场景，开展应用试点示范
6	数字贸易发展赋能工程	推动数字贸易跨国公司总部、研发基地等重大项目落地。建设数字服务贸易的孵化平台，培育中小企业集群化发展；搭建数字贸易服务平台，对中小企业赋能。发挥服贸会等国际会展交易平台的促进作用

续表

序号	发展纲要	主要内容
7	数据交易平台建设工程	组建大数据交易所；建立健全数据交易规则与安全保障体系并开展相关试点。培育数据市场，推动数据的有序流通。构建数据交易环境和生态，最大化实现数据价值
8	数据跨境流动安全管理的试点工程	在数字经济、数字贸易方面探索相关的管理制度创新。针对数字服务贸易涉及的跨境数据流动等内容，放宽和创新管理政策机制
9	数字贸易试验区建设工程	构建"三位一体"的数字贸易试验区，构建数字贸易服务支撑。在试验区内开展跨境数据的流动、新业态准入与政策创新等试点任务

（二）深圳：使数字产业跻身全国大中城市前列

2021年，深圳制订了《数字经济产业创新发展实施方案（2021—2023）》。政策内容包括总体要求、重点领域、重点任务和保障措施四个部分。

1. 产业发展目标定位高

深圳《数字经济产业创新发展实施方案（2021—2023）》提出："到2023年，大幅提升深圳的数字产业化和产业数字化水平，使其成为推动深圳经济社会高质量发展的核心引擎之一。"具体目标包括：产业规模方面，到2023年，"深圳数字经济产业增加值""信息传输、软件和信息技术服务业的营业收入""软件业务收入"分别突破1900亿元、9000亿元和10000亿元，年均增速分别达到6.5%、15.3%和10.8%，部分分支领跑全国；创新能力方面，提升源头创新能力，成功开发一批"卡脖子"技术；集聚效应方面，加大培育龙头企业发展的力度，分别培育年营收50亿元以上的龙头企业和年营收10亿元以上的重点企业15家和70家，基本形成梯次型企业发展格局，分别建成千亿级细分领域产业集群和百亿级细分领域产业集群3个和6个，显著提高深圳数字经济的产业链协同发展水平。

2. 确立了发展的重点领域

与北京和其他城市相比,深圳明确了数字经济发展的重点领域。根据国内外数字产业的发展趋势并结合深圳的优势与基础,确定了深圳数字经济产业发展的 12 个重点领域:人工智能产业、高端软件产业、区块链产业、信息安全产业、大数据产业、云计算产业、工业互联网产业、互联网产业、智慧城市产业、数字创意产业、电子商务产业、金融科技产业。

3. 确立了 9 项重点任务

深圳提出从供给侧与需求侧双向发力,大力提升科技创新引领能力、推动信息技术应用创新、深化制造业数字化转型、加快服务业数字化应用、优化数字经济产业布局、发挥数据要素核心价值、夯实新型信息基础设施、打造数字经济公共服务平台以及深化国内外合作与交流 9 项重点任务,促进数字经济产业发展(见表 7-2)。

表 7-2　　　　　　　　深圳市数字经济政策

序号	发展目标	具体内容
1	提升科技创新引领能力	聚集人工智能、大数据、云计算、信息安全、区块链等高端领域,培育核心共性技术,增强原始创新能力。加快高端科研平台建设,争取国家级项目落户深圳,支持建设企业技术中心、工程技术中心、工程实验室、重点实验室等创新载体与平台。促进"产学研用"的协同创新,大力推动科技创新成果高质高效转化。鼓励加大基础共性、关键技术标准,应用示范标准的研制及推广
2	推动信息技术应用创新	培育优秀的信息技术应用创新骨干企业,构建信创产业体系,在重点行业领域形成解决方案,推动深圳成为我国信创产业发展高地。加快中国鲲鹏创新中心和攻关基地建设。将深圳建设我国鲲鹏产业示范区,打造成全国乃至全球的生态体系总部基地

续表

序号	发展目标	具体内容
3	深化制造业数字化转型	在制造业领域推进数字技术的全面渗透和融合应用，推动智能制造装备和生产服务质量的全面提升，推动质量变革，提升制造业的供给水平。推动制造企业加快工业互联网创新应用，大力发展个性化定制、推进网络协同制造，促进制造业供应链、产业链、价值链的融会贯通，提升制造业运行水平。针对智能开发与应用，突破一批关键共性技术，促进相关核心支撑软件研发智能制造，提升制造业创新水平
4	加快服务业数字化应用	创新数字化服务模式，加大服务业创新投入。引导鼓励平台企业运用人工智能、云计算、大数据、区块链等开展集成创新，通过深度融合促进转型。促进政府和企业管理自动化，推动服务业数字化与智能化水平，优化企业效率。拓展智能仓储、供应链金融、电商物流等新模式与新领域，不断打造生产性服务业高地。大力发展跨境电商、新零售、网络支付等，大力释放消费潜力。深化发展共享经济，促进分享经济健康发展
5	优化数字经济产业布局	引导发挥比较优势，促进前沿创新、新兴领域拓展与应用融合等差异化发展路径形成。整合提升各产业集聚区、基地和园区的功能，为打造数字经济集群提供平台支撑。集聚项目、企业、人才等资源，加大重点产业园区投入，提升产业发展平台载体功效。推动"互联网+"未来科技城等项目建设，引导数字经济小镇、数字经济产业园、数字经济小微园区建设，提升集聚创新与协同整合能力。鼓励骨干企业不断延伸产业链，打造若干特色产业链，形成大中小企业协同发展的局面
6	发挥数据要素核心价值	以数据为关键要素，构建数字经济产业创新发展模式。出台深圳市经济特区数据条例，大力加强数据产权和隐私保护机制建设，加快数据要素市场培育，融通数据要素，建设"数字政府"。保障数据主体的数据安全与数据权利，努力解决数据个人隐私保护、数据要素的产权配置和数据安全管理等一系列的关键问题。挖掘数据要素的商用、政用与民用价值，鼓励、引导市场主体开放、共享民生领域数据资源，合法合规地开展数据交易活动。建立跨行业、跨部门、跨区域的数据融合机制，促进各类数据互相融合，积极推进深圳与香港、澳门之间以及深圳与广东省地区的数据合作融通。在城市治理模式与经济社会发展方面，充分发挥数据创新驱动作用，通过业务协同办理和公共数据开放共享等方式，大力促进社会管理和服务模式的创新

第七章　主要科技产业发展背景、现状与趋势

续表

序号	发展目标	具体内容
7	夯实新型信息基础设施	大力促进新一代网络基础设施建设，率先建成世界领先的全覆盖、高质量的5G网络，提高IPv6用户网络接入覆盖率和普及率。促进新互联网交换中心试点建设，推进试点进程，推动湾区互联网通信基础设施的互联互通。努力开辟互联网数据的专用通道，在数据跨境传输方面推动安全管理试点。打造大数据和云计算产业发展高地，规划数据中心和云平台建设，推动数据中心向智能化、集约化、规模化、绿色化方向发展。大力推进行业互联网的识别分析节点建设，形成大规模识别分析服务能力，实现跨行业、跨区域的行业信息交流和共享。增强城市数据收集、响应和实时分析能力，加快城市大数据中心建设
8	打造数字经济公共服务平台	精准对接数字经济产业创新发展需求，布局关键技术、资源条件、科技服务平台等高层次重大服务平台，构建全链条服务体系。聚焦突破"卡脖子"技术，围绕重点产业的基础研究，在重点领域布局一批工程实验室与重点实验室等，搭建高水平关键技术平台。大力强化专业技术服务能力，聚焦科技成果转化和共性技术应用，建设工程中心、企业技术中心等资源条件平台，实现与企业需求的精准对接。有效提升国际高端科技服务能力，面向产业创新创业的服务需求，构建高端服务平台。提供数字经济产业发展的智力支持，加强产业领域智库建设。增强金融服务于数字经济的能力，支持建设数字经济融资服务平台，努力提供精准融资服务
9	深化国内外合作与交流	构建全面开放新格局，推动全面落实粤港澳大湾区发展战略，争取更多项目纳入相关的专项实施方案。依托在深圳成立的金砖国家未来网络研究院中国分院，促进金砖国家成员国之间在测试验证、技术创新及应用示范等方面开展合作，搭建未来网络国际合作的交流平台，推动建设大湾区国际科技创新中心。优化完善前海发展规划，促进前海与周边联动发展。打造湾区合作新亮点，在科教、医疗等领域深化与港澳间的合作，积极参与广州深科技创新走廊的规划建设。提升国际话语权，鼓励龙头企业设立研发机构，充分利用国际研发资源，参与研究和制定国际标准。提升产业国际影响力，积极谋划或承接一批在海内外影响力大的高端论坛或展会

三 广州数字经济发展现状

一是构建"一江两岸三片区"的空间格局。为了促进数字经济发展，广州选择琶洲、广州大学城、广州国际金融城、鱼珠等连片区域，构建了数字经济产业发展的"一江两岸三片区"的空间格局，这些区域具有较好的人工智能与数字经济发展基础。同时，根据各片区现有资源禀赋与产业基础，推动差异化布局。通过培育和引进一批数字经济产业的总部企业、技术龙头和产业龙头企业，引入科技孵化平台、知识产权保护基地、公共实验室、科技成果转化中心等，有力地带动了广州数字经济发展和数字化转型。含广州大学城在内的琶洲核心片区重点建设数字经济与总部经济的创新合作区、创新融合的拓展区、科技成果转化中心和知识产权保护基地。其中，琶洲重点发展人工智能、移动互联网、云计算与大数据应用、物联网及车联网、虚拟现实与增强现实、高端软件服务、数字会展、网络安全等产业。依托丰富的科教资源和数字经济重点企业，广州大学城集中打造一批科技孵化平台和公共实验室，促进区域合作，发展数字创意、大数据、智慧医疗、云计算产业，大力构建新一代信息技术和人工智能产业集聚区。广州国际金融城片区重点发展数字金融、数字文化、数字服务贸易等，积极打造粤港澳金融合作示范区和金融科技先行示范区。鱼珠片区发展5G通信和集成电路的核心零部件、AI+软件、信创+区块链和数字贸易等产业。[①]

二是助力"制造"迈向"智造"。为实现产业整合与协同发展，广州大力推动创新链和产业链深度协同融合，坚持围绕

---

① 吕沁兰、刘宝：《广州：打造人工智能与数字经济试验区 发展全球领先数字经济生态》，《中国经济导报》2021年6月10日。

产业链布局创新链，精准对接技术与市场，努力推动数字经济产业和人工智能从研发到应用场景的转型。同时，高效协同人才、技术、资本、市场、环境等创新要素和产业发展要素，努力构建新发展格局，加快推动广州试验区对其他区域的示范引领与协同发展作用。集中打造区域技术、市场和服务协同发展的产业生态，引入一批头部企业，建设和运营一批产业孵化平台和技术研发与服务平台，推出新技术应用、新模式创新与新业态集聚的市场应用场景图谱。数据显示，2019年，广州先进制造业占规模以上制造业增加值的比重达到64.5%，广州数字经济核心产业占GDP的比重达到约17%。产业竞争力方面，"5G＋北斗"处于国际领先地位；战略性新兴产业比重大幅上升，2017年占GDP的比重不足20%，2019年达到24%。[1]

三是数字基础设施建设加快布局。广州加快数字基础设施布局。2019年，广州规模化部署5G商用试点城市，累计建成2.02万个5G基站（含室外站点、室内分布系统和共享站点），投产使用的数据中心有65个，在用机架规模为14.1万个标准机架，在用机架规模占全国的4.7%。至2019年，入选省资源池的工业互联网平台商和解决方案服务商达67家，接入国家顶级节点工业互联网标识解析二级节点（广州）达到19个，接入企业174家。广州有34家省级"两化融合管理体系贯标试点企业"。围绕城市治理、惠民服务等场景，广州打造公安指标云平台、重大事件预警模型、一体化工作站平台、全国首个5G智慧法院、交通大数据中心、"广州健康通"。光纤网络建设方面，2019年，广州固定互联网宽带接入端口为1291.0万个，FTTH/O端口数为1189.2万个；全市固定宽带接入用户为586.5万户，

---

[1] 陈丽莉、涂端玉、文静：《数字经济"推进器""广州智造"步步高》，《广州日报》2020年12月7日。

FTTH/O 光纤接入用户为 535.2 万户。①

四是加快推动制度创新。广州积极把握产业数字化与数字产业化的新机遇，充分发挥广州信息产业等先发优势，出台《打造数字经济创新引领型城市 22 条》《广州市加快推进数字新基建发展三年行动计划（2020—2022 年）》等政策措施，推动制造业加速向网络化、数字化、智能化发展，其中产业转型升级就是鲜活的印证，也让产业站上了新起点。

四　数字经济的发展及趋势

一是数字技术将加速与其他学科的交叉渗透。数字技术是一门综合性的前沿学科和高度交叉的复合型学科，研究范畴异常复杂而又广泛，其发展需要与计算机、数学、科学等学科深度融合。数字技术与人工智能也将极大地促进包括生命科学、认知科学、脑科学，甚至物理、化学、天文学等科学技术的发展。

二是颠覆性科技创新排浪式地涌现。当前，以数字科技为代表，新一轮产业变革与科技革命方兴未艾，新的颠覆性数字产业科技创新不断涌现，新模式、新产品、新业态与新产业不断催生。它不但会在中短期发展形成战略性新兴产业并带动经济快速增长，而且，随着新一轮产业变革和科技革命持续推进，还会形成代表更长远未来发展方向的新产业。由于科技发展的不确定性高，加之后发国家往往会与先发国家处于同一起跑线，数字技术的发展会为后发国家带来"换道超车"的发展机遇，初创企业会不断诞生，并迅速发展成为行业巨头。②

三是对大型高科技公司的反垄断会有所加强。与传统的实

---

① 《广州年鉴（2020）》，广州年鉴社 2020 年版。
② 李晓华：《数字经济，"十四五"新引擎！》，https://baijiahao.baidu.com/s?id=1689817081446823579&wfr=spider&for=pc。

体经济不同，数字经济经营者关注的重点是数据、用户流量、知识产权等要素。由于平台化模式和直接、间接的跨边网络效应驱动，在互联网行业中，很容易出现"赢家通吃"的局面，即少数互联网企业垄断某个领域的市场。这种现象在数字经济产业中表现得尤其明显。由于当前互联网企业规模庞大、集中度高且发展十分迅速，它引起了外界对这种现象的持续关注。这会为反垄断与竞争政策带来一些挑战，引起了许多国家监管机构的关注。近年来，美国众议院发布了对亚马逊、脸书、苹果、谷歌等的反垄断调查报告，欧盟新推《数字服务法案》，我国也发布了针对互联网垄断的法案——《关于平台经济领域的反垄断指南（征求意见稿）》。这些法案和举措的实施必将产生巨大的示范效应，对世界各地数字企业的发展产生重大而深远的影响。

四是数字技术将极大地驱动产业发展。数字经济促进产业转型升级，主要体现在规模优势、应用驱动和发展速度快。2020年，中国数字经济的规模已经达到41万亿元，占GDP的比重超过三成；数字经济核心产业增加值占GDP的比重达到7.8%；数据中心业务、大数据、云计算和物联网业务收入比上年分别增长22.2%、35.2%、85.8%和17.7%。[①] 工业互联网成为产业赋能的重要载体，而在服务业领域，以共享经济、O2O、短视频、直播等多种形式的共享网络平台发展层出不穷。在新冠肺炎疫情防控常态化时期，数字经济的优势将进一步凸显，有利于提升社会的治理能力。"防疫健康码"很好地起到了精准防控疫情及推动复工复产复学的重要作用。新冠肺炎疫情期间，基于大数据技术、云计算的数字技术助推新型消费发展，使得在线问诊、线上团购、直播带货、云旅游、在线教育、远

---

① 《我国数字经济规模已达41万亿元 总量跃居世界第二》，https://baijiahao.baidu.com/s?id=1706664484956641797&wfr=spider&for=pc。

程办公、在线娱乐等新模式新业态不断涌现。随着数字技术的不断成熟与完善，数字技术与实体经济的深度融合将更为密切，进一步提升传统产业的生产效率，更大程度地激发传统产业发展活力，加快产业升级改造的步伐。

五是国家间围绕数字经济竞争加剧。数字经济是朝阳产业，代表着未来产业的发展方向，是当前国民经济发展中最具活力、增速最快的新动能，其发展的水平与速度影响和决定了世界各国的产业地位和经济话语权。由于数字技术具有融合性、渗透性强的特点，其软硬件设施和系统渗透国家经济、社会和政府治理的各个方面。随着经济社会活动的开展，海量的数据被生成、传输，越来越多的国家考虑到了数据安全的问题，担心核心数据的自主生成和传输、系统软硬件生产自主如果不能实现，个人信息隐私安全、产业安全乃至国防安全和政治安全都可能面临巨大风险。因此，世界各国都加快推动数字经济产业的发展，加快推出相关的法律、法规和政策措施。更值得关注的是，有些国家为了维护自身利益，不惜违反国际贸易规则，打压其他国家，对他国的产业和企业发展进行遏制。[①]

六是数字新型基础设施将成为新一轮投资布局热点。数字经济作为新的经济形态，要产生推动经济高质量发展的合力，新型基础设施建设显得尤为重要，它可以发挥"底座性"作用。近几年，为应对国际国内错综复杂的发展形势，围绕人工智能、大数据、5G、工业互联网等数字经济发展需求的新基建快速推进。近年来，围绕新基建领域，多个省（自治区、直辖市）先后发布千亿级、万亿级的重点项目投资计划，为抢占布局相关的新兴产业奠定了必要的基础。加快新型基础设施建设，将是我国"十四五"期间稳投资、保增长、促消费，实现数字经济

---

① 李晓华：《"十四五"时期打造数字经济新优势》，《金融博览》2021年第4期。

加速发展的重要引擎。

第二节 生物医药产业

一 背景与意义

在我国当前老龄化逐步加深、人口红利即将丧失的背景下，生物医药产业作为保障百姓身体健康、创造高品质生活、关系国计民生的重要产业，具有重大的现实需求与发展意义。

近年来，国家十分重视生物医药产业的发展，相继出台了不少相关文件，如《"十三五"生物产业发展规划》《关于深化审评审批制度改革　鼓励药品医疗器械创新的实施意见》《医药工业发展规划指南》等。特别是新冠肺炎疫情暴发后，人们的健康和生命安全意识前所未有地提升，生物医药产业更是受到前所未有的关注，成为重点突破的领域，鼓励行业创新和提升产品质量是我国生物医药产业的主旋律。聚焦生物医药产业发展需求，我国先进城市通过完善产业支撑服务体系，加快科技研发和产业创新的力度，不断增强生物医药产业的自主创新能力，加快打造生物医药强国。

作为广州重点发展的战略性新兴产业之一，生物医药产业发展成广州支柱产业的潜力巨大。广州生物医药产业科技研发能力显著提升，产业规模不断扩大，发展特色鲜明，人才队伍不断壮大，产业创新体系逐步完善。但是，它仍然存在产业集聚度不显著、产业竞争力不高、创新能力偏弱、优势资源利用不充分等问题。

二 国内主要城市生物医药产业政策

（一）北京生物医药产业政策

为了促进生物医药产业发展，2018年9月，北京出台了

《北京市加快医药健康协同创新行动计划（2018—2020年）》，提出了"到2020年主营业务收入达到2500亿元"的发展目标。从实际来看，2019年前三季度，北京医药健康产业的企业营业收入保持两位数稳定增长，达到1472.6亿元。北京在坚持新发展理念、注重发挥首都科技与人才资源十分丰富的优势基础上，从加强原始创新、溢出效应、企业创新和产业发展等方面，构建了促进北京医药健康产业发展的政策措施。

一是高度重视原始创新，持续加大基础研究力度。为了提升医药健康原始创新能力，北京主要从加大重点领域支持力度、加强专业孵化能力建设和加快中关村生命科学园提升建设三个方面发力。具体包括：在前沿领域建设一批大科学装置；编制医药健康协同创新发展的重点方向目录，提升北京经济技术开发区等区域专业孵化器的孵化能力，在中关村生命科学园等园区、高等学校、科研院所、医疗机构建设专业孵化器；建设提升中关村生命科学园，完善管理架构及工作机制，引进国际化园区管理服务团队；等等。

二是大力提高临床研究水平，充分发挥溢出效应。为了提升临床研究与试验水平，发挥溢出效应，北京主要从加快建设临床医学研究中心、优化医疗机构科技创新体制机制、引导医疗机构加快成果转化、促进医疗健康数据共建共享四个方面加强努力。

三是聚焦培育重点企业，大力提升核心竞争力。为了促进企业创新，提升企业核心竞争力，北京加强对企业的统筹服务，支持研发型企业创新，支持研发型、生产型企业做大做强，加强第三方研发和生产服务，加快生产及专业服务平台建设，吸引跨国公司在京发展，推动中医药产业创新发展等，大力提升企业创新能力。

四是努力完善产业发展要素,大力优化营商环境。北京通过生物医药推动产业集聚发展、优化产业园区服务体系、鼓励产品采购、加快落实药品上市许可持有人制度、加大创新激励、优化新增医疗服务项目价格管理方式等,推动生物医药产业创新,优化产业营商环境。

(二) 上海主要生物医药产业政策[①]

2021年4月,上海制定了新一轮生物医药产业政策,发布了《关于促进本市生物医药产业高质量发展的若干意见》(简称《若干意见》),提出"加快具有国际影响力的生物医药产业创新高地的建设,全力打造世界级生物医药产业集群"的发展定位。总体而言,上海生物医药产业政策(见表7-3)呈现出先进性、应用性、力度大、体系化和手段新等特征。

表7-3　　　　　　　上海生物医药产业主要政策文件

政策名称	发布时间
《关于促进本市生物医药产业高质量发展的若干意见》	2021年4月
《关于加强公共卫生应急管理科技攻关体系与能力建设实施意见》	2020年7月
《上海市加强公共卫生体系建设三年行动计划(2020—2022年)》	2020年6月
《市委市政府关于促进中医药传承创新发展的实施意见》	2020年5月
《关于加强本市医疗卫生机构临床研究　支持生物医药产业发展的实施方案(修改)》	2019年11月
《促进上海市生物医药产业高质量发展行动方案(2018—2020年)》	2018年11月
《关于深化审评审批制度改革　鼓励药品医疗器械创新的实施意见》	2018年11月

来源:《被刷屏的〈若干意见〉解读来了!上海或将掀起新一波生物医药产业》,https://www.cn-healthcare.com/articlewm/20210526/content-1224761.html。

[①] 《被刷屏的〈若干意见〉解读来了!上海或将掀起新一波生物医药产业》,https://www.cn-healthcare.com/articlewm/20210526/content-1224761.html。

1. 体系化

从政策扶持范围来看，上海不但强化研究与产业化环节的扶持，而且十分注重临床研究转化与医企协同，大力构建覆盖"研发+临床+制造+应用"各领域的全产业链政策支撑体系。一是在强化产业化扶持方面，为了防止"成果外溢"，上海大力支持产业化、本地化，并给予一定强度的引导支持，提升产业链现代化水平，促进制造业朝着数字化、智能化、绿色化方向转型发展，促进合同研发和生产组织模式的推广等。二是在强化临床研究转化方面，上海从激励临床研究成果转化、临床研究支撑平台体系的完善、医院伦理协作审查工作机制建立和产医融合创新能力提升4个方面加强扶持。

2. 先进性

上海作为中国生物医药产业发展先行区，其相关政策也十分超前。从上海生物医药政策的扶持内容来看，上海在加强创新产品研发、提升创新策源能力以及加快创新产品应用等方面较为领先。一是首次将支持改良型新药研发单独纳入产业政策的扶持范围。与创新药开发风险高相比，改良型新药具有投入低、风险低、临床接受度较高、利润回报较快等优点，有可能成为将来中国制药企业创新的重点领域。二是将支持基础研究纳入产业的相关扶持政策。基础科学研究创新的突破是未来我国医药产业创新突破的关键领域。上海提出加强前沿领域的高水平基础研究，将支撑上海建设有国际影响力的生物医药产业的创新高地。三是首次开展医疗人工智能产品的购买服务试点。上海提出"开展人工智能辅助诊断系统购买服务试点，允许试点医院向服务商协议购买获得三类医疗器械注册证的人工智能辅助诊断系统技术服务"，这是国内首发的医疗人工智能产品的应用政策。

3. 应用性

上海提出"开展人工智能辅助诊断系统购买服务试点，允许试点医院向服务商协议购买获得三类医疗器械注册证的人工智能辅助诊断系统技术服务",这个政策有较强的应用性。一是优化创新产品入院流程。为药事管理与药学服务等提供技术指导与支持,成立上海市"医疗机构药事管理与药物治疗学委员会"。组织医疗机构,成立"医疗器械临床使用管理委员会",指导与监督医疗器械临床使用的行为。二是支持创新产品应用示范。对于列入"上海市创新产品推荐目录"的产品,实施政府首购与订购。加大创新医疗设备的首购力度,提高政府的采购份额。对于首批次高端医疗器械首台与新材料,给予销售合同金额20%以下,最高分别不超过3000万元和300万元的资金支持。支持开展创新产品上市后再评价。三是开展人工智能辅助诊断系统的购买服务试点。允许试点医院购买人工智能辅助诊断系统的技术服务。试点医院购买服务时,应开展临床应用效果的卫生经济学评价,并按照系统使用次数向服务商支付费用,且控制年度支付总量。四是健全医疗保障体系,支撑创新产品的应用。将达到条件的诊疗项目和医用耗材等纳入本市医保目录。完善"医保—企业"面对面机制。上海构建了多层次的医疗保障体系,发挥商业保险等金融服务的作用,努力丰富医疗保险产品的供给,使更多需求人群受益。

4. 力度大

上海对创新药和创新医疗器械等附加值大、技术含量高的产品实施分类择优支持政策,并且支持力度非常大,位居全国前列。一是从上海的药品支持政策看,上海扶持力度远超苏州、杭州和成都等城市。上海"对本市注册并获得许可并在本市生产申请人的1类新药,给予不超过研发投入的40%的资助,每年单个企业支持额度累计不超过1亿元",与深圳市政策力度持平。二是上海对医疗器械产品支持力度大。上海对进入国家和上海市创新医疗器械特别审查程序的产品,产品在本市生产的且首次取得医疗器械注册证,最高可支持 500 万元资金,比重不超过研发投入的 40%,也超过苏州、成都、杭州等地的力度。三是支持开拓海外市场力度大。上海"对本市研发生产的创新药及高端医疗器械,并且通过美国食品药品监督管理局、欧洲药品管理局、欧洲共同体、日本药品医疗器械局或世界卫生组织等国际机构的注册,在国外市场实现销售的,评选认定后按不超过研发投入 30% 的比重支持,最高一次性资金支持 1000 万元",同类政策扶持力度最高。

5. 手段新

从政策扶持手段来看,上海强调服务创新与金融创新,并从创新产业的金融服务模式与健全产业创新的服务体系等方面,完善上海的生物医药产业发展生态。从产业金融服务模式创新看,上海开展"新药贷"等金融产品试点,发挥本市政策性担保基金作用。对符合条件的企业,"新药贷"提供放款速度快、受益面广的贷款服务,实施"行业主管部门负责推荐、相关担保中心负责进行政策性担保、相关合作银行负责提供信贷支持"的贷款办理与审批模式。从建立健全产业服务体系方面来看,一是加强产业孵化支持,上海对生物医药领域的孵化器和加速器等建设项目,按照新型基础设施建设的有关规定,予以贴息支持;二是促进产品注册服务,上海"在生物医药产业相关园区,建立产品注册指导服务工作站",不断加强对相关产品研发过程的提前介入与全程指导。

三 广州生物医药产业发展态势

一是产业初具规模。2019 年,广州医药制造业增加值同比增长 16.8%,聚集生物制药、医疗器械、现代中药等重点行业,以及体外诊断、干细胞与再生医学、精准医疗等领域。产业发展势头良好。2019 年,全年医药工业实现利润总额比 2018 年增长4.0%，资产总计增长6.2%；全年化学药品原药1.93万吨，中成药8.71万吨，比上年增长44.2%。[1] 近年来，广州生物医药产业保持年均约10%的增长。至2021年初，广州生物医药企业总数位居全国第3，总数达到5500多家；广州上市药品共有3649个，获批上市第二、三类医疗器械共有6758个。2020年上市生物医药公司数量达到45家，市值位居全国第4，超过3000亿元，培育了达安基因、广药、香雪、万孚生物、金域医学、迈普、百奥泰等龙头企业，初步形成了专、精、特、新龙头企业集聚发展局面。[2]

二是集聚态势明显。目前，广州形成了以科学城、知识城以及广州国际生物岛"二城一岛"为核心，健康医疗中心、国际健康城与国际医药港等特色产业园区综合协调发展的"三中心多区域"的生物医药空间发展格局。作为粤港澳大湾区的核心引擎城市，广州十分重视生物医药产业研发创新，不仅制定了很多相关的优惠政策，而且推动研究成果快速转化。以中新广州知识城为例，它不仅注重为生物医药企业提供良好的技术平台、专业的孵化器和国际化创新空间，更注重提供优越的产业政策、人才政策和良好的营商环境，在市场拓展、企业融资和国际合作等方面为知识城中进驻的生物医药企业保驾护航。

三是大院大所大装置大平台助力发展。广州拥有包括南方医科大学、广州医科大学、广州中医药大学和广东药科大学在内的省内所有"双一流"医学高校，还有中科院广州生物院、广州再生医学与健康省实验室和广州呼吸疾病研究所等大院大所。此外，省内全部5家GLP（优良实验室规范）机构、36家GCP（药物临床试验）机构都在广州，广州还拥有省内绝大部

---

[1] 《广州年鉴（2020）》，广州年鉴社2020年版。
[2] 《广州生物医药企业5500多家 数量居全国第三》，http://kjj.gz.gov.cn/xwlb/yw/content/post_7110940.html。

分国家、省级工程中心、重点实验室以及企业技术中心等新型研发机构和创新平台。广州拥有的4500多个各类卫生机构中，三甲医院数量居全国第3位，达到42家。目前，广州生物医药领域引进了5位诺贝尔奖得主，引进了包括施一公、徐涛、王晓东、裴钢等在内的20多位院士。近五年，广州获批上市的药品共有30个，获批上市的第二、第三类医疗器械5791个。[①]

四是政策体系日益健全。为促进广州生物医药产业发展，近年来，广州出台了《关于加快生物医药产业发展的实施意见》等有关文件，研究制订了《广州市生物医药产业创新发展行动方案（2018—2020年）》等政策性文件。同时，加快修订完善广州生物医药发展政策措施，着力解决行业"痛点"，补齐协同发展短板。集中力量办大事，加大扶持资金力度，力图实现政策支持全覆盖，对市政府2018年印发实施的《广州市加快生物医药产业发展若干规定》进行修订。

四　未来生物医药产业发展新趋势

现代生物技术发展突飞猛进，展现了巨大的发展潜力，在基因工程、细胞工程、蛋白质工程、酶工程、生化工程、医药制作等领域取得骄人的业绩，解决了长期困扰人类的健康、气候变化、能源危机、粮食安全和环境污染等问题。当前，合成生物学、基因编辑、人工智能等领域的新兴技术应用潜力巨大。生物科技愈来愈受到人们的关注，成为未来科技发展的重点领域。生物科技与产业将迎来巨大机遇。

一是生物医药技术所取得的巨大突破将推动新一轮产业变革。技术是生物医药产业增长的基本条件，生物医药企业的发

---

① 《年均增速10%左右　广州生物医药产业厚积薄发》，http://www.gz.gov.cn/xw/jrgz/content/post_6505725.html。

展有赖于持续的技术创新,技术创新能力是企业发展的核心竞争力。当前,生物技术正在发生颠覆性突破。比如,在基因编辑领域,美国的约翰·霍普金斯大学研发出了一种被称为"vfCRISPR"的新技术,这种技术使得以超高的时空精准度来远程控制体内基因的编辑过程成为可能;以色列特拉维夫大学开发出可以有效治疗活体动物癌症并且使癌细胞永久失活的技术;北京大学开发了基因编辑技术,可以精准有效地删除大鼠的特定记忆;等等。在脑机接口领域,西班牙米格尔·埃尔南德斯大学研发出可直连大脑视觉皮层,使患者重见光明的"仿生眼睛"的脑机接口系统;由中国北京脑科学与类脑研究中心研发出的新型光学脑—脑接口,实现了在两只老鼠间高速率地传递运动信息;等等。新冠肺炎病毒的研究及新冠肺炎疫苗的研发成为2020年生物研究主线,合成生物学、基因编辑和人工智能等技术发挥了无比巨大的作用。行业未来发展的关键是不断加强技术研发,提高国际竞争力以及行业自主创新能力。将来,以合成生物技术、基因测序、细胞免疫治疗、液体活检、生物大数据、生物仿制药等为代表,生物技术将取得巨大飞跃,推动全球新一轮产业变革。[1]

二是生物科技与人工智能等交叉融合不断加深。人工智能技术突飞猛进,特别是在算力、算法以及大数据推动下,人工智能发展迅速,应用领域迅速扩大。生物科技与计算机技术以及人工智能等交叉融合,为未来科技发展带来强劲动力。通过人工智能技术挖掘与利用新型的遗传资源、计算机辅助蛋白结构的预测设计等技术受到极大的重视,发展成跨学科交叉的热点前沿领域。利用人工智能,合成生物学公司Zymergen加速工

---

[1] 《2020年前沿科技发展态势及2021年趋势展望——生物篇》,https://baijiahao.baidu.com/s?id=1691665650752130724&wfr=spider&for=pc。

程菌改造和结果测试，合成生物学千亿潜力加快释放；中国科学院研究团队构建出一系列新型酶蛋白，使人工合成酶有了新办法，从而开启了新一代生物制造；在预测酶活性方面，牛津大学和杜塞尔多夫大学等机构取得了突破性进展。通过多学科交叉方式，人工智能在生物科技领域的应用为人类解决了诸多困扰人类的难题。在人工智能趋势下，通过非侵入性成像过程有效显示身体内部各方面图像的过程，为诊断和治疗疾病带来巨大的便利。随着智能手机的普及和图像识别技术的进步，手机正成为家庭诊断的一种多功能工具，使精准医疗成为可能。在医疗生物识别技术方面，人工智能将解锁新的诊断方法，利用人工智能的神经网络，分析过于复杂而无法量化的非典型风险因素，特别是视网膜扫描、检测和记录皮肤颜色变化等，并精准预测各种风险因素。

三是社会需求驱动生物科技产业快速发展。当前中国老龄化与少子化加速，环境污染问题形势严峻，耕地面积萎缩等问题，使社会对生物科技行业的需求上升。人口老龄化增加医疗产品与设备的需求，促进了生物医药行业快速发展。耕地面积不足、粮食安全危机，使生物农业产业化加快。环境污染、能源稀缺问题，为生物降解技术、生物再生、环境监测、生物能源技术等迎来发展机遇。当前，中国生物科技产业发展势头良好，产业规模初具，产业集群效应初显，细分领域具有良好的发展势头。生物医学工程、生物医药产业、生物农业规模不断扩大，经济和社会效应显著增强。现代生物技术不断地向环保、化学与能源等工业领域渗透和融合，形成生物能源、生物化工与生物环保等一大批新兴产业，新的发展浪潮涌现。产业分工日益细化。比如为提升运营效率、保持新药研发持续性以及节约成本等，部分大型制药企业会选择让一些非核心的研发环节外包，合同委托研发企业应运而生。通过合同研发与生产等形式，产业分工将日益细化，形成完整的产业发展链条。①

四是拓宽融资渠道，并购重组将是不可避免的趋势。由于生物学发展需要整合分子生物学和基因组学等学科，因此，生物技术研发是一项非常复杂的系统工程，投入高、收益高、风险大、周期长，生物企业需要通过不断增加研发投入实现技术产出，而且，短时间内收益无法实现，融资难的问题十分突出。目前，国内创业板和中小板对生物科技企业的融资支持有限，主要局限于对产品开发相对成熟、已经获得一定盈利的企业的支持。显然，国内资本市场对于作为新兴产业的生物科技企业的支持不够充分。建立完善的产业风险投资机制，拓宽生物科技企业融资渠道，显得十分急迫。港交所颁布新规，证监会开发了 IPO 快速通道，这些措施的出台，充分表明了随着资本和投资市场不断健全，未来融资渠道将会有效地拓宽，资本将有效地助力行业持续发展。行业并购重组将成为行业发展不可避免的趋势。由于生物医药产业有投入高、收益高、风险高和研发投期长等特点，因此，产业的进入和行业的持续发展都需要高额的投入。为了提升产品竞争力及市场占有率，在日趋激烈的行业竞争中取得优势，通过并购与重组的方式获取新技术、新产品的企业越来越多。并且，借助并购与重组，企业提升了垄断技术、抢占市场和超额盈利的能力，在全国乃至全世界建设了生产与销售网络。伴随着生物医药产业的成长壮大，企业间并购重组的趋势将是不可避免的。②

五是产业链与供应链的安全问题受到高度关注与重视。一方面，西方国家为了减少对中国的依赖，将调整医药的产业链和供

---

① 《2018 年中国生物科技行业专题研究报告》，https：//www.sohu.com/a/256989052_533924。

② 《2018 年中国生物科技行业专题研究报告》，https：//www.sohu.com/a/256989052_533924。

应链布局。比如，2020年4月，美国国会研究服务部（CRS）发布了《新冠疫情：中国医疗供应链和更广泛的贸易问题》的报告，全面评估了美国对中国医疗产业供应链的依赖程度以及新冠肺炎疫情对中美之间贸易的影响程度，提出了诸多举措，包括将联合伙伴国家、加快把医疗供应链转移到中国以外的其他国家等，以确保实现医药与医疗用品生产与供应的多元化；日本也在行动，将相关企业转移到南美、东南亚等国家。世界各国都在纷纷加强本国生物医药产业的自主生产能力。比如，德国、日本政府开始限制外资对本国关键生物科技企业的投资，他们还将呼吸机等一系列高级医疗器械纳入安全保障的核心产业领域。美国主动发展生物经济能力，参议院举行了"确保美国在生物经济领域的领导地位"听证会，美国国家情报局发布《保护生物经济》的报告，等等。上述动向，各国如若全部落地实施，将对全球医药与医疗用品价值链的分工和产业链发展格局产生巨大而深远的影响。新冠肺炎疫情深刻地改变了世界，生物安全和生物威胁的话题得到前所未有的关注与讨论。生物安全概念还在不断扩展，将从"生物防御"扩展到"生物经济和产业支撑"。在后疫情时代，越来越多的国家重新制定、调整与完善生物安全的战略，不断加强生物安全的保障能力，与生物安全有关的国际发展秩序、发展规范将相继建立起来。特别是受新冠肺炎疫情影响最大的美国，疫情后深刻地反思与梳理本国存在的安全漏洞。拜登政府上台后，推出新版的国家生物安全发展战略，不仅对内加大生物能力建设与生物安全发展体系完善，对外更是将加强世界生物安全的布局，谋求持续主导世界生物安全秩序，加大力度争夺全球生物安全领域治理权与话语权。[①]

---

① 《2020年前沿科技发展态势及2021年趋势展望——生物篇》，https：//www.sohu.com/a/450856546_348129。

第三节 新能源产业

一 背景与意义

当面,全球面临化石能源资源日益短缺的紧迫形势,环境压力日渐增大。在这种背景下,太阳能和风能等新能源与可再生能源受到重视,全球各国政府将新能源作为重要的战略产业,大力发展。

经过多年的飞速发展,我国新能源的装备制造能力和装机量已位居世界第一。从风电、光伏、核电再到新能源汽车,中国的新能源产业各项发展指标已处于全球的领先地位。风力发电与光伏发电发展最为突出,产业投资较活跃;技术进步较为迅速,成本有所下降,商业模式得到不断创新。

在我国能源、资源和环境压力加大的严峻形势下,作为国家中心城市的广州,要求提升广州新能源与可再生能源的利用规模,推动能源结构向清洁转型;要求实施创新驱动战略,强化新能源产业的支撑带动作用,加快构建广州产业高精尖经济结构;要求新能源与可再生能源加快和常规能源融合发展,深化能源生产与消费革命,提升能源智能高效利用水平。

二 国内部分城市相关政策举措

(一)北京新能源产业政策与举措

一是政策起步早。作为首都,为促进新能源产业持续较快发展,早在2009年,北京就出台了专门的促进新能源产业发展的文件《北京市调整和振兴新能源和环保产业实施方案》,2010年又编制了《北京市振兴发展新能源产业实施方案》。为了促进太阳能产业发展,北京于2009年制定了《北京市加快太阳能开发利用 促进产业发展指导意见》。其政策起步早,示范作用大

(见表7-4)。为了促进新能源产业发展,北京既强调基础研发、产品开发,又重视推广应用与资源回收等各方面,强调抓好电池、装备、电机、电控、材料等各环节。

表7-4　　　　　　北京新能源领域主要政策文件

政策名称	涉及领域	时间
《北京市振兴发展新能源产业实施方案》	综合	2010年
《北京市调整和振兴新能源和环保产业实施方案》	综合	2009年
《北京市"十三五"时期新能源和可再生能源发展规划》	综合	2016年
《北京市加快太阳能开发利用　促进产业发展指导意见》	太阳能	2009年10月
《进一步促进地热能开发及热泵系统利用实施意见》	地热能	2013年12月
《北京市分布式光伏发电奖励资金管理办法》	分布式光伏发电	2015年8月
《北京市太阳能热水系统城镇建筑应用管理办法》	太阳能	2013年
《北京市分布式光伏发电项目管理暂行办法》	光伏发电	2014年7月
《北京市加快科技创新培育新能源智能汽车产业的指导意见》	新能源智能汽车	2017年
《北京市推广应用新能源汽车管理办法》	新能源汽车	2018年2月
《北京市氢能产业发展实施方案(2021—2025年)》(征求意见稿)	氢能	2009年4月

二是优化协调管理机制。为了加强新能源与可再生能源重大事项的协调管理,北京建立了协调有力、责任明确、运转高效、管理规范的新能源与可再生能源行业管理体系。整合地区、部门和企业资源,加强信息共享与部门联动协调,大力加强政府和企业之间的沟通协调,促进形成市场调节、政府引导和企业参与的高效联动体制机制。北京出台可再生能源指标分解制度与考核办法,分解可再生能源规划指标到各区与各重点领域,并对这些区和相关领域实施年度考核。提升在线监测平台功能,不断完善统计指标体系,建立了能源统计与信息公开体系。强

化配套法规政策标准。促进北京可再生能源的立法，规范和引导行业发展。发挥政府作用，研究新能源与可再生能源发展的制度措施。完善新能源与可再生能源标准体系，研究制定分布式光伏与新能源微电网等相关能源领域的标准规范。提升政府监管服务水平。全面清理新能源与可再生能源领域的非行政许可事项，优化审批流程，提高审批效率，加强事中与事后监管。加强对新能源与可再生能源项目环境的影响评价，不断强化地热能利用水资源的回灌管理与水质监测。加强新能源与可再生能源管理体制机制建设，严格落实安全生产的主体责任，不断提高管理水平。[1]

三是注重创新引领。北京加快科技创新中心城市建设，发挥首都的科技创新优势，增强新能源领域创新能力，强化对首都高精尖产业经济的支撑作用，培育一批掌握关键核心技术的产业集群。加快创新能力建设，构建互动共享的创新网络。全面对接国家重大科技专项，充分发挥北京中关村国家自主创新示范区的创新资源优势，加强国家实验室、工程（技术）研究中心、工程实验室和实证测试平台建设。北京鼓励行业发挥新能源产业联盟的纽带作用，构建企业和高等院校与科研机构联合形成的创新团队。鼓励围绕高精尖产业领域，发挥龙头企业的示范带动作用。推动新一代光伏、智能电网、大功率高效风电以及新型储能装置等关键核心技术突破，促进相关技术装备产业化。紧抓能源互联网的发展契机，支持能源转换与需求侧管理等关键核心设备研发。深入推动重大科技成果转化。发挥龙头企业、科研院所、高校集聚优势，建设科技转化交易平台，促进科技成果转化与收益分配机制完善，通过技术转化基地共

---

[1] 《北京市"十三五"新能源和可再生能源发展规划》，https://www.sohu.com/a/115176795_131990。

建等多种形式，促进新能源产业的发展。①

四是强调发展重点。北京实施能源产业技术跨越工程，开展新能源开发与利用关键共性技术和设备研发，重点推动太阳能、风能、生物质能等技术研发与示范应用，提高检验检测认证、设计咨询等技术服务能力。在发展区域方面，优化新能源产业全链条资源布局，推动昌平区能源产业创新发展，加快延庆、平谷区绿色能源技术和装备研发。北京实施新能源汽车产业跨越发展工程，突出新能源汽车与智能网联汽车产业发展，2017年编制了《北京市加快科技创新培育新能源智能汽车产业的指导意见》，提出将北京建设成"国内一流、国际领先的智能网联驾驶创新中心、测试中心、示范中心和产业基地"。北京聚焦市场需求，以整车为龙头，不断推进新能源汽车创新链、产业链和资金链的布局，力图在2020年将北京建成中国最大的新能源汽车研发与应用中心，并且提出总体上达到国际领先水平的目标。同时，北京积极部署燃料电池汽车、智能汽车的开发及示范，努力将北京打造成为具有世界影响力的智能汽车创新中心。不仅如此，近期北京突出氢能产业发展，提出"把北京市建设成为具有国际影响力的氢能产业城市与科技创新中心"的发展目标。

（二）上海新能源产业政策与举措

一是加大政策扶持力度。上海比照高新技术企业和专项发展等方面的政策（见表7-5），充分落实综合配套的先行先试政策，制定了《上海推进新能源高新技术产业化行动方案（2009—2012年）》，支持新能源企业的发展；将新能源高新技术产业化重点项目纳入"绿色通道"，制定《上海市

---

① 《北京市"十三五"新能源和可再生能源发展规划》，https://www.sohu.com/a/115176795_131990。

可再生能源和新能源发展专项资金扶持办法（2020版）》，在项目用地、资金、基础设施配套、厂房建设及租赁等方面予以支持，给予企业风险补贴和首台（套）装备支持；大力吸引研发中心、企业总部等落户上海，对于新引进的总部型企业，可以享受上海鼓励总部经济发展的配套支持优惠政策；允许生产性设备加速折旧，购买的软件则可以按无形资产或固定资产来核算，适当缩短折旧或摊销年限；给予相关政策，支持新能源汽车进入租赁市场；研究太阳能发电上网的电价政策，培育和扩大发电产品的应用市场。

表7-5　　　　　　　　上海新能源领域主要政策文件

政策名称	涉及领域	时间
《上海推进新能源高新技术产业化行动方案（2009—2012年）》	综合	2009年5月
《上海市可再生能源和新能源发展专项资金扶持办法（2020版）》	综合	2020年6月
《关于开展分布式光伏"阳光贷"有关工作的通知》	分布式光伏	2015年12月
《上海鼓励购买和使用新能源汽车实施办法》	新能源汽车	2021年2月
《上海市氢燃料电池汽车产业创新发展实施计划》	氢燃料电池汽车产业	2020年11月
《上海市加快新能源汽车产业发展实施计划（2021—2025年）》	新能源汽车产业	2021年2月

二是加强技术支撑体系建设。上海加强新能源领域的产学研融合和基础研究，充分发挥专家队伍的作用，组织开展联合型攻关，加快消化吸收以及突破关键技术和关键材料，包括第三代AP1000核电、碳/玻璃纤维的复合材料叶片、动力电池的正极材料、IGCC低热值燃气轮机燃烧室等；加快公共服务平台建设，包括上海机动车检测中心、新能源汽车工程中心和燃气轮机工程技术中心等，增强研发服务能力和共性技术攻关；支

持建设上海太阳能等产业联盟；制定太阳能建筑一体化（BI-PV）与纯电动汽车等相关技术标准。

三是鼓励能源领域金融创新。在新能源金融机制创新领域，上海有所突破，筹划了国家分布式光伏的金融创新示范区。努力拓宽新能源投融资体系资金来源渠道，充分落实"阳光贷"的融资政策，大力发展与构建促进新能源发展的各种投融资平台与渠道。不断加大金融行业对新能源产业的支持力度，拓宽资金来源，充分发挥政府投资基金的引导与杠杆作用，支持和引导商业银行加强对信贷产品的创新，不断完善新能源的保险和担保机制。创新投入模式与机制，不断发挥市场化机制功能，充分利用专业化团队的作用，探索能源研发与产业化发展的新路径。上海印发了《关于开展分布式光伏"阳光贷"有关工作的通知》，建立了中小企业融资担保体系，推动政银合作、行业融合与机制创新，降低新能源领域项目融资的信用风险和贷款成本，推动"阳光贷"，在建立新能源领域金融创新与服务平台建设方面走在了全国前列。

四是促进重点产业集聚发展。上海充分落实涉及核电、风电、太阳能、IGCC、新能源汽车产业发展的各项措施，积极承担新能源汽车和核电等国家重大项目；推动风电、核电与新能源汽车等产业基地与太阳能等特色产业园区的建设。制定产业配套政策，在新能源产业基地专项扶持风电、核电、新能源汽车、IGCC、太阳能等产业发展，充分发挥产业基地的带动、示范与辐射作用；加强基础设施建设，完善产业基地配套，分别引进和做强一批国内外龙头企业与有一定优势的重点企业，发展和培育一批成长性强、发展潜力好的创新型企业；充分发挥区县在项目落地和招商引资等方面的作用，促进产业基地发展，加快构建集群发展态势。

五是加强产业链建设。上海发布产业化指南，推进一批新能源产业化的重点建设项目，分批推进并跟踪实施产业链上下游重点项目，包括纯电动汽车和关键零部件、IGCC 示范工程、混合动力汽车、太阳能设备和零部件等；明确新能源项目的实施主体，制订详细的项目实施计划与行动方案，推进项目投产达产，推动经济增长；组织一批"专精特新"的中小企业，加强项目的对接与配套。

三 广州新能源产业发展态势

一是强化产业发展。新能源产业作为广州加快培育发展的重点新兴产业之一，它出台了不少支持政策与措施（见表7-6）。广州成立新能源公司，作为新能源的专业投资平台，探索发展新能源业务。特别是在"十三五"期间，广州对新能源产业发展进行了重点布局，通过"自主开发+投资并购"双轮驱动手段，不断强化战略引领与制度设计，加快新能源发展速度。一方面，在风电与光伏业务方面，广州打造了建设、技术集成、运营和运维服务等一体化的产业发展链条，建设、并购了一批风电和光伏项目。截至 2019 年底，公司达到 86.4 万千瓦总装机规模。[①] 另一方面，广州积极发展汽车充电业务，建设集中式、分散式充电站，利用公交、物流、出租等车辆，快速搭建快充骨干网络。

表 7-6 广州新能源领域政策文件

政策名称	主要涉及领域	时间
《广州市发展新能源汽车行动方案》	新能源汽车	2010 年 3 月
《广州市氢能产业发展规划（2019—2030 年）》	氢能产业	2020 年 6 月

---

① 伍竹林：《新能源"点燃"新发展引擎 力争到"十四五"末公司清洁能源占比翻番》，https://news.cnstock.com/paper，2020-09-22，1373324.htm。

续表

政策名称	主要涉及领域	时间
《广州市分布式光伏发电项目管理办法》	分布式光伏发电项目	
《广州市新兴产业发展补贴资金用于太阳能光伏发电项目管理实施细则》	太阳能光伏发电项目	2017年6月
《广州市推动新能源汽车发展的若干意见》	新能源汽车	2018年7月
《广州市新能源公交车推广应用财政补贴奖励办法》	新能源公交车	2020年2月
《关于我市2019、2020年新能源汽车购置地方财政补贴标准的通知》	新能源汽车	2019年9月

二是产业初具规模。广州不断提升绿色低碳发展水平，新能源产业初具规模。2019年，节能和新能源产业实现规模以上工业企业高新技术产业总产值659.95亿元，规模以上工业企业高新技术产品的销售收入达到653.97亿元，规模以上工业企业高新技术出口销售收入达96.9亿元。① 2018年，广州新能源汽车保有量达到134041辆。② 至2019年初，广州新能源汽车的产能已经达到30万辆/年，广汽新能源的产销全年超过2万辆。新能源汽车推广规模不断攀升。

三是布局氢能产业发展。研究基于可再生能源的新型制氢发电技术、分布式制氢技术；推动甲醇/水制氢发电绿色能源建设，发展新能源交通工具充电桩、移动充电装置和新型复合动力系统；加快制氢燃料电池在城乡建筑分布式发电的应用；支持新型制氢系统与燃料电池系统的集成及相关核心部件的研发突破。广州布局氢能产业的核心技术，大力发展氢能产业，积极打造"中国氢谷"。在黄埔区建设省级"氢燃料电池汽车商业运营示范区"，引进了国内外高端人才，联合鸿基创能、广州氢

---

① 《广州统计年鉴2020》，广州年鉴出版社2020年版。
② 《广州市节能和新能源产业进入发展快车道》，http://www.ideacarbon.org/news_free/49036/。

丰能源、雄川氢能等公司，筹建广州氢能创新研究中心，大力开展关键技术的研发创新。近年来，广州开发区建成了加氢站，中新知识城和氢燃料电池物流车已启动示范运行。

四 未来发展新趋势

（一）延续绿色、低碳发展方向

未来，新能源产业将继续向低碳化、绿色方向发展。储能、氢能等新能源技术的重大发展与突破，将重塑能源系统，形成更具有开放性、兼容性的新能源系统。同时，可再生能源也将加速发展。一是突破和普及大规模储能技术，成为促进可再生能源发展的重要支撑与保障。当前，随着太阳能和风能可再生能源的迅速崛起以及智能电网技术与产业的高速发展，储能技术由于可以很好地解决发电和用电的时差问题，避免间歇式可再生能源发电在直接并网后对电网造成冲击，成为世界各国亟待解决的技术难题。储能技术是普及应用可再生能源的关键技术。中国应突破大规模储能技术并促进技术商业化应用，将通过制定完善推动储能产业发展的政策措施，通过市场化融资手段引导资金投入，加强储能产业科技创新，推动储能与新能源的集成式创新。二是氢能将成为实现能源变革的重要媒介。氢能技术的突破有利于促进社会低碳化和无碳化转型，成为全球能源清洁化发展的重要方向，不少国家和地区把氢能发展提升到战略规划的高度。我国将通过强化氢能的顶层设计，制定氢能发展路线图，明确规模化应用场景，编制标准规范，发展绿氢制储和应用等产业链。三是有望取得太阳能燃料技术的突破和降低成本。由于太阳能燃料技术逐步发展成为工业可行技术，它有利于极大地改变化工和能源领域对化石资源过度依赖的现状，降低发电成本。但是，如何降低成本和提高效率，利用太阳能将二氧化碳和水高效地转变为燃料或化学品，是一个关键问题。中国将通过加大投入，加强对太阳能燃料技术的研发，发展一体化应用技术，逐步开展典型示范工程，推进太阳能技术与产业的发展进程。

（二）能源产业链分工逐步深化

当前，发达国家和地区仍主导着能源产业国际分工，掌握和控制着新能源领域的关键核心技术。未来，世界能源转型进程不断加快。随着能源市场的发展，对新能源重要装备的需求也日益加大，产业的国际分工将日益调整与深化。谁掌握核心产品与技术，谁就能在产业链和价值链的重构中胜出。对中国来说，这一过程既是机遇，又是挑战。低碳能源是未来能源发展的主要方面，但是由于每个国家的资源禀赋和发展阶段不同，每个国家转型的路径与方面也各有差异。在这种背景下，各国将选择符合本国实际的能源产业发展模式。目前，中国是光伏产业与风电产业的能源大国，产业国际竞争力较强。未来，应充分把握分工逐步深化的发展机遇，不仅要不断加强基础研究和关键技术的研发，还要在世界范围内整合并购光伏产业、风电产业。不仅如此，更要积极利用大数据、智能硬件、物联网、云计算、移动宽带互联等技术，促进新能源产业向智能化升级。

（三）"互联网+"和智慧能源快速发展

"互联网+"与新能源产业相结合，实现能源互联网模式，可有效地实现能源资源的优化配置和融合发展。能源互联网能有效地重构生产和消费秩序，实现能源生产、运送、存储和消费的各个环节与互联网技术的深度融合，从而构建出新的发展模式，形成健康、共享的新能源生态系统。通过加强大数据、云计算和移动互联网等技术在新能源领域的融合应用，共同构建能源金融支持平台，建设共享的能源基础设施与管理体系，将推动构建市场化的能源互联网，形成高效、安全、智慧和可持续的能源体系。

第四节 新材料产业

一 背景与意义

新材料产业具有科技含量与产业关联度高、投资风险大、产业发展迅速及产品更新周期短等特点，是支撑国家和地区经济发展与产业结构转型升级的先导性、基础性与战略性产业。

近年来，我国不断加快新材料产业发展速度，2010年产业规模只有0.65万亿元，2019年增长至4.08万亿元，年均增速达到20%左右，前沿新材料产值、先进基础材料产值与关键战略材料产值占比优化至3.5∶57.4∶39.1。"十三五"时期，我国新材料产业已初步形成以企业为创新主体、高等院校及科研院所协同发展，以制造业创新中心、产业示范基地和技术创新中心以及园区等为主要载体，以市场需求为导向的新材料产业创新体系。[①]

目前，我国新材料产业发展迎来了前所未有的战略机遇，包括航空航天、物联网、新一代信息技术、新能源汽车在内的战略性新兴产业迅速成长，对材料产业发展提出了更高要求，与新材料产业加快融合，极大地促进了新材料产业的发展。广州新材料产业的发展，亟待加大投入力度，突破核心关键技术，促进产业链和供应链的稳定协同发展，不断提升竞争力，促进产业高质量发展。

二 国内部分城市相关政策分析

（一）北京新材料产业政策与举措

2009年，北京就制定了《关于加快北京石化新材料科技产

[①]《"十四五"期间我国新材料产业发展趋势特征分析》，http://finance.eastmoney.com/a/202102111810404668.html。

业基地建设若干意见》；2011年12月，又制定了《北京市"十二五"时期基础和新材料产业调整发展规划》；2017年，围绕加快科技创新，推动构建高精尖的经济发展结构，出台了《中共北京市委、北京市人民政府关于印发加快科技创新构建高精尖经济结构系列文件的通知》之《北京市加快科技创新发展新材料产业的指导意见》（见表7-7）。

表7-7　　　　　　北京新材料领域主要政策文件

序号	政策名称	时间
1	《关于加快北京石化新材料科技产业基地建设若干意见》	2009年9月
2	《北京市"十二五"时期基础和新材料产业调整发展规划》	2011年12月
3	《北京市加快科技创新发展新材料产业的指导意见》	2017年12月

1. 高起点谋划

北京充分把握了全球新材料技术的发展趋势，充分利用北京的科技资源优势，不断强化技术创新在新材料产业发展中的支撑和引领作用。北京不断提升产业的市场占有率和竞争力，重点发展产业链与价值链的高端环节和高附加值环节。根据《北京市加快科技创新发展新材料产业的指导意见》，新材料产业发展目标是："到2020年，突破一批前沿新材料原始创新技术和关键战略材料制备技术，建设一批国际先进的新型研发机构，引进一批全球顶尖科学家和优秀杰出创新创业人才，实现一批重大创新成果在京转化和产业化，培育一批国际知名新材料产品，打造一批新材料骨干龙头企业，形成一批高端新材料产业集群，初步形成京津冀区域新材料产业联动发展新局面。"北京提出了对接国家"科技创新2030—重大项目"等科技重大任务。

2. 重点领域突破

北京确定了新材料技术和产业发展的重点领域。一是满足促进高精尖产业发展以及传统产业转型发展需求，努力突破急需的新材料技术，推动新材料产业和应用产业协同融合发展。在石墨烯等低维材料和高性能纳米材料等前沿方向，努力推动原始创新与颠覆式技术创新，抢占世界新材料领域的技术制高点，集中突破半导体量子器件、纳米光电子集成芯片与石墨烯器件等技术，形成了具有世界影响力的核心专利与创新成果。二是不断加快关键战略材料的研制。聚焦新一代信息技术、新能源汽车和高端装备制造等高、精、尖产业发展的需求，围绕高端装备用特种合金、第三代半导体材料、新型能源材料、稀土功能材料、高性能纤维、新型显示材料与复合材料等关键材料，推动重点应用单位、科研院所和新材料生产企业开展联合开发和攻关，加快氮化镓材料及器件、碳化硅材料及器件、全固态动力电池和高性能薄膜太阳能电池等的研究开发，并实现规模化制备。三是突破关键工艺技术和核心装备。推动新材料产品生产企业与装备制造企业开展联合攻关，实现核心与关键工艺技术突破，促进产业化生产工艺与相对完整的成套装备的形成。重点开展关键工艺技术与核心装备的开发。研发高温合金涡轮盘与固态电池等新材料产品专用设备与无损检测设备，不断打通生产制造的各个环节，提供技术保障，支持规模化生产。

3. 注重成果转化应用

加速新材料科技成果转化。保护新材料领域知识产权，提供法律服务，支持开展风险投资，促进科技成果早日转化。鼓励科研院所开展研发合作、技术许可与转让和作价投资等方式，实现新材料科技成果转化。支持建设新材料行业孵化器、专业化众创空间、小试和中试基地与产业园、加速器等，不断打通科技成果与产业转化之间的链条和渠道。支持社会资本成立科技成果转化资金，推动科技成果快速转化。支持国内外行业主体开展成果转化对接,大力吸引新材料领域高端成果在北京转化。促进新材料产品推广应用。发展开放共享的公共服务平台,支持产业联盟、行业协会和科技服务机构等构建供需双方对接平台,推动新材料产品的推广应用。促进重点应用单位与新材料生产企业共同联合,促进产品的技术开发与应用研究和示范应用。加快推动军民两用的新材料产品的推广与应用。

4. 努力搭建创新平台

北京推动综合极端条件实验装置、高能同步辐射光源等在内的材料基因组等研究平台、大科学装置与清洁能源材料建设,提供先进的方法、手段开展多学科的深度交叉与融合研究。通过探索新型商业模式与服务机制搭建共性技术的支撑发展平台,首都科技平台资源优势得到充分发挥,为新材料产品创新与技术研发提供保障。鼓励北京优势机构承担国家新材料领域的相关创新平台建设项目,促进新材料科技服务发展。北京鼓励先进基础材料领域研制的相关单位,强化分工协作,加强资源互补,不断提高工程咨询、设计、勘察、研发等方面的专业化服务水平,做专做优新材料领域的工程服务业。充分发挥资源优势,借助大数据、云计算与移动互联网等手段,不断扩大服务内容与范围,延伸服务的链条,提升个性化服务的水平,不断打造具有全球竞争力的服务品牌,促进材料分析测试服务业做大做强。

5. 推动产业集聚发展

打造高端新材料企业集群。鼓励企业拥有技术主导权和自主知识产权,建设创新型新材料企业。支持企业大力优化产品结构,不断拓展产业发展链条,努力提升市场占有率和竞争力,成为成长性高的新材料企业。支持龙头企业在北京设立研发中心与企业总部,通过兼并与重组,发展成行业领头企业。鼓励大中小企业分工协作、以大带小,构建涵盖器件、部件、材料等产业链各环节的产业集群。合理配置产业发展的要素资源,优化产业发展的空间布局，完善产业发展的营商环境，支持北京的关键战略材料形成产业集群发展态势，促进科技创新重点在中关村科学城和怀柔科学城集聚，产业承载重点在顺义区和房山区集聚。两区之间错位发展，顺义区重点集聚发展高性能纤维与复合材料、高端装备用特种合金和第三代半导体材料等相关产业，而房山区则以促进新型能源材料、稀土功能材料与新型显示材料等产业集聚发展为重点。

（二）上海新材料产业政策与举措

1. 从不同产业方向分类施策

针对"前沿材料、关键材料、基础材料"细分的三大方向，上海各有侧重、分类施策（见表7-8）。上海围绕科技创新中心城市定位的相关要求，推动新材料科技创新中心建设。推动碳纤维及其复合材料和新一代生物医用材料等产业创新工程，对于具备一定技术水平和经营规模的新材料企业，鼓励它们对照工业强基工程，加快技术的改造和能级的提升。建设第二代高温超导材料与石墨烯材料等重点新材料应用创新平台，提升技术研发水平与产业化水平，完善材料服役环境下的性能评价和应用示范线等配套条件，促进材料从研发到应用等多环节的协同创新。对于第二代高温超导材料、新型显示材料等，选择一批有市场发展潜力和完备产业化条件的新材料品种，实施重点新材料应用示范工程，针对技术和产业化薄弱环节，组织开展重点研究与联合攻关。优化新材料产业空间布局方面，重点发展以宝山精品钢等的新型金属材料核心基地和以上海化学工业区为主的高分子新材料核心基地。支持在郊区的工业区内形成产业链配套完善、特色鲜明、布局集中的创新集聚区。这些区域优势互补，各有特色，并与郊区产城融合发展。

表 7-8　　　　　　　　上海新材料领域主要政策文件

政策名称	涉及领域	时间
《上海推进新材料高新技术产业化行动方案》	新材料	2009 年 9 月
《上海市新材料产业重点发展目录（2012 版）》	新材料	2012 年 2 月
《上海市新材料产业"十二五"发展规划》	新材料	2012 年 2 月
《上海促进新材料发展"十三五"规划》	新材料	2017 年 1 月
《上海市首批次新材料专项支持办法》	新材料	2020 年 4 月

2. 加快新材料产品的推广应用

上海建立重点新材料"首批次"应用示范的支持机制，设置首批次新材料专项，制定支持办法，对企事业单位通过引进吸收、自主研制等方式拥有专利发明，形成具有技术领先优势或者打破市场垄断的新材料，且符合国家和地区发展规划和政策导向，尚未取得重大市场业绩的新材料，且属于指定范围内的新材料，进行专项资助，规定：具有应用示范作用或符合国家战略急需方向为重点项目，给予不超过 300 万元的资助；其他项目为一般项目，给予不超过 200 万元金额的资助；部分重大项目经市政府批准后，可以不受上述标准限制。

3. 强化产业服务平台建设

结合新材料产业特点，上海充分挖掘可为新材料产业与科技创新的服务机构，编制上海和各区的新材料产业科技服务的目录，畅通科技服务供需双向信息，不断加快建立有利于先进材料产业发展的产业支撑体系，构建新材料产业链对接服务平台和博览会新材料展示平台。上海加强产业对接服务面向对象为具备新材料产业和科技服务能力的单位（包括具备服务能力的生产企业和独立第三方服务机构），服务类型包括且不限于检验检测、鉴定评价、研发设计、信息化服务、标准、知识产权、技术成果交易等。制定了"建设一个平台，建立两个机构，完善三个资源库,聚焦四项服务"的工作规划,即搭建一个精准高效的新材料投融资对接平台;成立新材料产业战略咨询专家委员会、上海新材料产业基金联盟两个机构;促进新材料项目、龙头企业与产业园区三个资源库完善;聚焦新材料项目专家咨询、优质新材料项目投融资对接、新材料项目招商落地对接、新材料项目战略并购对接四项服务。

新材料产业展是中国工博会专业展之一,于2015年起每年在上海举办,是为新材料行业和应用企业搭建洽谈、展示、交易的平台,主要围绕高端制造领域配套材料和前沿材料进行技术交流、经贸协作。展会期间,举办新材料产业发展高峰论坛、新材料产品发布会、各省市新材料产业对接会和部分前沿领域的新材料技术交流会,组织各领域专业参观团巡馆交流,同时还将组织优秀新材料奖等奖项评选活动。工博会新材料展不仅为国内外企业发展提供了良好的交流合作平台,也大大促进了上海新材料产业发展。

4. 优化产业发展环境

上海综合运用首批次新材料、人才基地建设、工业强基、新材料产业基金、重大项目服务等相关政策措施,不断优化新材料产业发展环境。上海的重点高等院校都有材料学院,各院校为了实现产教深度融合,都积极推动校企合作,加大对新材料领域创新型人才的培养力度,不断促进高校之间的互动交流与学习,推动上海各院校材料学院成为服务国家与上海新材料产业发展的人才与学术高地。改善优秀人才争相流入金融市场的发展状况,吸引新材料研发领域优秀人才,大力引进海外高端人才,积极举办新材料产业论坛,为促进上海新材料产业发展提供智力支持与人才支撑。此外,上海加大对新材料研究项目、高校实验室的资金支持力度,设立高校新材料专项扶持基金,激励新材料领域人才的发展。

5. 鼓励企业海外布局升级技术

在制定产业政策与布局规划方面，上海从城市整体发展的层面加强制定不同国家城市之间产业战略合作与协议方针。而且，在促进新材料产业发展方面，上海给予了十分有力的政策支持，支持新材料企业在国外设立研究机构，加大力度促进新材料企业与投资方的合作发展，充分发挥海外人才的创新能力，为国内产业转型升级服务。结合国际金融中心建设，上海支持新材料企业与国内金融机构联合到海外并购，促进技术产品升级与国际市场拓展。对于符合条件的新材料领军企业，支持境内上市，通过上市融资获得高质量发展的资本，带动发展。推动跨国性合作和新材料深度对接。结合"一带一路"发展倡议，支持有条件的企业参与全球经济合作和竞争，拓宽新材料产业国际合作渠道，促进新材料人才团队、行业标准、技术专利与管理经验等交流合作，支持国外企业与科研机构在沪设立新材料研发中心，促进资源充分利用与整合，寻求企业更高效的发展途径。

三 广州新材料产业发展态势

作为华南地区的经济、科教中心，广州在金属材料领域和精细化工领域均具有雄厚的产业和技术基础，新材料产业发展居全国的前列。以发展金属材料、精细化学品、高分子材料等为主，广州早已入选全国首批新材料产业国家高技术基地。

（一）产业形成较大规模

广州的新材料产业与电子信息、汽车和石化产业三大支柱产业密切相关。一直以来，广州三大支柱产业发展基础十分雄厚，占全市规模以上工业总产值的比重超过一半。广州新材料产业优势领域主要集中于先进高分子材料、先进轻纺材料、先进化工材料和先进金属材料等领域，同时，稀土功能材料、钢纤维、电子信息材料等材料方面也具有一定的发展基础和发展布局，而石墨烯和 3D 打印材料等前沿领域还处于起步或初步发展阶段。广州建立了全面且具有特色的先进高分子材料产业链条，在合成树脂、改性塑料、合成纤维、塑料注剂、塑料薄膜等产品方面的技术、市场占有率国内领先。2019 年，广州新材料企业产值接近 6000 亿元，初步形成了以龙头骨干企业为引领、大中小企业协同整合的良好发展态势。同时，集聚化发展态势明显，特别是新型金属功能材料以及高分子功能材料领域，而汽车新材料、粉末冶金材料和光学电子材料等领域也是创新和集聚的热点领域。[①] 以产值而言，广州新材料产业整体虽处于全国的前列（见表 7-9），但是也存在后劲不足、大而不强的问题。

表 7-9　　2014—2019 年广州市新材料领域规模以上工业企业
工业总产值等基本情况　　　　　　　　　　（单位：亿元）

年份	工业总产值	销售收入	出口销售收入	利税总额
2014	1324.09	1223.41	211.8	98.63
2015	1530.91	1290.7	287.07	102.16
2016	1681.57	1536.31	154.55	132.85
2017	1957.01	1648.02	191.3	110.43
2019	1161.75	1046.1	149.29	74.13

数据来源：各年份广州统计年鉴。

（二）科技实力较为雄厚

广州新材料产业形成了较为雄厚的科技实力，构建了一个由工程技术研发中心、企业技术中心、科研院所、高校和各级重点实验室组成的研发和科技创新体系。广州集中了发光材料与器件国家重点实验室、制浆造纸工程国家实验室、光电材料

[①] 许晓蕾：《产值近 6000 亿元！广州新材料产业发展综合实力居全国前列》，https://www.sohu.com/a/436477166_161795。

与技术国家重点实验室、稀有金属分离与综合利用国家重点实验室、高分子材料资源高质化利用国家重点实验室等一批新材料国家重点实验室，占广东省新材料国家重点室的七成以上（见表7-10）。在2014—2019年间中国在材料科学分类发表的271623篇研究性论文中，发文城市涉及广州的有14207篇，占比达5%以上，是深圳的1.7倍。对incopat平台上关于2000—2019年新材料领域专利进行检索分析，广州新材料领域的发明专利授权量为24217件，位居全国第5。[1]

表7-10　　　　　　广东省国家重点实验室清单

序号	名称	承担单位	所在地
1	光电材料与技术国家重点实验室	中山大学	广州
2	制浆造纸工程国家重点实验室	华南理工大学	广州
3	发光材料与器件国家重点实验室	华南理工大学	广州
4	稀有金属分离与综合利用国家重点实验室	广东省资源综合利用研究所	广州
5	高分子材料资源高质化利用国家重点实验室	金发科技股份有限公司	广州
6	超材料电磁调制技术国家重点实验室	深圳光启高等理工研究所	深圳
7	新型电子元器件关键材料与工艺国家重点实验室	广东风华高新科技股份有限公司	肇庆

资料来源：余伟业：《广州市新材料产业现状及发展对策分析》，https://www.fx361.com/page/2019/0511/6636149.shtml。

（三）区域集聚态势明显

在三大产业的带动下，广州形成了先进高分子材料、电子

---

[1]　余伟业：《广州市新材料产业现状及发展对策分析》，https://www.fx361.com/page/2019/0511/6636149.shtml。

信息材料、精细化工产业集群。在先进高分子材料产业方面，已经构建了全面且具有特色的产业链条。在合成树脂、塑料薄膜、合成纤维、改性塑料和塑料注剂等产品的技术和市场占有率方面，广州也处于国内领先水平。在黄埔区、白云区、南沙区、花都区等地，均已初步形成具有较高产业集聚度的新材料产业群。其中，南沙钢铁基地与广州开发区拥有塑料、染料、金属生产加工等新材料产业基地；以广州科学城为核心的黄埔区形成化工新材料为主导、涉及领域较全面的新材料产业基地；天河区形成生物医用材料与电子信息材料为主的新材料产业基地；在广州民营科技园和白云化工新材料基地形成精细化工产业基地；海珠区形成了塑料、建筑材料3D打印的新材料产业基地；番禺区形成金属材料生产及加工、新型化工材料基地；花都区形成车材、航材、半导体照明材料基地；从化明珠工业园已形成技术水平高、规模最大的精细化工、高分子、锂电池材料、光伏材料基地。

（四）政策扶持力度较大

目前，以推动建设"中国制造2025"的试点示范城市为契机，广州明确将新材料产业列为《广州制造2025战略规划》《广州市战略性新兴产业第十三个五年发展规划（2016—2020）》《广州建设"中国制造2025"试点示范城市实施方案》等规划和文件中的重点发展产业，编制完成《广州市新材料产业战略研究（2018—2023）》，专门成立"广州市新材料产业发展促进会"，推动新材料产业发展。制定印发《广州市重点新材料首批次应用示范指导目录》，编制广州市重点新材料首批次应用示范奖励实施细则，在促进工业与信息化高质量发展资金中设置专项资金。组织广州重点新材料首批次应用示范奖励项目评审工作，2020年第一批共有包括广东东硕科技有限公司的"高密度互联板化学沉镍金"和广州超邦化工有限公司的"碱性锌镍合金电镀液与纳米封闭剂"等30家企业的申报产品获得奖励。

四 未来发展新趋势

（一）轻量化

轻量化将成为新材料技术的发展趋势之一。比如，在新能源汽车材料领域，由于目前国内车用的碳纤维复合材料还刚起步，处于技术探索与积累阶段，原材料成本高且加工效率依然偏低，阻碍了碳纤维复合材料的应用推广。随着材料技术的进步和发展、成本问题的解决，会产生更多性能比碳纤维复合材料更优越的复合纤维材料。纤维复合材料高性能、低密度的特性之后会使其在车辆等领域上得到越来越多的应用，成为未来若干年的重点发展方向。

（二）融合化

由于高新技术的迅速发展，新材料产业与能源、信息、交通、建筑、医疗卫生等产业融合日益紧密，从而推动有色金属材料、化工材料、纺织材料、钢铁材料、建筑材料等先进基础材料迅速发展，推动高温合金、特种合金、轻质高强材料、高性能纤维及复合材料和海洋工程材料等关键战略材料领域加快技术开发和市场化发展的步伐，也推动了新材料行业紧密围绕战略性新兴产业和高端装备业关键材料的发展需求，全面提升高性能分离膜材料、新型能源材料、稀土功能材料以及新一代生物医用材料的技术及产业化水平。同时，以新材料企业为主体，"官产学研金"深度协同融合的新材料技术创新体系将逐步完善，市场竞争力和自主创新能力也将日益强化。新材料产业不断重组整合，产业结构也呈现出既横向扩散又互相包容的特点。元器件呈现集成化、微型化发展的趋势，新材料与器件的制造呈现出一体化的态势，新材料产业结构将出现垂直扩散趋势,与上下游产业之间的融合与合作将更加紧密。[①]

(三) 智能化

量子计算、机器学习等先进信息技术使新材料研发速度提升数百、数千倍,带来新材料研发范式的巨大变革。随着 AI 技术、量子计算超级计算机、大数据等先进信息技术的发展,未来,新材料将会进一步与人工智能、信息技术等融合,产业智能化趋势更为明显。国外已有关于人工智能推动新材料研发的案例。在英国,利物浦大学研发了一款机器人,自主设计化学反应的路线,在 8 天内完成了 688 个实验,找到了一种提高聚合物光催化性能的高效催化剂。随着物联网、工业互联网和万物互联等产业发展落地,新材料技术也将往更智能的方向发展,自修复材料、4D 打印材料、新型传感材料和自适应材料等技术将会大量涌现。

[①] 《"十四五"新材料产业化进程将全面加速》,https://www.ibuychem.com/expert/article/2534481。

第八章 广州国际科技创新发展的机遇、挑战、问题与发展思路建议

第一节 广州国际科技创新枢纽发展机遇与挑战

一 发展机遇

（一）新科学技术革命的机遇

随着新一轮科技革命与产业变革的快速发展，科学技术更新迭代的速度日益加快，呈现出指数级增长态势。当前新科技革命在累积以往科技革命成果的基础上，涌现出新的特征。

1. 人工智能迅速崛起

未来数字产业发展的主要推动力是人工智能，教育、零售业、交通行业、生物医药、金融行业等都将被人工智能深度渗透。历经半个世纪的发展，人工智能发展突飞猛进，在"三算"（包括算力、算法、算料）等领域取得了极大的重要突破，但仍存在诸多瓶颈。未来，人工智能将加速与其他学科领域渗透交叉，向人机混合智能发展，从"人工＋智能"向自主智能系统发展。人工智能产业将蓬勃发展，推动人类进入普惠型智能社会，行业的国际竞争将日益激烈。

2. 绿色技术加速发展

从国内外发展形势看，当前环境技术与产业迅速崛起，废物、废水、废气的处理，保护生物多样性、恢复灭绝生物等相关技术不断涌现。全球资源环境将面临更大更多的约束，国家

将继续提高环保标准，实施更为严格的环保执法，在国家政策和市场的共同作用下，产业能源资源利用效率、清洁生产水平进一步提升，绿色制造科技进一步发展，绿色产品和服务有效供给不断增加，将逐步形成并不断完善科技含量高、资源消耗少、环境污染少的绿色制造体系。

3. 生物技术引领新革命

生物医药技术对社会发展产生了全方位的作用，生物技术将成为农业、工业、信息之后的社会发展第四个浪潮。它与生物经济的发展趋势在发生根本性的改变，直接延长人类健康工作时间，延长人类的寿命。生物医药技术由原来以认识生命为主向延长、改造、创造生命转变，大大改变了原来的医学模式。而且，疾病预防、治疗与后期康复充分结合，医药产业规模进一步扩大，新药开发的成功率大大提高，精准医疗或智慧医疗将充分发展。

4. NEM 引发结构转型

新能源技术得到大力发展，"碳中和"加速实现，能源不足的问题将基本得到解决。能源发展的主要矛盾是结构不良问题，碳中和技术成为解决这一问题的主要方向，比如太阳能、风能、贮能（电池）、生物能等。新型超级材料将不断涌现。

（二）促进高质量发展的机遇

1. 国家创新驱动战略深入实施

党的十八大以来，党中央把握历史发展脉络，回应实践需求，认真研究并解决当前发展中存在的重大而紧迫的现实问题。在系统总结我国发展经验和教训的基础上，围绕当下经济和社会发展的实际，直面发展中的形势与问题，进行了科学的研判。习近平总书记指出，由于我国经济规模已跃居世界的第 2 位，综合国力、经济和科技水平等都迈上了新的台阶。但是，我国发展中还存在一些问题，如发展不协调、不平衡、不可持续的问题，人口、资源和环境的问题等。"要素驱动的发展模式已经难以为继，必须向创新驱动转变，充分释放科技创新潜力。"[①]对于当前我国科技创新发展中存在的制约与问题，习近平总书记高瞻远瞩，做出了相当多的阐述，比如：科技成果转化不力、不顺畅的问题；在科技资源配置方面，一些地方和部门，分散、封闭、重复建设问题；科技计划碎片化问题与科研项目聚焦不够的问题；等等。习近平总书记反复强调，要抓住科技创新的机遇，破除创新的各种障碍，破除阻碍向创新驱动转变的各种制约，促进创新发展战略落地。在这种背景下，中央深入实施创新驱动的发展战略，努力推动形成创新引领并支撑经济发展的模式。

2. 科技强国战略的深入实施

为了充分把握世界科技发展大势，从发展全局的高度，党和国家强调"加快建设科技强国、实现高水平科技自立自强"。这是贯彻新发展理念的现实需要。新发展理念是管全局、根本与长远的指导理论和实践指南，并且在五大理念中，"创新"被摆在了国家发展全局的核心位置。中国推动形成"以国内大循环为主体、国内国际双循环相互促进的新发展格局"，重塑国际合作与竞争新优势，其核心动能就是科技创新。强调要不断优化科技创新力量的布局，完善科技发展的生态，强化国家战略的科技力量，强力提升国家创新体系的整体效能。中国把加快建设科技强国与实现高水平科技自立自强作为推动高质量发展动力。发展方式大大转变，原来以要素驱动与投资驱动发展为主，开始转变为以创新驱动为主。我国"十三五"规划提出，要使国家战略科技力量得到强化，新型举国体制建立健全，全

---

① 习近平：《在十八届中央政治局第九次集体学习时的讲话》，《人民日报》2013年9月30日。

力打好关键核心技术的攻坚战,不断提高科技创新链的整体效能,并将其作为实现国家发展和安全保障特定目标的体制机制安排,强调既要使市场在资源配置中起决定性作用,注重调动市场主体有效参与,也要更好发挥政府作用。

(三)社会需求升级的机遇

1. 人口、资源、环境需求形成巨大拉力

人口、资源、环境问题的日益严峻,引发了对科技、资源和环境的新需求,社会需求形势的变化对科技发展形成巨大张力。人口方面,少子化与老龄化并存,人口结构性问题日益突出,科技是破解老龄化、少子化以及其他人口危机和提高劳动生产率的必由之路。同时,由于生物医药技术的进一步发展,它有利于改造、延长、创造生命,提高生活质量,引领新科技革命,极大地延长人类健康工作时间。为了告别饥饿,消除粮食危机,农业科技迎来革命,综合应用现代生物技术、信息技术、制造业技术,使食品数量增加、质量明显改善,充分保障粮食安全与食品安全。资源方面,劳动力供给存在约束,资本要素供给不足,资本、土地等要素供给下降,土地使用供需矛盾突出,传统经济增长模式难以持续,急需新的动力源和增长模式,技术要素的潜力仍须深度挖掘。环境方面,由于以往对自然资源的掠夺性开采和对自然环境的野蛮式破坏,生态环境顶板效应日趋显现,传统粗放发展模式难以为继,有利于环境技术与产业迅速崛起,绿色制造科技进一步发展,绿色产品和服务有效供给不断增加,资源消耗低、科技含量高、环境污染少的绿色制造体系将逐步形成并不断完善。新能源技术发展,碳中和技术成为未来方向,太阳能、生物能、风能、贮能(电池)领域等大力发展。

2. 居民消费层次和方式提升

居民消费层次和方式不断提升,需要转向注重提高产品和服务的质量。当前,广州居民的消费向个性化、多样化、服务性、高端化消费等更高层次跨越。广州城市居民仅有三分之一的收入用于以食品为主的日常生活支出,多数用于休闲、教育、文化、健康、旅游等高端消费,尤其是服务性消费增长迅速,消费层次不断提升。紧跟需求结构升级,要求我们继续提高供给质量效率,构造一个细分的消费市场,挖掘更多的消费潜力,推进商业模式创新,保护知识产权,创建高端品牌等。

(四)投资结构优化及新基建的机遇

1. 广州投资结构亟待优化

广州投资对经济增长拉动作用趋向下降,需要优化投资结构和方向。金融危机以来,广州的边际资本产出率波动较大,优化投资结构和去产能的压力加大。广州的投资,很多向房地产行业流动,资本的错配对城市创新形成了较大的"挤出效应"。广州固定资产投资中,2020年,工业投资同比下降0.8%,其中,高技术产业制造业投资同比下降20.8%,信息传输、软件和信息技术服务业同比下降9.7%。[①] 广州投资的方向应该由以前的扩大产能向引进高端人才、技术改造、发明创新转变,补贴、专项资金也应向科技创新倾斜。广州境外投资已从创办贸易公司等传统方式转变为投资办厂、资源开发、跨国并购、金融租赁及地产服务等多元化投资模式,高端服务和技术研发服务成为企业对外投资的新方向。

2. 国家实施新基建发展战略

当前,新基建成为热门话题,从"十四五"涉及新基建内容来看,它主要包括通信网络、物联网、工业互联网、数据中心、超算、车联网、航天、数字化方面的内容,最终目标是建

---

① 《2020年广州市国民经济和社会发展统计公报》,http://www.gz.gov.cn/zwgk/sjfb/tjgb/content/post_7177238.html。

成"高速泛在、天地一体、集成互联、安全高效的信息基础设施",范围主要包括融合基础设施、信息基础设施与创新基础设施三方面。所谓信息基础设施,是指基于新一代信息技术等演化形成的基础设施。比如,通信网络基础设施方面以5G、工业互联网、物联网与卫星互联网等为主要代表,新技术基础设施方面以云计算、区块链、人工智能等为主,算力基础设施方面主要以数据中心、智能计算中心为代表。以深度应用互联网、人工智能、大数据等技术的融合基础设施,支撑了传统基础设施的转型升级,如智慧能源基础设施、智慧物流基础设施以及智能交通基础设施等。支撑科学研究、技术开发与产品研制的创新基础设施主要包括科教基础设施、重大科技基础设施与产业技术创新基础设施等,这种基础设施是具有公益属性的基础设施。广州在全国率先发布了"数字新基建"政策,这个政策不但兼顾广州既有的基础,也立足广州的长远发展。基于构建全球顶尖的智能化的"创新型智慧城市"、打造粤港澳大湾区的信息基础设施领先城市、形成全球跨界融合型的"智造名城"和建成全国智慧充电设施的标杆城市这四大目标,广州推出了"数字新基建40条",提出聚焦5G、工业互联网、人工智能、智慧充电基础设施四大领域的数字新基建,推动科技创新发展。

(五)国际科技合作的机遇

在大科学时代,科技全球化仍然是发展的主基调。但是,受政治因素影响,特别是由于贸易保护主义和技术禁运等逆全球化行为影响,国际技术合作遭受挫折,而部分前沿领域的竞争将更趋激烈。不过,总体而言,知识和技术的全球传播与扩散以及国际科技合作势不可当,国际科技合作仍将在曲折中前进与发展,成为应对人类共同挑战及把握新科技革命、产业变革红利的重要途径,技术扩散和国际资本流动化水平总体上仍将是提升的。世界各国政府都充分利用国际与国内两个市场与两种资源，包括人才资源与技术资源，不断优化资源配置，调整产业结构，扩展发展空间。新兴经济对科技合作的需求更是持续上升，有利于形成更多元化的开放局面。发展中国家与发达国家和经济体的合作模式不断创新，效率和水平不断提高。各级政府在支持和重视国际合作的同时，更关注国家利益和合作的双赢，合作更注重实效，层次和质量将有所提升。这为中国和广州建设国际创新枢纽提供了有效的国际环境。

（六）建设粤港澳大湾区国际科创中心机遇

建设粤港澳大湾区科技创新中心，中国特色社会主义先行示范区"双区"建设与全面创新改革试验区、自由贸易试验区、国家自主创新示范区"三区"联动叠加，有利于集聚大体量、综合性、全链条的重大创新平台，打造特色鲜明、竞争力强、高端集聚的现代产业体系，形成粤港澳大湾区国际科技创新中心广州创新合作区。然而，粤港澳大湾区建设涉及"一国两制"、三个关税区、三种法律体系，在社会制度、法律制度与发展理念等方面，港澳与内地差异较大，城市间协同创新还存在不少体制机制障碍，为广州共建粤港澳大湾区国际科技创新中心带来严峻考验。

二 发展挑战

（一）贸易摩擦与逆全球化

近年来，全球多边贸易面临巨大的挑战。全球的价值链体系受到冲击。随着贸易摩擦特别是中美贸易摩擦的影响，全球产业链、价值链、供应链完整性受到破坏，中国和广州也受到了较大的冲击。跨国公司生产布局面临更大的不确定性，跨国公司在中国撤资现象增加。一些企业为了降低风险，不断减少中间环节，削减供应商的数量，提高企业内部化水平，因此，全球供应链完整性受到破坏，呈现出碎片化倾向。贸易保护主义和技术壁垒的增加对全球产业链和价值链产生较大的破坏作用，阻碍新技术扩散和技术溢出。此外，由于贸易摩擦和全球各类风险的叠加共振，全球经济复苏的不确定性进一步增大，不仅导致全球生产力、投资力和科技发展受阻，也直接影响到广州经济和科技的发展。作为一个对外开放的前沿城市，广州应对贸易摩擦最好的办法是办好自己的事，促进经济高质量发展，构建现代化经济体系，促进全面开放新格局形成，大力改善营商环境，加强对知识产权的保护，把外部压力转化为自身发展的动力，加快产业的转型升级和结构优化。

（二）全球经济持续低迷、衰退

世界经济主要呈现经济负增长、国际贸易显著萎缩、国际投资下跌等特点。一是全球 GDP 大幅负增长。根据国际货币基金组织估算，2020 年，按购买力平价计算，全球 GDP 增长率约为 -4.4%。这是二战结束以来全球经济最大幅度的萎缩。二是国际贸易显著萎缩。2019 年，由于受到中美经贸摩擦等因素影响，全球国际贸易已经出现了萎缩。受新冠肺炎疫情的冲击，2020 年，国际贸易萎缩幅度呈现显著扩大的趋势。2020 年一季度和二季度，世界货物出口额同比增长率比上年同期的降幅分别扩大 4.0 和 18.1 个百分点，分别为 -6.4% 和 -21.3%。三是国际直接投资呈现断崖式下跌态势。不仅投资机会大大减少，而且部分已有国际投资项目被推迟甚至中止。2020 年上半年，全球 FDI 流入额比同比下降了 49%。联合国贸发会议估计，与 2019 年相比，2020 年全球国际直接投资流量下降幅度将达到 40%。四是全球金融市场大起大落。2020 年新冠肺炎疫情暴发后，全球各主要国家和地区的资本市场出现剧烈震荡，美国股市熔断四次。同时，世界经济还呈现失业率明显上升、全球债务水平快速攀升、部分国际大宗商品价格上涨等压力大的趋势。[①] 2021 年，世界经济活动将有所恢复，经济增速将有明显反弹，但仍在疫情阴影笼罩之下。世界经济的复苏及其增长力度取决于很多关键因素，比如：新冠肺炎疫情本身的发展趋势、美国政府的对外经济政策、全球价值链的调整和发展、各国财政和货币政策的动态与效果，以及全球金融市场稳定性。随着世界经济的衰退，国家政策和市场准入的不确定性越来越大，越来越多的企业选择谨慎投资或推迟投资计划，全球价值链扩张可能导致投资停滞和贸易出口萎缩，对广州经济与科技发展带来不利影响。

（三）关键技术"卡脖子"风险加大

长期以来，美国一直奉行"长臂管辖"政策，并根据其《出口管理条例》控制向海外或外国人转让重要信息、技术和商品。2018 年，美国国会通过了《出口管制改革法案》（2018 年），进一步扩大了限制范围。美国的出口管制具有放大效应。该范围不仅限于美国本土企业和产品，还包括由美国技术或软件直接生产的产品或相关企业。最近，美国对中国企业的出口管制日趋激烈，关键技术、高端设备和核心部件"供应中断"的风险日益加大。此外，美国继续筑起外国直接投资的高坝，特别是对中国企业而言，美国直接投资的审查趋于严格，科技型企业"走出去"并购的阻力大幅增加。无疑，未来中国企业利用外部技术带动产业升级的渠道将继续收窄，中国企业向产业链中高端突破的阻力和难度将继续加大。跨国公司日益加强对专精深等领域的控制。近几年来，国际市场竞争日趋激烈。一方面，一些国际优势企业开始摒弃"小而全、大而全"的战略模式，逐步剥离企业中缺乏竞争力的非核心业务，或通过市

---

① 姚枝仲：《2020 年世界经济出现深度衰退　2021 年增速反弹》，《经济日报》2021 年 1 月 1 日。

场外包一些标准化业务,重点走专业化道路,培育核心竞争力,不断构筑高产业门槛;另一方面,为了扩大业务规模,一些原本位于高端产业层面的跨国公司凭借自身的技术和品牌优势,不断拓展低端业务领域,占领其市场。这对于处于产业升级阶段的中国企业来说,与作为领先市场进入者的跨国公司的正面竞争会越来越激烈。

(四)新兴经济体追赶中国的步伐逐渐加快

后起国家后发优势不断显现。近年来,中国制造业成本上升明显,低成本的比较优势正在逐步弱化。目前,中国的企业综合税率超过60%,远远高于亚太国家34%和经合组织国家40%的平均水平,能源和物流成本也远高于欧美发达国家水平。相比之下,东南亚、南亚等经济体迅速崛起,越南、印度、柬埔寨、孟加拉国、缅甸、斯里兰卡等国家逐步显现发展优势。部分国家的成本优势与出口优惠政策相互叠加,开始带动当地制造业快速发展,由此悄然形成了一批新的世界加工制造基地。一些传统矿产资源国家为了加快产业赶超的进程,在更大程度上延伸和扩大下游产业链,加大了对初级资源的出口管制;为了保护和促进国内相关产业的发展,一些新兴国家对中国具有传统优势的出口产品采取了越来越多的贸易保护措施。例如,越南和其他国家越来越多地对中国的出口产品进行"反倾销和反补贴"调查。中国产业外迁的压力正在逐步加大。目前,随着劳动力和要素资源成本的降低,新兴经济体开始吸引跨国公司和中国的外向型企业。随着中美贸易摩擦的发酵,部分制造业企业,特别是部分与美国市场密切相关的电子信息企业,出现了加速搬迁转移的倾向。自美国对中国加征关税后,美国一些品牌和客户以转移新产品开发权和新订单为要挟,向中国企业提出转移生产基地的要求。他们要求把生产基地转移到东南亚一些国家和地区,有的甚至还提出了时间期限。近年来,跨国公司不断加快向东南亚与南亚的产业转移步伐。康柏、英特尔、富士康、三星和 LG 等电子信息制造商已不断将其在中国的产能转移到东南亚。与此同时，国内一些企业布局海外投资的步伐也不断加快，一些低端产业和劳动密集型产业已向东南亚和南亚国家转移。例如，许多"走出去"的中国手机制造商及其上下游供应商已经集聚印度诺伊达。未来，制造业的转移将伴随着相关市场需求的转移。此外，随着被搬迁国产业链的建立和完善，将促进其相关配套产业的培育和发展，对中国的企业形成日益明显的"挤出效应"。①

三　主要发展问题

总体来看，广州国际科技创新枢纽建设虽取得了较大的进展，但是从更高的要求来看，仍存在一些问题和制约因素。这些问题主要表现在：企业创新能力偏弱，产业结构对科技创新能力提升形成制约，科技成果转化率不高等。

（一）企业创新能力偏弱

企业作为科技创新的主体，其高端科技创新资源配置至关重要。但是，从广州实际情况来看，国有及国有控股、集体企业和三资企业占广州经济比重较大。2019 年，三种类型的企业占全市工业总产值和增加值的比重分别为 91.1% 和 90.55%。②长期以来，国有企业和"三资企业"并未将科技创新作为其最重要的考核指标，企业研发投入意愿偏低，导致企业创新能力偏弱以及创新主体地位不够突出。虽然广州企业研发投入呈逐年上升趋势，但是从广州在珠三角及全省的地位来看，却保持

---

① 付保宗：《"十四五"时期我国产业发展呈现五大趋势》，http://news.10jqka.com.cn/20210315/c627745043.shtml。
② 《广州统计年鉴（2020）》，广州市统计局网站（http://112.94.72.17/portal/queryInfo/statisticsYearbook/index）。

逐年下降的趋势。近年来，广州上市企业业绩虽不错，但是十大品牌企业仍然是王老吉、珠江啤酒、广州酒家、恒大、保利等传统企业和房地产企业。这些企业跟深圳的华为、腾讯、阿里巴巴相比，差距比较大。广州缺乏像华为、中兴等这一类集聚高端人才的载体。

（二）传统产业结构制约科技创新能力提升

长期以来，广州传统产业在经济中的地位十分突出，占据着主体地位。工业以石化、交通运输设备制造业等传统产业为主，产业高级化远未完成，产业附加值偏低。虽然广州高新技术产品产值占工业总产值比重较高，2020年接近50%，但是这项指标已经把汽车和船舶等大工业产品都纳入统计范围。在战略性新兴产业和新业态发展方面，广州战略性新兴产业占GDP比重一直徘徊在10%—15%之间，跟深圳（2019年37.7%）相比有较大的差距。另外，在新业态方面，跟国内发展得比较好的杭州相比，广州发展能力也有待提升。2019年，广州先进制造业增加值占规模以上工业增加值比重为58.4%，也远远低于深圳（72.1%）。[①] 广州服务业特别是知识密集型服务业相对落后，规模偏小。

（三）科技与金融的协同创新不充分

近年来，广州十分重视科技金融发展与建设，政府充分利用财政资金的杠杆放大作用，努力搭建了包括市场融资、科技投资引导以及科技信贷融资等各类资本服务平台。但是，由于受到历史和政策等因素制约，总体来看，广州金融业对科技创新的支撑作用仍不够充分，发展仍相对滞后。主要表现在：一是上市公司数量相对较少。至2020年12月31日，广州只有

[①] 《广州年鉴（2020）》，广州年鉴社2020年版；《2019年深圳市国民经济与社会发展统计公报》，http://www.sz.gov.cn/cn/xxgk/zfxxgj/tjsj/tjgb/content/post_7801447.html。

117家A股上市公司，低于北京（380家）、深圳（333家）、上海（339家）、苏州（145家）、杭州（163家）。① 而且，与深圳等城市相比，广州实力较强的上市公司中，属于零售、房地产、酒店等传统产业的企业占大多数。二是广州风险投资业发展偏弱。投资资本受法律与政策的制约，主要来源于政府财政科技拨款与银行贷款，民间资本准入受到限制，因此风险投资资金来源渠道单一，退出机制不完善，支撑科技创新的作用不够显著。

（四）科技成果转化机制未理顺

科技成果转化存在体制障碍。高校以及科研机构科技成果转化意愿普遍不强，转化的主动性与积极性不足，科技人员参与创新创业的积极性、主动性不够高；产学研合作机制不够顺畅，合作关系较松散，科研机构生产的科技成果与需求脱节；科技中介服务体系不够健全，知识产权保护不力，产业链结合不够紧密，科技服务能力偏弱，大量的科技成果都集中在高校与科研机构，未获得有效的转化。新产品指新发明的产品、新改进的产品与新的品牌，而新产品产值可以在一定程度反映出科技成果的转化能力。2019年，广州新产品产值为5642.86亿元，远远低于深圳（14238.69亿元）等。②

（五）广州基础研究能力偏弱

一直以来，广州十分重视科技创新的应用端发展，对基础

---

① 《163家杭州A股上市公司2020年市值：4家公司市值超1000亿》，https：//www.ask-ci.com/news/finance/20210103/0930421329778.shtml；《A股上市公司省域大比拼，北京市值第一，广东数量第一》，https：//zhuanlan.zhihu.com/p/346350730；《广东省A股上市企业675家，全国第一！2家市值超万亿》，https：//www.sohu.com/a/443141762_319931；《145家苏州A股上市公司2020年市值：38家上市公司市值超100亿》，https：//baijiahao.baidu.com/s？id=1687943619676623943&wfr=spider&for=pc。

② 《广东统计年鉴（2020）》，广东省统计信息网（http：//stats.gd.gov.cn/gdtjnj/content/post_3098041.html）。

研究重视不够。近年来，广州在重大科技基础设施建设上缺失。目前，北京、上海、合肥正在全力推进建设国家科学中心，其国家科学中心建设上升到国家战略层面，广州大科学装置建设起步较晚。广州在承担的国家重大科技项目不多，与国家、省科学院系统与985高校的合作不多。虽然不排除一些企业与这些机构开展合作，但广州政府层面与上述机构开展产学研合作不多，在承担和参与国家重大科技项目和重大科技基础设施建设上，相对滞后，不够积极主动。

（六）促进创新的生态未充分形成

科技评价机制不够健全，不利于有效激励不同创新活动；科学、灵活的人才选拔任用机制和人才晋升及利益分配机制不健全，不利于创新能力强的人才脱颖而出。科技资源配置和管理体制不顺。不同部门和不同机构之间的科技资源管理多头、配置分散、重复立项现象较普遍，存在科技资源重复购置以及封闭运行问题，跨部门、跨区域的资源共享不足，科技资源利用效率低下。

第二节 广州国际创新枢纽建设主要思路与建议

一 突出科技发展的原创性

综观国内外科技创新中心或枢纽城市，如波士顿、硅谷、新加坡、北京、上海等，都突出了原始创新的重要地位。从国内情况来看，中国也面临高质量发展需求与"卡脖子"技术并存的发展局面。总体来看，广州虽有较好的科教资源优势，也拥有中新知识城、科学城等一批具有较高能级创新基地，但与国际和国内一些先进城市相比，广州技术原始创新能力和核心技术供给能力仍有待提升。广州要聚焦世界科技发展前沿，突出原始创新，采取重点突破的战略，提升科学研究影响力，开辟广州科技发展新领域、新方向，增强在全球知识创新中的贡献度。

（一）提升关键核心技术竞争力

改革科技重大专项实施方式，推广"揭榜挂帅"等机制。聚焦国家战略、广州长远发展所需，围绕战略前沿与基础研究领域、前沿技术与重点产业领域等，认真编制项目清单，采用"悬赏""赛马"等方式，鼓励高校、科研机构、企业等创新主体或联合体主动揭榜，共同开展项目技术攻关。探索关键核心技术攻关新型举国体制广州路径，集中突破一批核心关键技术，催生一批具有引领性、带动性的科技前沿成果。加强与国家科技重大专项计划的对接，鼓励广州自科基金项目与国家自科基金项目成立联合基金，资助广州若干优势领域的基础研究。

（二）突出广州重大科技基础设施建设

从目前国家大科学装置的落户情况来看，近年来，广州虽加快布局，但是发展已经与城市地位远不相称，广州要争取更多的大科学装置和国家重大基础设施入户广州。同时，要不断完善相关配套政策，努力提供服务保障。贯彻落实"加强'从0到1'基础研究工作方案"中提出的"粤港澳科技创新中心"建设，加快推进高超声速风洞、人类细胞谱系大科学研究设施等大科学装置建设，为广州原始创新提供开放、共享的发展平台。

（三）充分发挥重大基础研究项目的作用

要丰富资助形式，为基础研究项目以及应用基础研究项目提供稳定的支持，打通产学研创新链条，促进创新融通。努力提升学科交叉与联合创新的水平。充分发挥国家自科基金和省市自科基金的作用，集中优势科研力量与资源，解决广州科技与产业发展中面临的实际问题。借助中央科技发展资金，支持广州基础研究，推动创新平台建设。持续支持脑科学、空间科学、深海科学、纳米科学、干细胞、合成生物学等领域科学问题分析,加强应用数学、应用物理学、应用化学和前沿交叉学科研究,加快在地球系统科学、人类疾病动物模型等领域部署,抢占基础前沿科学研究制高点,推动基础研究与应用研究联动发展。

二 推动要素集聚与功能集聚

广州建设国际科技创新枢纽,必须突出创新的集聚性:一方面,要推动广州人才、资本、技术、产业等要素充分集聚;另一方面,从推动广州科研功能、科创功能、科技功能、科教功能和科贸功能集聚等方面促进广州科技创新枢纽的发展,特别是要打造科研、科创到科技功能。

(一)促进人才、资本、产业等创新要素集聚

1. 汇聚高端人才

建设国际科技创新枢纽,最重要的资源是人才。国内外城市为了促进科技创新建设发展,都出台了各种人才政策。广州虽有丰富的人才资源,但仍然存在着结构性短缺和过剩的问题。因此,要通过多元化的途径与手段,做好有利于人才资源发展的各项工作,包括人才培养、引进、使用和激励等。不仅要制定完善的人才制度,也要确保各项有利于人才发展的制度的贯彻落实,优化人才评价、激励和流动机制,全面做好人才服务的各项重要工作。利用产业集聚区、创新创业园建设,吸引和集聚应用型高端人才资源。加大对高端人才的奖励力度和资金支持力度,依托广州留交会等平台,吸引并盘活人才资源。实施"人才+项目""团队+项目"等形式,持续稳定支持创新创业人才和团队。将人才培养、引进和利用与各类科技平台(重点实验室、博士后工作站、工程技术研究中心等)相结合,不断创新人才培养新模式。根据产业需求与学科特点,要对不同领域、学科以及不同类型的人才采用灵活的考核评价机制和

分配制度，努力营造良好的工作氛围。

2. 集聚科技资金

构建程序规范、权责清晰、监督有力、重点突出的科技计划管理体系；突出市场导向，建立开放竞争、科学有序的项目分配体制机制，深入贯彻落实科技经费后补助方案，确保科技经费后补助工作客观、科学、公平、公开，充分接受社会监督；以市场为导向，突出市场对科技创新成果的筛选、激励与评估作用。大力促进金融与科技的结合，实施差异性、全过程、多元化的科技融资模式，全面建立从研发、中试到产业化的科技金融服务体系。促进银行加大对科技创新的支持，促进投贷联动，使有条件的银行与创业投资机构合作。通过提供债权与股权相结合融资方式，实现众包众筹。支持研发合规合法的创新金融产品，促进科技金融机构市场化发展。支持科技中小企业上市，积极拓宽融资渠道。

3. 集聚科创平台

深入推进公共服务平台建设，促进科技资源共享，推动科技资源向全社会开放。鼓励小微企业和创业团队通过创新券方式利用国家级、省市级重点实验室与工程技术研究中心等开展研发活动和科技创新。引导科研机构和高等院校为企业技术创新提供技术、人力等支持。加快院士专家工作站与院士专家服务中心建设。加强研究开发、检验检测认证、技术转移和融资、知识产权、科技咨询和质量标准等科技服务平台建设。鼓励社会化新型研发机构发展，优化工程（技术）研究中心、重点实验室和工程实验室的布局。支持创新型孵化器通过收购、自建与合作等方式，在海外设立跨境创业服务平台。加快发展高端创业孵化平台，提供集创业孵化、资本对接、营销服务等为一体的创新创业服务，为创新创业者提供集约化、专业化、社区化的发展环境。

（二）推动科研、科创、科技、科教和科贸等功能的集聚

打造创新枢纽的重点是实现科技创新的核心功能，包括科研、科创、科技、科教和科贸功能等方面。

1. 集聚科研功能，实现原始性创新

强化国家战略性科研力量，要充分重视原始性创新，加强基础性科研，加快科技创新基础设施建设，布局设置国家级重点实验室、工程中心、科研院所和大型企业研究开发中心等，力争在基础研究和应用基础研究领域形成一批具有带动性、首创性和突破性的原创成果，突破一批基础性、战略性和前瞻性的核心技术。

2. 集聚科创功能，推动技术产品化

坚持立足科技创新前沿、经济发展主战场，坚持举国体制本地化和市场导向，面向国家和人民的重大需求，在战略性前沿领域和基础研究领域、重点产业领域、城市治理及民生领域等加强技术部署，推动科技成果开发，导入国际科创孵化资源，布局各类公共实验室、孵化器和中试/小试基地等，孵化新企业，催生前沿成果。

3. 集聚科技功能，促进产品产业化

充分利用广州科教优势，推动产学研合作，不断打造融通知识链、创新链与产业链之间的系统链条，推动科技成果产业化。建立健全科技成果转化成现实生产业的法规政策体系，具体包括技术参与分配制度、推广奖励制度、成果转化税收优惠政策与科技成果转化鼓励政策等。布局生产制造中心、企业产业化生产基地等。加快企业孵化、信息网络平台与科技成果评估机构等促进科技成果转化的服务体系建设。

4. 集聚科教功能，培育科技人才

学习深圳等地成功做法，联手国内大学和科研机构，努力集聚国际国内重点大学、重要研究机构的分部，或者建立虚拟

大学园，链接全球大学和科研资源，重点发展研究生教育，加强人才培养和技术研发合作，为区域发展培养高科技人才和创新创业人才。布局提供广州科研和科创资源，并且保障高端人才的充分供给。

5. 集聚科贸功能，形成技术贸易枢纽

要不断优化营商环境和创新创业环境，努力搭建有利于促进国际科技贸易的服务平台，建设高端技术交易中心和成果展示贸易中心，吸引各类具备资质认证的金融服务机构、技术交易机构、国际贸易服务机构和知识产权服务机构等开展技术贸易、产品贸易及服务贸易。

三 强化技术、产业创新的主导地位

建设广州国际科技创新枢纽，必须立足自身优势，发挥举国体制，不断提升科技创新和产业创新的支撑能力，强化广州的技术、产业和创新的主导地位。

（一）强化技术发展主导地位

探索新型科技攻关举国体制的"广州路径"，深入开展核心关键技术攻坚行动，促进科技创新的省市联动，鼓励在穗科研力量承担国家和省重大专项。充分调动优势科研力量，鼓励和支持开展人工智能、生物医药、集成电路、脑科学与类脑研究、先进材料、先进能源、智能网联汽车等关键核心领域技术研发，解决科技"卡脖子"问题。发挥企业主体和市场导向的作用，促进产学研深度融合。充分落实高新企业和技术先进企业的税收优势与补贴政策，落实研发统计加计扣除政策。支持企业建立研发机构，联合高校、科研机构等创新联合体，鼓励和支持龙头企业牵头联合组建产业技术创新中心、高端企业研究院，形成体系化的产学研行业协同创新。继续加强共性技术平台的建设，推动产业链与大中小企业协同创新。

(二) 强化技术和产业创新的主导地位

1. 加快建设产业技术创新重大平台

聚焦社会发展的重大需求,打造一批国际领先的产业技术创新平台。重点建好国家先进高分子材料产业创新中心,积极创建天然气水合物勘查开发国家工程研究中心和南海科学国家研究中心,力争攻克一批关键、共性技术。在优势领域,谋划新建国家级与省级工程技术研究中心、产业创新中心和制造业创新中心等平台,增强产业核心竞争力,攻克转化产业前沿与共性关键技术。

2. 促进战略性新兴产业发展

强化广州科技创新与广东省"双十产业集群"和广州制造业发展"八大提质工程"的协同与衔接,落实链长制制度,充分发挥其作用,全面提升广州产业链和供应链的自主性与安全性。继续促进新一代信息技术、生物医药、人工智能、新能源等战略性新兴支柱产业发展,加快发展智能装备制造、机器人、新能源和节能环保、新材料与精细化工等战略性新兴优势产业发展。加大政府产业资金扶持力度,通过采用股权投资、产业资金扶持、风险补偿、贷款贴息等多元化方式,精准扶持,建立市场化发展体系。紧密结合企业、项目、园区与创新平台等实体,明确产业合作、空间布局与合作共建等工作,细化发展的路径措施。深化与粤港澳产业合作,强化广深双核驱动,做强广佛重要极点,参与构建广东省"一核一带一区"产业协作发展新格局。实施未来产业培育行动,重点培育纳米材料、太赫兹、47区块链、量子信息、无人驾驶、天然气水合物等未来产业。

四 驱动成果转化、产业优化和社会发展

(一) 促进成果转化

搞好顶层设计,健全创新成果转化政策。继续推动建立促

进高校和科研机构科技成果转移转化的管理激励制度，进一步深化科技成果转化改革，对于科研人员的职务科技成果，探索所有权或长期使用权的松绑。推动高校和科研院所建立容错机制和风险防控机制，明确科技成果转化中的尽职免责范围。实施促进区域科技成果转移转化行动，努力将广州打造成为区域科技成果转移转化高地，围绕国家和广东科技创新需求，共建珠三角国家科技成果转移转化示范区。充分利用广州大学城、中山大学、华南理工大学和南沙等地的优势创新资源，探索打造"科技创新特区"，使其成为各具特色的开放式创新成果转化基地。落实优惠政策，吸引国际高水平科技服务机构入驻广州，促进高水平创新成果转化落地。打造科技成果转移转化高地，继续支持华南技术转移中心做强做大。强化政策引领，实施科技服务优化工程，构建"政产学研金介用"一体化的科技服务全链条，培育建设高端技术转移转化服务机构。同时，提升中国创新创业成果交易会的质量，加快建设广州国际技术交易中心。[①]

（二）促进产业优化

1. 深化新一代信息技术在工业中的应用

鼓励企业开展数字化、智能化、网络化改造，加强研发设计、生产制造、经营管理与市场服务等环节的数字化创新，加快"云端+终端"工业大数据平台、工业操作系统及其应用软件、智能制造装备与智能制造工业软件等的研发和应用。鼓励发展个性化定制、智能化生产、网络化协同、服务型制造等新模式。

2. 推进现代服务业数字化创新

加强服务业新技术、新模式、新业态的研发创新，推动

---

① 《广州市科技创新"十四五"规划（2021—2025 年）》，https：//www.doc88.com/p-23873029426743.html？r=1。

5G、人工智能、大数据、物联网、云计算、区块链、北斗卫星导航等数字技术融合应用。数字化赋能商贸、物流、会展等传统服务业转型升级，加快发展智慧交通、智慧教育、智慧医疗等高端服务，培育众包设计、智慧物流、新零售等新增长点，推动生产性服务业提升专业化水平并向价值链高端延伸，增强生活性服务业的品质并向多样化转变。

3. 拓展新兴产业技术应用场景

多维度释放5G、人工智能、物联网、大数据、区块链等新兴技术应用场景，聚焦工业、交通、教育、应急、医疗、广电、公安、文旅、农业、政务等领域，加快推进优质应用42场景示范项目建设，突破一批技术先进、性能优秀以及应用效果好的产品、平台和服务。拓宽自动驾驶技术在物流配送、共享出行、公共交通、环卫作业、港口码头、无人零售等的应用，争创国家级车联网先导区。

（三）促进科技惠民

科技创新只是手段，其目的是惠民利民，服务社会大众，因此，加快社会民生领域科技成果的转化与应用，既是城市发展的需要，也是科技创新的本质要求。一是加强健康领域的科技创新。积极应对新冠肺炎疫情和人口老龄化，加强并持续深化防控疫情的科研攻关，加强疫苗及药物研发、临床救治、检测技术和产品，加强其他医药健康研究。继续推动中医药传承创新，优化生物医药重大科技专项，加强对重大疾病预防和诊治的关键技术研究支持，支持医疗器械、创新药物与新型医药材料的研发和医疗产品研发与应用。二是依靠科技创新提升公共服务质量，加强人口老龄化科技支撑，开展面向老年人生命、生活、环境等需求的老龄科技创新，提高老年服务科技含量和信息化水平。

参考文献

1. 《北京建设全国科技创新中心必须在增强"五力"上出实招》，https：//www.doc88.com/p-50599033328259.html。
2. 《北京市"十三五"时期加强全国科技创新中心建设规划》，http：//www.beijing.gov.cn/zhengce/zhengcefagui/qtwj/201912/t20191219_1311078.html。
3. 《北京新政首设外籍科技人员奖项》，https：//baijiahao.baidu.com/s?id=1641927349052046080&wfr=spider&for=pc。
4. 彼得德鲁克：《后资本主义社会》，傅振焜译，东方出版社2009年版。
5. 蔡伟毅、张俊远：《全球化中的知识溢出与技术进步分析》，《江淮论坛》2009年第6期。
6. 陈静：《国际技术溢出对高技术产业自主创新的影响研究》，硕士学位论文，湘潭大学，2018年。
7. 陈丽莉、涂端玉、文静：《数字经济"推进器" "广州智造"步步高》，《广州日报》2020年12月7日。
8. 陈强等：《新加坡发展科技与创新能力的经验与启示》，《中国科技论坛》2012年第8期。
9. 陈强、左国存、李建昌：《新加坡发展科技与创新能力的经验及启示》，《中国科技论坛》2012年第8期。
10. 陈羽：《中国制造业外商直接投资技术溢出机制的重新检

验》,《世界经济文汇》2006 年第 3 期。

11. 陈志恒、李平:《经济全球化与区域经济一体化关系的协调——兼论全球化对东北亚区域经济合作的影响》,《东北亚论坛》2006 年第 5 期。

12. 成斌:《产业集群创新的动力机制研究》,硕士学位论文,电子科技大学,2008 年。

13. 程德理:《非正式交流机制与产业集群创新能力》,《中国矿业大学学报》(社会科学版) 2007 年第 3 期。

14. 《大科学装置:北京布局令人瞩目》, https：//www. sohu. com/a/319684277_120058319。

15. 董微微:《基于复杂网络的创新集群形成与发展机理研究》,博士学位论文,吉林大学,2013 年。

16. 杜德斌、何舜辉:《全球科技创新中心的内涵、功能与组织结构》,《中国科技论坛》2016 年第 2 期。

17. 杜凯:《营造高技术园区创新环境的城市设计策略》,硕士学位论文,华中科技大学,2004 年。

18. 杜伟:《关于技术创新内涵的研究述评》,《西南民族大学学报》(人文社科版) 2004 年第 2 期。

19. 范纯:《论企业自主创新中的专利战略运用》,《科技广场》2008 年第 6 期。

20. 方晴:《广州新答卷 | 科技创新强市 绘就上扬曲线》, https：//news. dayoo. com/guangzhou/202010/12/139995_53599434. htm。

21. 冯伟:《大学科技园适应性规划设计模式的探索研究》,博士学位论文,西安建筑科技大学,2007 年。

22. 冯晓青:《知识产权管理:企业管理中不可缺少的重要内容》,《长沙理工大学学报》(社会科学版) 2005 年第 1 期。

23. 高维和:《全球科技创新中心:现状经验与挑战》,格致出版社、上海人民出版社2015年版。

24. 龚建立、晏峻：《信息科技型中小企业的人力资本积累障碍及对策》，《商业研究》2005年第5期。

25. 《广州国家级孵化器优秀数量位居全国第三》，https：//news.dayoo.com/gzrbrmt/202102/02/160262_53780688.htm。

26. 《广州科创跑出"加速度"》，http：//kjj.gz.gov.cn/xxgk/zwdt/gzdt/content/post_5602901.html。

27. 《广州年鉴（2020）》，广州年鉴社2020年版。

28. 《广州全社会研发投入强度增幅居国内主要城市首位》，http：//www.gz.gov.cn/ysgz/xwdt/ysdt/content/post_7146646.html。

29. 《广州市第七次全国人口普查公报》，2021，https：//gzdaily.dayoo.com/pc/html/2021-05/18/content_874_755628.htm。

30. 《广州市集中打造六大千亿级新兴产业集群》，https：//www.dzlps.cn/17124.html。

31. 《广州市科技创新"十四五"规划（2021—2025年）》，http：//kjj.gz.gov.cn/attachment/6/6815/6815062/7323404.pdf。

32. 郭飞、黄雅金：《全球价值链视角下OFDI逆向技术溢出效应的传导机制研究——以华为技术有限公司为例》，《管理学刊》2012年第3期。

33. 郭广生、张士运：《全国科技创新中心指数研究报告（2017—2018）》，经济管理出版社2018年版。

34. 郭京京、尹秋霞：《企业间缄默知识传递效果的影响因素研究》，《技术经济》2008年第7期。

35. 郭丽华：《试论依托软件园发展我国软件产业的战略意义》，《北京交通大学学报》（社会科学版）2004年第3期。

36. 郭明翰：《基于产业集聚的知识溢出对区域创新的影响研

究》，硕士学位论文，江苏省委党校，2014 年。

37. 韩言虎、罗福周、方永恒：《创新集群理论溯源、概念、特征、启示》，《商业时代》2014 年第 3 期。

38. 《好消息！广州 16 家国家级孵化器获评 2019 年度优秀国家级科技企业孵化器》，https：//m. thepaper. cn/newsDetail_forward_10409455。

39. 何骏：《技术创新的国际互动链研究》，博士学位论文，华东师范大学，2005 年。

40. 何燕子：《基于农业科技园区的区域创新系统研究》，博士学位论文，湖南农业大学，2007 年。

41. 侯树文：《上海：科技让"魔都"充满"魔力"》，《科技日报》2021 年 6 月 7 日。

42. 胡类明：《中国高新区人力资本与创新绩效研究》，博士学位论文，武汉大学，2011 年。

43. 胡琪玲：《外资 R&D 对本地企业创新能力的技术溢出效应研究》，硕士学位论文，华南理工大学，2013 年。

44. 胡晓华：《国际技术溢出对我国高技术产业技术创新的影响研究》，硕士学位论文，湖南大学，2011 年。

45. 胡振华、刘宇敏：《非正式交流——创新扩散的重要渠道》，《科技进步与对策》2002 年第 8 期。

46. 胡振华、刘宇敏：《非正式交流是技术创新扩散的主渠道》，《湖南商学院学报》2002 年第 4 期。

47. 黄涛等：《四十年科技体制改革遵循"放"的逻辑》，《湖北日报》2018 年 10 月 13 日。

48. 季红军：《自主创新——我国国防工业发展的突破口》，《中国军转民》2009 年第 3 期。

49. 姜奇平：《新知本主义：21 世纪劳动与资本向知识的复归》，北京大学出版社 2004 年版。

50. 姜庆华、米传民：《基于灰色关联度的我国科技投入与经济增长关系研究》，《中国科技信息》2005 年第 24 期。

51. 蒋年云、涂成林：《广州构建区域科技创新体系的基本思路和对策》，《珠江经济》2005 年第 10 期。

52. 金洁琴：《网络环境下非正式信息交流的理论与模式探讨研究》，硕士学位论文，南京农业大学，2005 年。

53. 靳欣：《北京"三城一区"发展呈现新格局》，《科技智囊》2018 年第 4 期。

54. 巨云鹏、唐小丽：《上海市长：去年上海 13 家企业在科创板成功上市，融资额 150 亿元》，http：//sh. people. com. cn/n2/2020/0120/c395194 - 33733270. html。

55. 赖迪辉、陈士军：《技术创新集群的蜕变机制研究》，《科学管理研究》2007 年第 6 期。

56. 雷蜀英：《企业技术创新的利器——专利信息》，《现代情况》2003 年第 10 期。

57. 李春昌、徐福缘、程钧谟：《企业内部知识交流及其障碍因素分析与对策》，《上海理工大学学报》（社会科学版）2004 年第 1 期。

58. 李三虎、洪雨萍：《科技创新枢纽：硅谷及其对广州的启示》，《探求》2017 年第 1 期。

59. 李顺才、王苏丹：《创新集群的政策融合研究》，《科技进步与对策》2008 年第 11 期。

60. 李微：《专利文献在企业技术创新中的作用》，《发明与创新》（综合版）2007 年第 12 期。

61. 李晓华：《"十四五"时期打造数字经济新优势》，《金融博览》2021 年第 4 期。

62. 李妍：《2020 年广州港货物吞吐量全球第四》，https：//baijiahao. baidu. com/s？id = 1692545339356073221&wfr = spid-

er&for = pc。

63. 李妍:《世界第一！广州白云国际机场成 2020 年全球最繁忙机场》,http://t.ynet.cn/baijia/30287990.html。

64. 李有刚、孙庆梅:《香港科技创新与发展的驱动力分析和启示——基于对香港创新及科技基金的研究》,《东南亚纵横》2013 年第 4 期。

65. 梁志文:《论专利制度的正当性》,《法治研究》2012 年第 4 期。

66. 林敏:《基于个体选择的研发团队知识转移与创造过程研究》,博士学位论文,南京航空航天大学,2010 年。

67. 刘聪敏:《基于实物期权的企业采用创新技术决策模型研究》,硕士学位论文,中南大学,2013 年。

68. 刘和东:《中国区域原始创新产出的空间集聚研究》,《工业技术经济》2011 年第 11 期。

69. 刘继红:《基于产业集群知识溢出的企业创新能力提升》,《江苏行政学院学报》2014 年第 6 期。

70. 刘军国:《集聚区域中的非正式协作对经济增长的作用》,《技术经济》2001 年第 2 期。

71. 刘军国、郭文玲:《非正式交流与知识经济》,《生产力研究》2001 年第 1 期。

72. 刘苹、储流杰:《区域创新能力的构成及安庆区域创新能力的评价分析》,硕士学位论文,中国科学技术大学,2008 年。

73. 刘世磊:《非正式交流机制对电子信息产业集群创新影响研究》,《管理观察》2009 年第 13 期。

74. 刘伟全:《我国 OFDI 母国技术进步效应研究——基于技术创新活动的投入产出视角》,《中国科技论坛》2010 年第 3 期。

75. 刘闲月:《产业集群网络特性对其创新的影响研究》,硕士学位论文,华侨大学,2009 年。

76. 刘幸:《广州全面实施"八大提质工程",产业集群规模不断壮大》,https://baijiahao.baidu.com/s? id = 1688979093761611482&wfr = spider&for = pc。

77. 刘竹青:《地理集聚对中国出口贸易的影响:微观基础与实证检验》,博士学位论文,南开大学,2013 年。

78. 龙开元:《创新集群:产业集群的发展方向》,《中国科技论坛》2009 年第 12 期。

79. 卢梦谦:《向外联通大湾区 对内打造宜居圈》,https://www.sohu.com/a/451746210_651795。

80. 吕沁兰、刘宝:《广州:打造人工智能与数字经济试验区 发展全球领先数字经济生态》,《中国经济导报》2021 年 6 月 10 日。

81. 骆永民:《中国科教支出与经济增长的空间面板数据分析》,《河北经贸大学学报》2008 年第 1 期。

82. 马岩:《北京市"三城一区"进入加速发展期》,http://www.xinhuanet.com/2019 - 08/23/c_1124912706.htm。

83. 《毛泽东文集》第 6 卷,人民出版社 1999 年版。

84. 聂鲲、刘冷馨:《硅谷人力资本与产业集群互动研究》,《宏观经济管理》2016 年第 7 期。

85. 濮春华、史占中:《隐含经验类知识、非正式交流与科技园区的创新网络》,《科技进步与对策》2004 年第 3 期。

86. 曲然:《区域创新系统内创新资源配置研究》,博士学位论文,吉林大学,2005 年。

87. 《全国高校国内期刊高被引论文数量排行榜发布》,http://edu.sina.com.cn/gaokao/2019 - 04 - 16/doc - ihvhiewr6219867.shtml。

88. 《上海科技进步报告(2020)》,http://stcsm.sh.gov.cn/cxyj/nbnj/shkjjbbg/。

89. 申卉：《广州形成四大产值超千亿工业集群》，http：//zsj.gz.gov.cn/ztgz/mtbd/content/post_7068465.html。

90. 盛辉：《论知识产权保护制度对技术创新的影响》，博士学位论文，华中科技大学，2005年。

91. 石琳娜、石娟、顾新：《基于知识溢出的我国高技术企业自主创新能力提升途径研究》，《软科学》2011年第8期。

92. 世界知识产权组织网站（https：//www.wipo.int/global_innovation_index/zh/2019/）。

93. 《数量全省居首 广州累计获批认定国家企业技术中心35家》，http：//kjj.gz.gov.cn/xxgk/zwdt/gqdt/content/post_7028366.html。

94. 苏长青：《知识溢出的扩散路径、创新机理、动态冲突与政策选择——以高新技术产业集群为例》，《郑州大学学报》（哲学社会科学版）2011年第5期。

95. 孙飞翔：《长三角地区研发产业地理集聚研究》，硕士学位论文，上海师范大学，2016年。

96. 孙灵燕：《国际技术扩散对我国技术创新的作用机制及绩效分析》，硕士学位论文，山东理工大学，2008年。

97. 孙灵燕、崔喜君：《外商直接投资对民营企业生产率影响的融资效应分析——来自中国企业层面的证据》，《经济与管理评论》2014年第2期。

98. 孙鹏：《产业集群的形成与升级研究》，硕士学位论文，上海社会科学院，2008年。

99. 孙文祥、彭纪生：《跨国公司的技术转移与技术扩散——基于国内外实证结果的研究》，《创新创业于企业科技进步》2005年第2期。

100. 孙贻君：《长江三角洲地区产业集群的发展研究》，《黑龙江对外经贸》2011年第6期。

101. 孙兆刚、徐雨森、刘则渊：《知识溢出效应及其经济学解释》，《科学学与科学技术管理》2005 年第 1 期。
102. 锁颖馨：《高校研发空间溢出对区域技术进步的影响研究》，硕士学位论文，华南理工大学，2012 年。
103. 唐谦：《军事大科学工程的技术创新模式研究》，《科技展望》2015 年第 13 期。
104. 唐志锋：《产业集群的内在机制与外部效应分析》，《沿海企业与科技》2008 年第 2 期。
105. 滕堂伟：《关于创新集群问题的理论阐述》，《甘肃社会科学》2008 年第 5 期。
106. 《同比增长 59.3%》，https：//baijiahao. baidu. com/s？id = 1691820422657496156&wfr = spider&for = pc。
107. 涂端玉：《广州如何实现人口增量提质》，https：//baijiahao. baidu. com/s？id = 1700149896621437444&wfr = spider&for = pc。
108. 王博武：《产业集群的技术创新优势研究》，硕士学位论文，武汉理工大学，2004 年。
109. 王春杨、张超：《地理集聚与空间依赖——中国区域创新的时空演进模式》，《科学学研究》2013 年第 5 期。
110. 王富贵、廖晓东、袁永：《创新集群的产生条件与演变机制研究》，《科技与经济》2016 年第 4 期。
111. 王华、赖明勇、柴江艺：《国际技术转移,异质性与中国企业技术创新研究》，《管理世界》2010 年第 12 期。
112. 王可达、王云峰、吴兆春、康达华：《改革开放以来广州科技创新成就与经验研究》，《城市观察》2018 年第 1 期。
113. 王蕾、曹希敬：《熊彼特之创新理论的发展演变》，《科技和产业》2012 年第 6 期。
114. 王莉：《广州 2019 年新增国家级科技企业孵化器 10 家　数量居全国第一》，https：//news. ycwb. com/2020 - 06/29/

content_927685. htm。

115. 王立平：《知识溢出及其对我国区域经济增长作用的实证研究》，博士学位论文，西南交通大学，2006 年。

116. 王鹏远：《知识溢出效应对产业集群技术创新能力的影响》，《北方经贸》2014 年第 3 期。

117. 王锐淇：《我国区域技术创新能力提升与区域追赶的空间特征研究》，博士学位论文，重庆大学，2010 年。

118. 王森：《服装企业自主创新战略选择研究》，《现代营销》（学苑版）2011 年第 1 期。

119. 王玉芬：《西部中小企业与自主创新》，《前沿》2008 年第 7 期。

120. 王玉梅、田恬：《知识溢出对区域技术创新能力影响的系统分析》，《企业活力》2011 年第 6 期。

121. 王中华：《社会资本对产业集群技术学习的影响研究》，硕士学位论文，南京理工大学，2007 年。

122. 危怀安：《垄断企业的技术创新效应》，《学术论坛》2010 年第 2 期。

123. 危怀安：《垄断企业科技创新的发动因素》，《改革与战略》2004 年第 8 期。

124. 魏守华、姜宁、吴贵生：《本土技术溢出与国际技术溢出效应：来自中国高技术产业创新的检验》，《财经研究》2010 年第 1 期。

125. 吴丰林、方创琳、赵雅萍：《城市产业集聚动力机制与模式研究进展》，《地理科学》2011 年第 1 期。

126. 吴丰林、方创琳、赵雅萍：《城市产业集聚动力机制与模式研究进展》，《地理科学进展》2010 年第 10 期。

127. 吴林海、罗佳、杜文献：《跨国 R&D 投资技术溢出效应的理论分析框架》，《中国人民大学学报》2007 年第 2 期。

128. 吴先明：《跨国公司治理：一个扩展的公司治理边界》，《经济管理》2002 年第 24 期。

129. 吴晓松：《国家创新体系对企业创新能力及创新绩效影响研究》，博士学位论文，昆明理工大学，2012 年。

130. 吴玉鸣：《空间计量经济模型在省域研发与创新中的应用研究》，《数量经济技术经济研究》2006 年第 5 期。

131. 吴玉鸣、何建坤：《研发溢出、区域创新集群的空间计量经济分析》，《管理科学学报》2008 年第 4 期。

132. 伍励：《基于区域创新网络的传统产业集群升级研究》，硕士学位论文，中南大学，2008 年。

133. 仵凤清：《基于自组织理论与生态学的创新集群形成及演化研究》，博士学位论文，燕山大学，2015 年。

134. 《香港创新及科技》，香港统计局网站（https：//www. itb. gov. hk）。

135. 熊皓：《知识产权保护对技术创新的影响研究》，博士学位论文，湖南大学，2014 年。

136. 徐怀伏、顾焕章：《技术创新溢出的经济学分析》，《南京农业大学学报》2005 年第 3 期。

137. 徐妍：《中国高技术产业集聚及其空间溢出效应研究》，《现代管理科学》2013 年第 1 期。

138. 许和连、胡晓华：《国际技术溢出对我国自主创新的影响实证研究》，《科技进步与对策》2011 年第 9 期。

139. 杨爱杰：《高科技产业集群的组织生态研究》，博士学位论文，武汉理工大学，2008 年。

140. 杨明、李春艳：《FDI 对内资企业 R & D 投入的影响机制研究》，《甘肃理论学刊》2014 年第 1 期。

141. 杨武、王玲：《论技术创新产权制度》，《科技管理研究》2005 年第 10 期。

142. 杨晓静、刘国亮：《FDI 技术溢出效应：一个文献综述》，《产业经济评论》2012 年第 4 期。

143. 姚阳：《非国有经济成分对我国工业企业技术效率的影响》，《经济研究》1998 年第 12 期。

144. 易卫华：《改革开放以来广州科技体制改革的回顾与展望》，载于欣伟、陈爽、邓佑满、涂成林等主编《中国广州科技创新发展报告（2018）》，社会科学文献出版社 2018 年版。

145. 易卫华：《广州创新产出的时空演化及影响机制分析》，载邹采荣、马正勇、涂成林等主编《中国广州科技和信息化发展报告（2015）》，社会科学文献出版社 2015 年版。

146. 易卫华：《广州建设国际科技创新枢纽的国际借鉴与启示》，载邹采荣、马正勇、涂成林等主编《中国广州科技创新发展报告（2016）》，社会科学文献出版社 2016 年版。

147. 易卫华、叶信岳、王哲野：《广东省人口老龄化的时空演化及成因分析》，《人口与经济》2015 年第 3 期。

148. 翟尧杰、王雪峰、陈晓龙、雷万超：《广州市推动孵化载体专业化资本化 国际化品牌化发展的探索与实践》，http://paper.chinahightech.com/pc/content/202012/21/content_39945.html。

149. 张聪群：《知识溢出与产业集群技术创新》，《技术经济》2005 年第 11 期。

150. 张国亭：《产业集群内部知识溢出途径与平衡机制研究》，《理论学刊》2010 年第 8 期。

151. 张杰、刘志彪：《套利行为、技术溢出介质与我国地方产业集群的升级困境与突破》，《当代经济科学》2007 年第 3 期。

152. 张营：《基于学习型区域的区域学习机制的研究》，硕士学位论文，西安电子科技大学，2005 年。

153. 张瑜、张诚：《跨国企业在华研发活动对我国企业创新的影响——基于我国制造业行业的实证研究》，《金融研究》2011 年第 11 期。

154. 张耘：《北京国际科技创新枢纽建设与世界城市战略研究》，《开放导报》2011 年第 5 期。

155. 赵国清：《国际知识溢出对高技术产业技术创新能力影响研究》，硕士学位论文，吉林大学，2013 年。

156. 赵建吉：《中部地区汽车产业技术学习与区域创新环境研究》，硕士学位论文，河南大学，2008 年。

157. 赵如、邱成梅：《技术创新扩散的人力资本因素分析》，《社会科学家》2011 年 第 5 期。

158. 赵伟、古广东、何元庆：《外向 FDI 与中国技术进步：机理分析与尝试性实证》，《管理世界》2006 年第 7 期。

159. 赵新力、仪德刚：《建国以来党的三代中央领导集体的科技理论与政策创新及其启示》，《党的文献》2006 年第 5 期。

160. 郑永杰：《国际贸易的技术溢出促进资源型地区技术进步的机理研究》，博士学位论文，哈尔滨工业大学，2013 年。

161. 钟丽婷：《广州国际综合交通枢纽地位持续提升！"十三五"海陆空成绩单》，https：//www.163.com/dy/article/G1CU7RR405129QAF.html。

162. 钟书华：《创新集群：概念、特征及理论意义》，《科学学研究》2008 年第 1 期。

163. 《2019 年广州每万人发明专利拥有量达 39.2 件》，http：//news.cnr.cn/native/city/20200409/t20200409_525048241.shtml。

164. 《2019 全球创新指数排行榜解读》，https：//www.maigoo.com/news/533422.html。

165. 《2020 年广州市国民经济和社会发展统计公报》，http：//

tjj. gz. gov. cn/gkmlpt/content/7/7177/post_7177236. html#231。

166. 《2020 年上海集成电路产业实现销售收入 2071. 33 亿元，同比增长 21. 37%》，https：//www. eda365. com/thread – 497888 – 1 – 1. html。

167. 《2020 年上海生物医药产业规模超过 6000 亿元，创历史新高》，https：//baijiahao. baidu. com/s？id = 1699913739701327307&wfr = spider&for = pc。

168. 《3 家穗企新入选国家企业技术中心》，http：//kjj. gz. gov. cn/xwlb/yw/content/post_7042205. html。

169. 《8 万"海归"、1.5 万外籍人才，广州人才"磁场"有多强？》，http：//static. nfapp. southcn. com/content/201906/03/c2289473. html。

170. AmarBhide，"Methane Emission from Landtills"，*Journal Iaem*，No 21，1994.

171. Asheim，B. T. & Gertler，M.，*The Geography of Innovation*，The Oxford Handbook of Innovation. Oxford University Press，2005.

172. Autant-Bernard，C.，"Spatial econometrics of innovation：Recent contributions and research perspectives"，*Spatial Economic Analysis*，Vol. 7，No. 4，2012.

173. Canils M. C.，"Barriers to knowledge spillovers and regional convergence in an evolutionary model"，*Journal of Evolutionary Economics*，Vol. 11，No. 3，2001.

174. Coughlin and Segev，"Foreign Direct Investment in China：A spatial Econometric Study"，*World Economy*，Vol. 23，2000.

175. Davenport，T. H & Prusak，L.，*Working Knowledge*，Harvard Business School Press，1998.

176. Debressonc，"Breeding Innovation Clusters：A Source of Dy-

namic Development", *World Development*, Vol. 17, No. 1, 1989.

177. Dosi, Giovanni and Orsengio, Luigi, "Coordination and Transformation: An Overview of Structure, Performance and Change in Evolutionary Environments", in DosI ET AL, 1988.

178. Glaeser, E. I. and H. D. A. Kallal, "Growth in Cities", *Journal of Political Economy*, Vol 100, 1992.

179. Griliches Z, "Issues in Assessing the Contribution of Research and Development to Productivity Growth", *Bell Journal of Economics*, Vol. 10, 1979.

180. Griliches Z., "Patent Statistics as Economic Indicators: A Survey", *Journal of Economic Literature*, Vol. 28, 1990.

181. Grossman, G. and Helpman, E., "Trade, Knowledge Spillovers, and Growth", *European Economic Review*, Vol. 35, 1991.

182. Grupp, H. & Schmoch, U., *Patent statistics as economic indicators*, Research Policy, 1999.

183. Henderson J. V., "Externalities and Industrial Development", *Journal of Urban Economics*, Vol. 4, 1997。

184. Hsien Chun Meng, "Innovation Cluster as the national Competitiveness tool in the innovation driven economy," *NIS International Symposisium*, Vol. 10, 2003.

185. Ikujiro Nonaka, Hirotaka Takeuchi, *The knowledge-creating company: How Japanese companies create the dynamics of innovation*, Oxford University Press, 1995.

186. Jaffe A., "Real effects of academic research", *The American Economic Review*, Vol. 5, 1989.

187. James Lesage, "A Spatial Econometric Examination of China, Economic Growth", *Geographic Information Sciences*, Vol. 5,

1999.

188. Jonathan Sallet, Ed Paisley and Justin R. Masterman, *The Geography of Innovation: The Federal Government and the Growth of Regional Innovation Clusters*, Science Progress, 2009.

189. Keroack M.、Ouimet T.、Landry R., "Networking and Innovation in the Quebec Optics/Photonics Cluster", Wolfe D. A., Lucas M., *Clustersin a Cold Climate-Innovation Dynamicsin a Diverse Economy*, Montreal: Queen's University Schoolof Policy Studies, 2004.

190. Kokko, A., Technology, "Market Characteristics, and Spillovers", *Journal of Development Economics*, No. 32, 1994.

191. KONGRAE L., "Promoting innovative clusters through the Regional Research Centre (RRC) policy programme in Korea", *European Planning Studies*, Vol. 1, 2003.

192. Kontaf Lee, "Promoting innovative chusters through the regional research centre (RRC) policy program in Korea", *Europe Planning Studies*, Vol. 11, No. 1, 2006.

193. LeSage, J. P., & Pace, R. K., "Spatial econometric models", In *Handbook of Applied Spatial Analysis*, Springer Berlin Heidelberg, 2010.

194. Liyanages, "Breeding innovation clusters through collaborative research networks", *Technovation*, Vol. 15, No. 9, 1995, 15 (9).

195. Mansfield, E. and A. Romeo, "Technology Transfer to Overseas Subsidiaries by U. S. Based Firms", *Quarterly Journal of Economics*, Vol. 94, No. 4, Dec. 1980.

196. Martin, P. and G. Ottaviano, "Growth and Agglomeration", *International Economic Review*, Vol. 42, 2001.

197. Pavitt, K. , "Patent Statistics as Indicators of Innovative Activities: Possibilities and Problems", *Scientometrics*, Vol. 7, 1985.

198. R. Baptista and P. Swann, "Do Firms in Clusters Innovate More?", *Research Policy*, Vol. 27, No. 5, 1998.

199. Rosenberg Frischtak, "Long Waves and Economic Growth: A Critical Appraisal", *The American Economic Review, Papersand Proceedings of the Ninety-Fifth Annual Meetingofthe American Conomic Association*, Vol. 73, No. 2, 1983.

200. Sternberg, R. J. and Horvath, J. A. , *Tacit knowledge in professional practice*, Mahwah: Law-rence Erlbaum Associates, 1999.

201. Weihua Yi, "Spatial Structure of Innovation Capability inGuangdong, China", *Papers in Applied Geography*, No. 4, 2016.